ハヤカワ文庫 NF
〈NF615〉

心と体を整える最強の呼吸

ジェームズ・ネスター
近藤隆文訳

早川書房
9153

BREATH

The New Science of a Lost Art

by

James Nestor

Translated by
Takafumi Kondo
Published 2025 in Japan by
HAYAKAWA PUBLISHING, INC.
This book is published in Japan by
arrangement with
RIVERHEAD BOOKS,
an imprint of PENGUIN PUBLISHING GROUP,
a division of PENGUIN RANDOM HOUSE LLC
through TUTTLE-MORI AGENCY, INC., TOKYO.

K・Sに

息を運ぶには、満ちるまで空気を吸わねばならない。満ちると、そこには大量に入っている。大量に入ると、伸び拡がる。伸び拡がると、下へ染み込む。下へ染み込むと、静かに落ち着く。静かに落ち着くと、強く固くなる。強く固くなると、芽が出る。芽が出ると、育つ。育つと、上へ戻る。上へ戻ると、頭頂に達する。天の秘力は上に動く。地の秘力は下に動く。

これに従う者は生きる。これに逆らう者は死ぬ。

――紀元前５００年、周王朝時代の石刻文

目次

イントロダクション　9

第一部　実験　25

第1章　動物界一の呼吸下手　27
第2章　口呼吸　49

第二部　呼吸の失われた技術と科学　71

第3章　鼻　73
第4章　息を吐く　96
第5章　ゆっくりと　119
第6章　減らす　142
第7章　噛む　173

第三部　呼吸＋　221

第8章　ときには、もっと　223
第9章　止める　261
第10章　速く、ゆっくり、一切しない　289
エピローグ　あとひと息　316
謝　辞　333
付録　呼吸法　339
訳者あとがき　358
解　説／石田浩司　363
注　446

心と体を整える最強の呼吸

イントロダクション

まるで呪われたアミティヴィルの町から抜け出たような館だった。すっかりペンキのはがれ落ちた壁、くすんだ窓、月明かりが投じる不気味な影。私は門をくぐり、軋《きし》む階段をのぼって、扉をノックした。

ゆらりと扉が開き、濃い眉毛にやけに大きな白い歯の30代女性に迎え入れられた。言われるまま靴を脱ぎ、だだっ広いリビングルームに案内されると、天井は空色の地にうっすらと雲が描かれていた。微風に揺れる窓のそばに腰をおろし、黄疸《おうだん》めいた色の街灯越しにほかの人々が入ってくるのを眺めた。囚人の目をした男。ジェリー・ルイス風に前髪を切りそろえた険しい顔の男。額の赤い点《ビンディー》が中央からずれている金髪の女性。足を引きずる音と小声の挨拶の向こうで、トラックが通りを走りながら騒々しくMIAの「ペーパー・プレーンズ」を鳴らしていた。時代のアンセムからは逃れられない。私はベルトを抜き、ジーンズのいちばん上のボタンをはずして、姿勢を楽にした。

私がここにやってきたのは医師に勧められたからだった。いわく、「呼吸教室が役に立つかもしれません」と。それは弱った肺を強くし、疲れ果てた心を鎮め、ことによると見識をもたらす効果があるかもしれない。

それまで数カ月間、私はつらい時期を過ごしていた。仕事で神経はすり減り、築130年の自宅は崩れかけていた。肺炎から回復したばかりで、しかもこの病気は前年とそのまた前年にも患《わずら》っていた。たいていの時間は家で過ごし、ぜいぜい息をしたり、仕事をしたり、三度の食事を同じボウルから食べながらカウチで1週間前の新聞に目を通す。型にはまった生活だった――肉体的にも、精神的にも、ほかの点でも。そんな生活をつづけて数カ月後、医師の助言を受けて呼吸の入門コースに申し込み、スダルシャン・クリヤという呼吸法を学ぶことにしたわけだ。

午後7時、例の太眉の女性が玄関を施錠し、グループの真ん中に座って、カセットテープを使い古しのラジカセに入れ、再生ボタンを押した。目を閉じてください、と彼女はわれわれに言った。ヒスノイズに混じって、インドなまりの男性の声がスピーカーから流れてきた。甲高くて軽快、不自然なほどメロディアスで、まるでアニメーションから抜き出されたかのようだった。その声が指示を出した。ゆっくりと鼻から吸い、そしてゆっくりと吐くように。呼吸に意識を集中するようにと。

われわれはこのプロセスを数分間、繰り返した。私は積んであった毛布を一枚、脚にかけ、隙間風の入る窓の下で靴下しか履いていない足を暖めた。そして呼吸をつづけたが、べつに何も起こらなかった。落ち着きが全身に広がることもなければ、凝った筋肉の緊張がほぐれることもない。何もなしだ。

10分、あるいは20分が経過しただろうか。私はわざわざヴィクトリア調の古屋敷の床の上でほこりっぽい空気を吸いながら夜を過ごすことにした自分に苛立ち、恨めしくなってきた。目を開けてまわりを見た。全員が一様に陰気な、退屈そうな顔をしていた。〈囚人の目〉はどうやら眠っているらしい。〈ジェリー・ルイス〉は小用を足しているように見えた。〈ビンディー〉はチェシャ猫のにやにや笑いを顔に貼りつけて固まっている。私は席を立とうかと思ったが、礼を欠きたくはなかった。このセッションは無料だ。講師は報酬を得てここに来たわけではない。彼女の親切心に敬意を払わなくてはならなかった。私はまた目を閉じ、毛布を少しきつく巻きつけて、呼吸をつづけた。

すると何かが起きた。変化が生じていることにはまるで気づかなかった。体がリラックスしたとか、つきまとう雑念が一気に頭を離れたと感じたこともない。ただ、まるである場所から連れ出されて別のどこかに降ろされたかのようだった。一瞬の出来事だった。テープが終わりに達し、私は目をあけた。頭に何か濡れたものがのっていた。手をあげてぬぐい取ろうとしたところで、髪がびしょびしょになっているのに気づいた。顔に手を走らせると、汗が目にしみて、塩の味がした。胴に視線を落とせば、汗のしみがセーターとジーンズにできている。室内の気温は摂氏約20度――隙間風の入る窓の下はもっと涼しい。誰もがジャケットやフードつきのスウェットに身をくるんで暖を取っていた。ところが私はどういうわけかマラソンを走ったばかりのように服にしみるほどの汗をかいていたのだ。

講師が近づいてきて、大丈夫ですか、気分が悪いとか熱っぽかったりしませんかと尋ねた。絶好調ですよと私は答えた。すると彼女は体の熱がどうのとか、吸気は新しいエネルギーをもたらし、呼気は古いよどんだエネルギーを放出するなどといった話をした。私は理解しようと努めたが、なかなか話に集中できなかった。自転車でヘイト＝アシュベリーから家までの3マイル（約5キロ）を汗に濡れた服のままどう帰るかで頭がいっぱいだった。

翌日はさらに調子がよくなった。触れ込みどおり、久しく味わっていなかった穏やかさや静けさが感じられた。よく眠れた。人生の些細な事柄がたいして気にならなくなった。

肩と首の張りもなくなっていた。この感覚は何日かつづいたのち、薄れていった。

いったい何が起きたのだろう？　風変わりな家であぐらをかいて座り、1時間呼吸をしたことで、どうしてここまで大きな反応が引き起こされたのか？

私は翌週もその呼吸法教室に出席した。そして同じ経験をしたが、噴き出す水は減る結果となった。このことは家族にも友人にも一切話さなかった。だが何があったのか理解しようと取り組み、つづく数年をその解明に費やすことになった。


その数年のあいだに、私は家を修理し、鬱屈した状態を脱して、呼吸法をめぐる疑問の一部を解く手がかりをつかんだ。フリーダイビングに関する本を書くためにギリシャに行ったときのことだ。このフリーダイビングとは、一回の呼吸で水深数百フィートも素潜りする古来の慣習である。そんなダイビングの合間に、私は数十名のエキスパートにインタビューし、彼らの活動と動機について何かしら見解を得ようとした。知りたかったのは、この一見控えめな人たち、つまりソフトウェアエンジニアや広告代理店幹部、生物学者、医師たちがいかにして体を訓練し、息継ぎをせずに12分間連続で、科学者が可能と考える深さをはるかに超えて潜水できるようになったかだった。

普通の人はプールで潜水すると、ほんの数秒で耳が悲鳴をあげ、深さ10フィート（約3

メートル）であきらめる。フリーダイバーたちは自分も以前は「普通の人」だったと話してくれた。変貌を遂げたのはトレーニングの賜物で、もっと働くように肺をおだて、ほかの人が見過ごしている肺機能を利用するのだという。自分は特別ではないと彼らは力を込めた。まずまず健康で時間を惜しまなければ、誰でも100、200、ことによると300フィート（約91メートル）潜れるようになる。年齢も体重も、遺伝子構造も関係ない。フリーダイビングに必要なのは、呼吸術を習得することだけだと、口々に言っていた。[1]

彼らにとって呼吸とは無意識の行為ではなかった。単にするだけのものではない。それは力であり、薬であり、超人的ともいえるパワーが得られるメカニズムだった。「呼吸の仕方は食べるものと同じ数だけあるのです」と、8分以上呼吸を止めて水深300フィートまで潜ったことのある女性のインストラクターは言った。「そして呼吸法ごとに体への影響の仕方は違うのです」。別のダイバーが話してくれたところでは、脳を育む呼吸法もあれば、神経を殺すものもあり、健康にしてくれるものもあれば、死期を早めるものもあるそうだ。

呼吸法によって肺のサイズが30パーセント以上拡張したなどという、途方もない話も耳にした。息の吸い方を変えただけで何キロか減量したインド人医師の話や、大腸菌内毒素《エンドトキシン》の注射を受けたあと、規則的なパターンの呼吸で免疫機構を刺激し、毒素を数分以内に破壊した男性の話。がんを寛解させた女性たちや、雪のなかで裸になり何時間かかけてまわりを円状に溶かしてみせる僧侶たちの話もだ。どれもまともではないと思えた。

水中での調査から離れている時間帯、つまりたいてい夜遅くに、私はこれをテーマにした文献を読みあさった。こうした意識的呼吸が陸上生活者におよぼす効果を研究した者がいたのではないか？　呼吸を減量や健康、長寿のために使うという、フリーダイバーたちの奇想天外な話を裏づける者がいたのではないか？

私は図書館まる一館に相当する資料を見つけた。問題は、その原典が数百年、ときには数千年も昔のものだったことだ。

紀元前400年前後にさかのぼる中国の道教の経典のうち、7つの文書の全篇で呼吸が扱われ、使い方次第で人を殺しも癒やしもすることが記されていた。[2]こうした文書には、呼吸を調節する、ゆるやかにする、止める、呑む方法について詳しい指示も収められている。さらに古いところでは、ヒンドゥー教徒が呼吸と精神を同一のものと考え、呼吸のバランスを整えて心身の健康を保つ詳細な実践法を述べていた。そして仏教徒は呼吸を用いて、寿命を延ばすのみならず、高次の意識に到達していた。こうした人々、こうした文化にとって、呼吸とは強力な薬だったわけだ。

「それゆえ、生を養う学者は姿を磨いて息を養う」と古代のある道教の経典に書かれている。[3]

「これは明らかではないか？」

そうでもない。何かこうした主張を裏づけるものはないかと、私は肺や気道を扱う医学分野、呼吸器学（pulmonology）での近年の研究にあたってみたが、何も見つからないも同然だった。むしろ実際に見つけたものによると、呼吸法は重要ではないとされている。私が取材した多くの医師、研究者、科学者がこの見解を支持していた。[4] 1分間に20回、10回、口呼吸、鼻呼吸、呼吸管と、どのやり方をとっても同じ。要は空気を吸い込み、あとは体にまかせればいいのだと。

呼吸が現代の医療従事者からどう思われているかを知るには、あなたがこのまえ受けた健康診断を思い返してみればいい。たぶん医師はあなたの血圧、心拍数、体温を測り、聴診器を胸にあてて心臓と肺の調子を判断しただろう。ダイエットやビタミン摂取、職場のストレスを話題にしたかもしれない。食べ物の消化に問題はありませんか？　よく眠れますか？　季節性アレルギーがひどくなっていませんか？　喘息は？　あの頭痛はどうなりました？

だがその医師はおそらく呼吸数を確認しなかっただろう。血流中の酸素と二酸化炭素のバランスも検査したことがない。あなたの呼吸の仕方と一回の呼吸の質はメニューにのっていなかった。

それでも、フリーダイバーたちと古文書を信じるならば、呼吸の仕方はあらゆるものに影響をおよぼす。それほど重要であり、と同時に重要でないというのはどういうことなのか？

調べつづけるうちに、ゆっくりとあるストーリーが展開しはじめた。どうやら、最近こうした疑問を抱くようになったのは私だけではないらしい。私が文書のページを繰り、フリーダイバーや呼吸の達人たちに取材しているあいだに、ハーヴァード大学やスタンフォード大学など、名高い研究機関の科学者たちが、私の耳にしたなかでも極めつきの荒唐無稽な話を裏づけつつあった。だが彼らの仕事は呼吸器科の研究室で進められていたのではない。私が知ったところでは、呼吸器科医は主に特定の肺疾患に取り組む――気胸、がん、気腫だ。「われわれは緊急事態に対処している」と、あるベテラン呼吸器科医は私に言った。「そういうシステムなのです」

そんなわけで、この呼吸の研究は別の場所で行なわれてきた。古代墓地のぬかるんだ発掘現場、歯科医の安楽椅子、精神科病院のゴム張りの部屋。生体機能の最先端研究が見つかりそうな場所ではない。

この科学者たちのなかにみずから呼吸の研究に乗り出した者はほとんどいない。ところが、なぜか、どういうわけか、呼吸が彼らを見つづけた。科学者たちはわれわれの呼吸能力が人間の進化の長いプロセスを通じて変化してきたことや、呼吸の仕方が工業化時代の始まり以降、著しく悪化したことを発見した。90パーセントの人、おそらく私もあなたも、あなたの知り合いもほぼ全員が間違った呼吸をしていて、この過失が数々の慢性疾患を引き起こし、あるいは重症化させていることも突き止めた。

さらに心強いことに、一部の研究者は多くの現代病――喘息、不安、注意欠陥・多動性障害、乾癬その他――が息の吸い方と吐き方を変えるだけで減少させられる、もしくは回復に向かわせることができると証明していた。

こうした研究は西洋医学の長年にわたる通説を転覆させていた。そう、呼吸パターンの違いは実際に体重や健康全般に影響をおよぼすのだ。そう、呼吸の仕方はたしかに肺の大きさや機能を左右する。そう、呼吸によってわれわれは自分の神経系をハックし、免疫反応をコントロールして、健康を回復させることができる。そう、呼吸の仕方を変えることには寿命を延ばす効果もあるのだ。

何を食べ、どれだけ運動し、どれだけ遺伝子に復元力があろうと、どれだけ痩せていようと若かろうと賢かろうと、正しく呼吸していなければ、何の意味もない。まさにそのことを研究者たちは発見した。健康に欠けている柱とは呼吸だ。そこからすべては始まる。

・・・

本書は呼吸の失われた技術と科学へと分け入る科学的冒険だ。ここでは平均的な人が息を吸って吐くのに要する時間、3・3秒ごとに私たちの体内で起こる転換を探っていく。この本では、1回の呼吸で取り込む無数の分子がいかにして骨や筋肉の鞘《さや》、血液、脳、臓器を築いているのか、そして、この微小な物質が、明日の、来週、来月、来年の、数十年後の健康と幸福にどう影響するかを扱う新たな科学について説明する。

私がこれを「失われた技術」と呼ぶのは、こうした新しい発見の多くがじつは新しいものではないからだ。これから探っていく技法の大半は数百年前、ときには数千年前から存在していた。発案され、文書に記され、忘れられ、別の時代に別の文化で発見されて、また忘れられる。そんな状態が何世紀もつづいていた。

この分野の初期のパイオニアの多くは科学者ではなかった。素人発明家たち、一種のならず者集団で、名づけて「呼吸器行士《パルモノート》（pulmonauts）」、ほかに頼れるものがないばかりに呼吸の力に行き着いた人々だった。南北戦争の軍医、フランスの美容師、無政府主義者のオペラ歌手、インドの神秘主義者、短気な水泳コーチ、いかめしい顔をしたウクライナの心臓専門医、チェコスロバキアのオリンピック選手、ノースカロライナの合唱指揮者らだった。

こうしたパルモノートのなかに生前に大きな名声や敬意を獲得した者はないに等しく、死去すると彼らの研究は埋もれて散逸した。それだけに、過去数年のあいだに、その技法が再発見され、科学的に検査、立証されてきたのを知って、私はなおさら興味をかき立てられた。このかつては非主流の、何度も忘却された研究がいまや人体の可能性を再定義しつつあるのだ。

それにしても、なぜ呼吸の仕方を学ばなければならないのか？ いままで生きてきてずっと呼吸をしてきたのに。

この疑問は、たぶんあなたもいま抱いているだろうが、調査を始めてから幾度となく浮かんできた。われわれは命知らずにも、呼吸とは受動的な行動、ただするだけのものと思いこんでいる。息をすれば生きるし、息を止めれば死ぬのだと。だが呼吸はするかしないかの二択ではない。このテーマにのめりこめばのめりこむほど、私はますますこの基本的な真実を伝えることに力を注ぎたくなった。

成人の大半と同じく、私もこれまで呼吸器系のさまざまな問題に苦しんできた。数年前に呼吸教室に行き着いたのもそのためだ。そして大半の人と同じく、どの抗アレルギー薬も、吸入器も、複合サプリメントも、食事法もたいして役に立たなかった。結局のところ、私に治療法を示してくれたのは新しい世代のパルモノートたちであり、彼らはさらにいくつもの解決策を提示してくれた。

平均的な読者はここから本書の終わりまで読むのに約1万回の呼吸を要するだろう。私が適切に仕事を果たしたなら、いまからあなたは息をするごとに呼吸とその最良の方法について理解を深める。1分間に20回、10回、口、鼻、気管切開、呼吸管、どのやり方をとっても同じではない。どうやって呼吸するかがじつは肝心なのだ。

1000回呼吸するころには、現代人が慢性的に歯並びが悪い唯一の種であることや、それが呼吸に関連している理由がわかるだろう。呼吸する能力が時代を下るにつれて低下してきた経緯、祖先の穴居人たちがいびきをかかなかった理由を知ることになる。そしていつしか、ふたりの中年男性がスタンフォード大学で先駆的かつ嗜虐的な20日間の研究に励み、呼吸の経路――鼻か口か――は取るに足らないという長年の通念を検証する姿をたどっているだろう。ここで学ぶことの一部はあなたの昼と夜を台なしにする。いびきをかく人の場合はなおさらだ。だが、さらに呼吸を重ねるうちに、改善策が見つかる。

3000回目の呼吸をするころには、体を回復させる呼吸法の基礎を知ることになる。

その、ゆっくりと長く息をする方法は誰もが採用可能だ——老いも若きも、病める者も健やかなる者も、富める者も貧しい者も。それはヒンドゥー教、仏教、キリスト教などの宗教で数千年にわたって実践されてきたが、ごく最近になっていかに血圧を下げ、運動パフォーマンスを高め、神経系のバランスを整えるかがわかってきた。

6000回目の呼吸をするころには、あなたは本格的な、意識的呼吸の世界に入り込んでいるだろう。口と鼻を通過して、肺の奥へと進み、20世紀なかばのパルモノートたちに会う。彼らは第二次世界大戦従軍兵の肺気腫を治療し、オリンピックの短距離走者を金メダル獲得に導いた。それもこれも吐く息の力を利用するだけで。

8000回目の呼吸をするころには、体のさらに奥へと進入し、何よりも神経系を活用するようになる。あなたは過呼吸の力を発見するだろう。呼吸を使って側弯症の脊柱《せきちゅう》をまっすぐにし、自己免疫疾患を緩和し、氷点下の気温で体を過熱状態にするパルモノートたちに遭遇する。そんなことはありえないはずだが、このあと見るように、どれもありうるのだ。その過程で私も、10年前にあのヴィクトリア調の館で起きた現象を理解しようとし、学んでいくことになる。

1万回目の呼吸と本書の終わりに達するころには、あなたと私は肺に入る空気が人生の一瞬一瞬に与える影響と、その能力を息絶えるまで最大限に活用する方法を知っているだろう。

本書ではさまざまな事柄を探る。進化、医学の歴史、生化学、生理学、物理学、運動持久力など。だが、たいていの場合、ここで探求されるのはあなただ。

平均の法則によると、人は生涯に６億７０００万回の呼吸をする。あなたはすでに半分に達したかもしれない。６億６９００万回目かもしれない。もう数百万回、呼吸してみたくはないだろうか。

第一部　実験

第1章　動物界一の呼吸下手

青白く無気力なその患者は、午前9時32分に到着した。男性、中年、体重175ポンド（約80キロ）。話し好きで人なつこいが、見るからに不安げ。痛み：なし。疲労：少々。不安度：中。進行と今後の症状に対する懸念：強。

患者は、現代的な郊外環境で育ち、生後6カ月で人工乳を与えられ、やがて市販の瓶詰め離乳食に移ったと報告した。こうしたやわらかい食事に関連した咀嚼の不足から、歯列弓や副鼻腔の骨の発達が妨げられ、慢性的な鼻づまりを起こしている。[1]

15歳になるころには、患者はさらにやわらかい、高度に加工された食品を常食としていた。その大半を占めたのが、精白パンや甘味料入りフルーツジュース、缶詰の野菜、冷凍肉の〈ステーカム〉、〈ヴェルヴィータ〉チーズのサンドイッチ、電子レンジ用タキートス、〈ホステス・スノーボール〉やら〈レジー!バー〉やらの菓子類だった。口は発育不良で、32本の永久歯が入りきらない。切歯《せっし》と犬歯が曲がって生えたため、抜歯に加えて留め金《ブレース》や保定装置《リテーナー》やヘッドギアを装着してまっすぐにしなくてはならなかった。3年にわたる歯列矯正の結果、小さな口はますます小さくなり、舌はもはや歯のあいだにうまく収まらない。舌を突き出すことがよくあり、するとくっきりした歯の跡が両側を縁取っていた。いびきの前兆である。

17歳のとき、4本の埋伏した親知らずが抜かれ、口のサイズはさらに小さくなった一方、慢性的な夜間の息づまり、いわゆる睡眠時無呼吸を発症する確率は大きくなった。[2] 20代、30代と年を経るにつれ、呼吸は苦しく機能しにくくなり、気道はますますふさがっていった。顔は垂直な発育パターンをつづけ、目はくぼんで頬はたるみ、額は傾斜して、鼻が突き出た。

この萎縮した、発育不全の口、喉、頭蓋骨とは、残念ながら、私のものだ。

私はスタンフォード大学耳鼻咽喉科・頭頸部外科センターで診療椅子に横になり、自分を見ている、自分の内部を見ている。この数分間、鼻副鼻腔外科医のジャヤカー・ナヤック博士が慎重に内視鏡カメラを私の鼻に通してきた。すでに頭の奥まで行って向こう側の、私の喉に出てきたところだ。

「イーと言ってください」そう言うナヤックは光輪のような黒髪の持ち主で、四角い眼鏡にクッション入りランニングシューズ、白衣を身に着けている。ただ私は彼の衣服も顔も見ていない。ビデオゴーグルを装着していて、そこに流れているのはひどく損傷した鼻腔の起伏する砂丘や沼のような湿地、鍾乳石をめぐる旅のライブ映像だ。せきや息づまり、吐き気をこらえる私をよそに、内視鏡はさらにもぞもぞと下に進む。

「イーと言って」ナヤックが繰り返す。そのとおりに声を出しながら見れば、ピンク色で肉質、粘液で覆われた喉頭の軟部組織が、ジョージア・オキーフの描いた花をコマ撮りしたように開いたり閉じたりする。

遊覧クルーズとはいかない。25セクスティリオン（250の後ろにゼロが20個。250垓《がい》）個の分子がこれと同じ航路を1分あたり18回、1日2万5000回たどるのだ。[3]私がここに来たのは、こうした空気がわれわれの体に入るとされる場所を見て、感じて、知るためだ。そして自分の鼻に今後10日間の別れを告げるためだった。

過去1世紀にわたり、西洋医学の常識として、鼻はだいたいにおいて補助的な器官と考えられていた。その伝でいくと、できれば鼻で呼吸すべきだが、できなくても問題はない。その役目は口が果たしてくれるからだ。

多くの医師、研究者、科学者がいまだにこの見解を支持している。国立衛生研究所には、肺、目、皮膚病、耳などを扱う27の部門がある。鼻および副鼻腔を中心とするものはひとつもない。

ナヤックはこれをばかげたことだと考えている。彼はスタンフォード大学における鼻科学研究の主任だ。鼻の隠れた力の解明に特化した国際的に名高い研究機関の長を務めている。ナヤックは人間の頭の内部にあるあの砂丘や鍾乳石、沼地が体のために多数の機能を調和させていることを突き止めた。つまり生活機能を。「あのような構造は理由があって、あそこにあるのです！」と先ほど私に話してくれた。ナヤックは特別な敬意を鼻に抱き、鼻は大きく誤解され、正当に評価されていないと思っている。だからこそ、鼻なしで生活したら体に何が起きるのかを見たい。それで私がここに連れてこられたわけだ。

きょうから始めて、今後25万回の呼吸のあいだ、シリコン製の栓で鼻孔をふさぎ、その鼻栓をサージカルテープで固定して、微量の空気も鼻を出入りさせない。私は口だけで呼吸する。最悪な実験で、消耗してみじめな思いをするだろうが、これには明確なねらいがある。

現在、人口の40パーセントは慢性的な鼻閉塞を患い、約半数は常習的に口呼吸をしていて、なかでも女性と子供は深刻化しやすい。[4] 原因はさまざまで、乾燥した空気からストレス、炎症からアレルギー、汚染から薬剤まで多岐にわたる。[5] だが責任の大部分は、まもなく私も知るように、人間の頭蓋骨の前部で縮小の一途をたどる不動産に求められる。口が横に広く育たない場合、口蓋は広がるのではなく概して上にあがる。[6] それで形成されるのが、いわゆるV型口蓋または高口蓋だ。この上向きの成長によって鼻腔は発育を妨げられ、狭くなって鼻の繊細な構造が台なしになる。小さくなった鼻の空間は詰まりやすく、空気がうまく流れない。総じて、人間は地球上で最も鼻づまりがひどい種という哀れな特徴をもつ。

当然、私は承知している。鼻腔を調べるまえに、ナヤックは私の頭部X線写真を撮り、口、副鼻腔、上気道の隅々にいたる輪切り画像《デリスライサー》を見られるようにしていた。「これはなかなかの……代物で」とナヤックは言った。私は口蓋がV字型なばかりか、「著しく」湾曲した鼻中隔（鼻柱）のせいで左の鼻孔が「著しい」鼻づまりを起こしていた。左右の副鼻腔も中鼻甲介蜂巣という形態異常に蝕《むしば》まれていた。「超めずらしい」とナヤックは言った。そんな言い回しを医師から聞きたい者などいない。

気道がそれだけ悲惨な状態にもかかわらず、私は子供のころに経験した感染症や呼吸の問題にその後は悩まされていない。そのことにナヤックは驚いていた。ただし、将来的にはある程度、深刻な呼吸障害に見舞われるのはまず間違いないらしい。

口呼吸を強いられるこれからの10日間、私はいわば粘液にまみれた水晶玉の内部で過ごし、呼吸と健康にとって有害な影響を増幅、加速させることになる。それは歳をとるにつれて悪化していく影響だ。自分の体をおなじみの状態に、人口の半分が知っている状態に陥らせるわけだが、ここではそれを何倍にもふくらませる。

「はい、そのままで」とナヤックが言い、先端にワイヤブラシのついたスチール製の針をつかむ。マスカラのブラシくらいの大きさだ。私は考える、いい、いい、いい、まさかあんなものを鼻に突っ込むまい。数秒後、彼はそんなものを私の鼻に突っ込む。

ビデオゴーグル越しに見ると、ナヤックはブラシを奥へと操作している。ブラシをスライドさせ、もはや私の鼻をさかのぼるのでも、鼻毛をくすぐるのでもなく、頭のさらに数インチ奥へと小刻みに動かしていく。「そのまま、そのままで」とナヤックは言う。

鼻腔が詰まると、気流が減って細菌が増殖する。この細菌は自己複製し、感染症や風邪、鼻づまりの悪化を招きやすい。鼻づまりが鼻づまりを生み、すると習慣的に口で呼吸をするほかなくなる。このダメージがいつになったら生じるかは定かでない。閉塞した鼻腔に細菌がどれだけ速く蓄積するかもわからない。それを突き止めるためにナヤックは鼻の奥の組織の培養物を手に入れる必要がある。

私は顔をしかめつつ、ナヤックがブラシをさらに深くねじこみ、回転させ、ねばねばした層をすくい取るのを見守る。これだけ鼻の奥にある神経は、空気のかすかな流れや気温のわずかな変化を感じるようにできているのであって、鋼のブラシは想定されていない。麻酔薬を塗られていても、ブラシは感じられるのだ。私の脳は、いったい何をすべきか、どう反応したらいいのか、判断がつかない。説明しにくいが、頭のどこか外にいる結合双生児の片割れを針でつつかれているような感覚だ。

「まさか生きていてこんな目に遭うとは思わなかったでしょう」とナヤックは笑い、血の滴るブラシの先を試験管に入れる。私の副鼻腔の細胞20万個をいまから10日後の別サンプルと比較し、鼻閉塞による細菌増殖への影響を調べるのだ。試験管を振り、助手に渡すと、ナヤックは私に丁重に言う。ビデオゴーグルをはずして次の患者さんのために席をあけてくださいと。

患者その2は窓に寄りかかり、携帯電話で写真を撮っている。彼は49歳、よく日焼けした肌に白髪、漫画のスマーフ風のブルーの瞳の持ち主で、しみのないベージュのジーンズと革のローファーを身につけているが、靴下は履いていない。名前はアンデシュ・オルソン、スウェーデンのストックホルムから空路5000マイル（約8000キロ）をやってきた。私と同じく、5000ドル以上を払ってこの実験に参加している。

私がオルソンにインタビューをしたのは数カ月前、彼のウェブサイトを見つけた直後のことだ。そのサイトは奇矯さの危険信号だらけだった。山頂で英雄座《ヒーロー・ポーズ》を決める金髪女性のストック画像、蛍光色、乱用される感嘆符、バブルフォント。だがオルソンはそこらの端役におさまる人物ではなかった。10年にわたって本格的な科学研究を収集、実施していた。数十本の記事を投稿して本を自費出版し、呼吸を素粒子レベルから解説して、何百もの研究結果による注釈をつけていた。北欧で指折りの評判と人気を誇る呼吸療法士にもなり、健康的な呼吸の精妙な力を通じて何千人もの患者の回復を支援していた。

あるときスカイプでの通話中に、実験で10日間口呼吸で過ごすことを話すと、オルソンは縮みあがった。一緒にやらないかと誘っても、固辞し、「やりたくない」ときっぱり答えた。「ただ、興味はある」

数カ月後の現在、オルソンは時差ぼけした体を診察チェアに投げ出し、ビデオグラスを装着して、今後240時間における最後から何回目かの鼻呼吸をしている。そばでスチール製の内視鏡を振りまわすナヤックは、ヘヴィメタルのドラマーがスティックを操る要領だ。「さあ、頭をそらしてください」とナヤック。手首をひねり、首を伸ばして、彼は深く進入する。

この実験はふたつの段階で構成される。フェーズⅠは鼻に栓をして毎日の生活をおくろうとするもの。食事、運動、睡眠は普段どおりだが、口からしか呼吸してはいけない。フェーズⅡでは、フェーズⅠと同様に飲食、運動、睡眠をするが、経路を切り換えて鼻から呼吸し、1日を通じていくつかの呼吸法を実践する。

フェーズの合間にはスタンフォードに戻り、いま受けた検査をひととおり繰り返すことになる。血液ガス、炎症マーカー、ホルモン値、嗅覚、鼻腔計測法、肺機能などだ。そしてナヤックがデータの集合を比較し、呼吸方法を切り換えるとどんな変化が脳や体に生じるかを見極める。

この実験について話すと友人からは相応に息を呑む音が聞こえた。「やめたほうがいい！」と忠告してくれたヨガ愛好家も少数いる。だがほとんどの人は肩をすくめるばかりだった。「もう10年も鼻で息をしていない」とは、人生の大半でアレルギーに苦しんできた友人の弁だ。ほかのみんなは異口同音に言った。それがどうした？　呼吸は呼吸だろう。

そうだろうか？　オルソンと私はこれから20日をかけて突き止めることになる。

・　・　・

しばらくまえ、40億年ほどさかのぼったころに、われわれの最古の祖先がある岩石の上に現れた。[7] 当時のわれわれは小柄な、微視的な泥の球だった。そして空腹だった。生きて繁殖するためにはエネルギーが欠かせない。そこで空気を食べる方法を見つけた。

当時の大気は大部分が二酸化炭素で、最良の燃料でこそなかったものの、役目は充分に果たした。こうした初期バージョンのわれわれは、この気体を取り込み、分解して、残りを吐き出すようになる。それが酸素だ。それから10億年のあいだ、原始の汚泥はこれをつづけ、気体を食べて、さらに泥をつくり、さらに酸素を排出した。

つづいて約25億年前、大気中に充分な量の酸素廃棄物がたまり、それを活用すべく清掃動物の祖先が出現する。[8] そして残り物の酸素を吸収し、二酸化炭素を排出するようになった。好気性生命の最初のサイクルである。

酸素は二酸化炭素に比べて16倍のエネルギーを生み出すことが判明している。[9] 好気性の生命体はこれで進化にはずみをつけ、泥に覆われた岩石を離れて、より大きく、より複雑に成長していった。陸にはいのぼり、海に深く潜り、空中に飛び立つ。草、木、鳥やハチ、そして最初期の哺乳類となった。

哺乳類は発達した鼻で空気を暖めて清浄し、喉で空気を肺へと導き、嚢のネットワークで酸素を大気中から取り除いて血液中に移すようになった。数十億年前には泥まみれの岩にしがみついていた好気性細胞が、いまや哺乳類の体の組織を形成している。こうした細胞が血液から酸素を取り込んで二酸化炭素を返し、二酸化炭素は血管と肺を経由して大気中に戻った。呼吸のプロセスである。

多彩な方法で効率的に呼吸する能力（意識的に、無意識に、速く、ゆっくり呼吸する、あるいは呼吸を止めるなど）のおかげで、われらが哺乳類の祖先は獲物を捕まえ、捕食動物から逃れ、異なる環境に適応することができた。

それで万事順調だったが、約150万年前、空気の吸い込みと吐き出しの経路が変化を始めるとともに亀裂が生じる。それははるか後世に、地球上の人間すべての呼吸に影響をおよぼす変化だった。

私はほぼ人生を通じてこうしたひび割れを感じていたし、あなただってそうかもしれない。鼻づまり、いびき、ある程度の呼気性喘鳴、喘息、アレルギーなど。私はつねづね、人間である以上これは普通のことだと思っていた。知り合いのほぼ全員がいずれかの問題に苦しんでいたからだ。

ところが、こうした問題は無作為に生じるのではないと知ることになった。原因があったのだ。しかもその答えはごく当たり前の人間の習性から見つかる。

スタンフォード大学での実験の数カ月前、私はフィラデルフィアに飛んでマリアンナ・エヴァンズ博士を訪ねた。彼女は過去数年にわたり、古代および現代の人間の頭蓋骨の口を調べてきた歯列矯正医兼歯科研究者だ。このときわれわれはペンシルヴェニア大学考古学人類学博物館の地下室で、数百個の標本に囲まれていた。各標本に文字と数字が彫られ、「人種」が刻印されている。〈ベドウィン〉、〈コプト〉、〈エジプトのアラブ〉、〈アフリカ生まれのニグロ〉。ブラジルの売春婦たちやアラブの奴隷たち、ペルシアの囚人たちがいた。最も有名な標本は、１８２４年に絞首刑となったアイルランド人の囚人のもので、その罪は仲間の受刑者たちを殺して食べたことだったという。

頭蓋骨は２００年前から数千年前のものにまでおよんでいた。これはモートン・コレクションの一部で、名前の由来であるレイシストの科学者、サミュエル・モートンは１８３０年代から骨格を収集したが、白色人種《コーカソイド》の優越性を証明しようという試みは失敗に終わった。そんなモートンの研究で唯一建設的な成果といえるのが20年を費やして集めた頭蓋骨で、これは昔の人々の姿や呼吸法のスナップ写真となる。

モートンが劣った人種や遺伝子の「劣化」とみなしたところに、エヴァンズは完璧に近いものを発見した。それはどういうことか説明しようと、彼女は陳列棚に歩み寄り、ペルシア人を意味する〈パールシー〉〔インドのペルシア系ゾロアスター教徒〕と記された頭蓋骨を防護ガラスの奥から取り出した。カシミアのセーターの袖についた骨粉をぬぐい、きれいに手入れされた指の爪をその顎と顔に走らせた。

「こちらは現在のものの二倍の大きさがあります」とエヴァンズは途切れがちなウクライナなまりで言った。指さしているのは後鼻孔、喉の奥にあって、鼻道とつながるふたつの穴だ。彼女が向きを変えたせいで、頭蓋骨がわれわれを見つめていた。「とても幅広で、よく目立ちます」と彼女は満足げに言った。

エヴァンズと仕事仲間のシカゴを拠点とする小児歯科医、ケヴィン・ボイド博士はここ4年のあいだにモートン・コレクションの頭蓋骨を100個以上、X線撮影し、耳の最上部から鼻にかけての角度と、額から顎の先端への角度を測ってきた。このふたつの測定値は、それぞれフランクフルト平面、ナジオン垂線（N-perpendicular）と呼ばれるもので、ここから各標本の対称性や、顔に対する口、口蓋に対する鼻のバランス、そして多くの場合、頭蓋骨の持ち主の呼吸の影響が明らかになる。

古代の頭蓋骨はひとつ残らず〈パールシー〉の標本にそっくりだった。いずれも前方を向いた巨大な顎をしている。副鼻腔が広く、口が大きい。そして不思議なことに、古代の人々は誰ひとり糸ようじも歯ブラシも使わず、歯科医に診てもらうこともなかったはずなのに、みんな歯並びがいい。

顔の前部が発達し、口が大きいことから、気道も広くなった。こうした人々はおそらくいびきをかくこともなく、睡眠時無呼吸や副鼻腔炎など、現代人を苦しめる数多の慢性的呼吸障害を抱えることもなかっただろう。抱えようにも抱えられなかったからだ。この人々の頭蓋骨はあまりにも大きすぎ、気道は広すぎて何をもってしても塞ぐことはできなかった。それで楽に呼吸できたわけだ。ほぼすべての古代人に共通してこの前部構造が見られた――モートン・コレクションに限らず、世界じゅうどこでも。ホモ・サピエンスが最初に現れたころ、30万年ほどまえからずっとそうだった。つい数百年前までは。

エヴァンズとボイドはつづいて古代人の頭蓋骨と自身の患者やほかの現代人の頭蓋骨を比較してみた。すると現代人の頭蓋骨はどれも反対の発達パターンで、フランクフルト平面とナジオン垂線の角度が逆転していた。下顎の先端が額より後ろに引っ込み、口部が後退して、副鼻腔が縮小している。現代人の頭蓋骨はすべて、ある程度歯並びが悪い。地球上に暮らす5400種の哺乳類のうち、ずれた顎や、出っ歯《オーバーバイト》、受け口《アンダーバイト》、乱杭歯など、正式には不正咬合と呼ばれる状態が普通に見られるのは、目下のところ人間だけだ。

エヴァンズの胸に、このことから根本的な疑問が浮かんだ。「どういうわけでわたしたちは病気になるように進化したのか？」と。彼女は〈パーシー〉の頭蓋骨を棚に戻し、〈サッカール〉〔19世紀のフランス人作家エミール・ゾラが創作した架空の人物の名〕と記された別の標本を取り出した。その完璧な顔形はほかの頭蓋骨の鏡像だった。「それをわたしたちは突き止めようとしているのです」と彼女は言った。

進化とはかならずしも進歩を意味しません、とエヴァンズは私に言った。それは変化を意味するのだと。そして生物は良くも悪くも変化する。今日、人間の体は「適者生存」とは関係のない方向に変化している。むしろ、健康に有害な特性を採用して受け継いでいるのだ。〝ディスエボリューション（悪しき進化）〟というこの考え方は、ハーヴァード大学の生物学者ダニエル・リーバーマンが提唱したもので、われわれの腰が疼《うず》き、足が痛み、骨がもろくなっているのはここから説明がつく。[11]ディスエボリューションはまた、われわれの呼吸がへたになっている理由の説明にもなる。

どうしてこんなことになったのか、その経緯を理解するには、過去にさかのぼる必要があります、とエヴァンズは私に言った。はるか昔。ホモ・サピエンスが賢明《サピエンス》になるまえの時代へ。

・・・

なんと奇妙な生き物なのか。サバンナの背の高い草のなかに立ち、ひょろ長い腕に肘をとがらせ、毛の生えたまびさしのような額から広い野生の世界を眺めている。風が草を揺らすと、ガムドロップほどの大きさの鼻孔が、顎のない口の上で垂直に曲がり、風が運んでくるにおいを嗅ぎつけた。

時は170万年前、人類の最初の祖先であるホモ・ハビリスは、アフリカの東海岸を彷《ほう》徨《こう》していた。木の上を離れて久しく、脚で歩くことを覚え、手の内側にある短い「指」を使えるように訓練し、それを逆さまに向け、対抗する親指にした。この親指と指を使ってものをつかみ、草木や根っこを地面から引き抜き、石で狩猟用の鋭い道具をつくり、レイヨウの舌を切り出したり骨から肉をはいだりしていた。[12]

こうした生《なま》の食物は食べるのに相当な時間と労力がかかった。そこでわれわれは石を拾い集め、獲物を岩に打ちつけた。食物、とくに肉をやわらかくすると、消化や咀嚼の手間が省け、エネルギーが節約できた。[13] この余ったエネルギーを利用して、われわれは脳を大きく成長させた。

焼いた食べ物はなおいい。[14] およそ80万年前には、[15] われわれは火を使って食物を加工しはじめ、大量のカロリーが追加で解放されるようになった。粗い繊維質の果物や野菜の分解に役立つ大腸が、新しい食生活のもとで大幅に縮小され、この変化だけでも、ますますエネルギーが節約される。[16] 当時の、より現代に近い祖先であるホモ・エレクトゥスは、この食事法を利して脳をさらに発達させた——ハビリスの脳よりなんと50パーセントも大きくしたのだ。[17]

われわれは類人猿というより人間らしく見えるようになった。ホモ・エレクトゥスにブルックス・ブラザーズのスーツを着せて地下鉄に乗せても、二度見されることはないだろう。[18]この古代の祖先は遺伝子的な類似性からいって、われわれの子供を産んだとしてもおかしくないほどだった。

しかし、食べ物をつぶして調理するという新機軸はさまざまな影響をおよぼした。急速に成長する脳は伸び広がるために必要なスペースを、副鼻腔や口、気道のある顔の前部から奪った。やがて、顔の中心部の筋肉がゆるみ、顎の骨が弱く薄くなった。顔が短くなって口が縮み、骨ばった突起が先祖たちのつぶれた鼻に取って代わる。この新しい特徴はわれわれだけのもの、ほかの霊長類とわれわれを分かつ点だった。それが突起した鼻だ。

問題は、この小さくなった縦型の鼻は空気の濾過効率が悪く、体が空気中の病原菌やバクテリアにさらされやすくなることだった。[19]副鼻腔や口が小さくなると喉のスペースも切りつめられる。調理すればするほど、やわらかい高カロリーの食物を摂れば摂るほど、脳は大きく発達し、気道は狭くなった。[20]

ホモ・サピエンスがアフリカのサバンナに初めて現れたのは、いまから約30万年前のことだ。まわりにはほかの人類種の仲間がいた。現在のヨーロッパにあたる地域に住まいをつくり、大きな獲物を狩っていた強健な生き物ホモ・ハイデルベルゲンシス、鼻が巨大で手足が短く、衣服をつくって極寒の環境で栄えるようになったホモ・ネアンデルターレンシス（ネアンデルタール人）[21]、先祖返りして脳が小さく、腰が張り出し、細い腕が短い胴体から垂れ下がるホモ・ナレディ。[22]

とてつもない光景だったことだろう。そんな雑多な種が、夜、燃えさかるキャンプファイアのまわりに集まり、初期人類による「スター・ウォーズ」の酒場《カンティーナ》よろしく、ヤシのコップで川の水を飲み、おたがいの髪から地虫をむしり取り、眉毛の隆起を比べ、岩の陰に抜け駆けして星明かりを浴びながら異種間性交をしたとすれば。

だが、もうそれはない。大きな鼻のネアンデルタール人も、細身のナルディも、首の太いハイデルベルゲンシスも、病気や天候、おたがいの存在、動物、怠惰その他の原因で全滅した。この長い家系図で唯一残った人間、それがわれわれである。

気候が寒冷化すると、鼻が細く長くなって肺に入るまえの空気をより効率的に暖め、肌の色が薄くなってビタミンDの生成用に日光をより多く取り入れる。日照のある温暖な環境では、鼻が広く平らになって高温多湿の空気をより効率的に吸い込み、肌の色が濃くなって太陽から身を守るようになる。[23,24] 並行して、喉頭は喉の奥に下がり、もうひとつの適応につながる。音声コミュニケーションだ。

喉頭は、食物を胃へと送り込んだり食物やほかの物の吸い込みを防いだりする弁の役割を果たす。すべての動物、そしてすべてのほかのヒト属は喉頭を高く、喉の上部に位置するように発達させた。それも道理で、高い喉頭はきわめて効率的に機能し、気道に何かが詰まっても体はすぐにそれを取り除くことができるからだ。

人間が言葉を発するようになると、喉頭が下がり、[25]口の奥にスペースができて発声や音量の範囲を広げることが可能になった。[26]唇は小さいほうが操作しやすく、われわれの唇は薄く丸みのないものに進化した。舌はより軽快でしなやかなほうが音のニュアンスや構造をコントロールしやすいため、喉の奥へと進み、顎を前に押し出した。

だが、こうして低くなった喉頭は本来の目的を果たしにくくなった。口の奥にスペースができすぎて、初期の人類は窒息しやすくなったのだ。あまりに大きなものを呑めば窒息するし、小さなものでもあわててぞんざいな呑み方をすれば窒息する。サピエンスは、食べ物を簡単に喉に詰まらせて死んでしまう唯一の動物、そして唯一の人類種になる。[27]

奇しくも、残念ながら、われわれの祖先に他の動物を上回る知恵と策略、寿命をもたらすまさにその適応（火を使いこなすこと、食物の加工、巨大な脳、広範囲の音を用いたコミュニケーション能力）が、口や喉をふさぎ、呼吸をはるかに困難にすることになった。ここにくぼみができたせいで、のちのち、われわれは睡眠時に自分の体を喉に詰まらせやすくなる。つまり、いびきをかく。*

これが初期の人類にとってとくに問題にならなかったのは、いうまでもない。何万年にもわたり、われわれの祖先はひどく発達した頭を使って快調に呼吸していた。鼻と声と超大型の脳を武器に、人類は世界を征服したのだ。

・・・

数カ月前にエヴァンズを訪ねてからずっと、私はわれわれの毛深い祖先について考えていた。かつて彼らは、アフリカの岩の多い海岸沿いでうずくまり、しなやかな唇で最初の母音を発したり、大きく開いた鼻孔から楽に息を吸い込んだり、完璧な歯でウサギの煮込みを食べたりしていたのだ。

そしていま、私はLED照明の下で口をあけ、携帯電話でウィキペディアのホモ・フローレシエンシスのページを見つめたり、曲がった歯で低炭水化物《ローカーボ》の栄養バーをかじったり、咳をしたりぜいぜい言ったりし、ふさいだ鼻からは一切、空気を吸わずにいる。

スタンフォード呼吸実験の2日目の晩、私はベッドにいて、シリコンプラグを鼻腔内に詰め込み、テープで覆っている状態だ。ここ数日、自宅で横になるときは普段、親戚や友人用に空けてある場所を使っている。私の口呼吸生活は妻にとって試練になりそうな気がした。ここで何度も寝返りを打ち、原始人のことを考えながら眠れずにいるのだから、移動してよかったと思う。

手首にはブックマッチ大のパルスオキシメーターが装着されている。そこから赤く光るワイアが延びて中指に巻きつけられている。数秒ごとに、この装置は私の心拍数と血中酸素濃度を記録し、その情報をもとに下がりすぎた舌が小さすぎる口につかえて息が止まる現象の頻度と重さを評価する。それが一般的に睡眠時無呼吸と呼ばれる症状だ。いびきや無呼吸の程度を測るために、私は携帯電話アプリをダウンロードした。夜通し絶え間なく音声を録音し、毎朝、呼吸の健康状態を分単位でグラフ化してくれるものだ。ベッドの真上からは暗視型防犯カメラがあらゆる動きをモニターしている。

喉の炎症やポリープはいびきや睡眠時無呼吸の原因となる。鼻閉塞もこの夜間の息づまりのきっかけとなるが、どのくらいの速さで発症するのか、そしてどのくらい重篤化する

＊パグ、マスティフ、ボクサーなど、短頭の犬は、品種改良によって顔が平らで副鼻腔が小さくなったため、同様の慢性的な呼吸器系の問題を抱えやすい。現代の人間は多くの点で、こうした高度に近親交配された犬種に相当するヒトとなっている。

のかは明らかになっていない。[28] これまで、テストした者はいなかった。

昨晩、初めてみずから鼻を閉塞させて就寝したところ、いびきは１３００パーセント増加し、ひと晩で75分にまでおよんだ。オルソンの数値はさらに悪かった。ゼロから4時間10分になったのだ。私は睡眠時無呼吸の発生件数も4倍に増えた。それもこれも、たったの24時間で。

ふたたびここに横になったいま、いくらリラックスしてこの実験に身をゆだねようとしても、それはなかなか難しい。３・３秒ごとに、濾過も加湿も加熱もされていない空気が口から入ってくる――舌を乾かし、喉をひりひりさせ、肺をむかむかさせるのだ。しかも、これであと17万５０００回呼吸しなくてはならない。

第2章　口呼吸

午前8時15分、オルソンが「となりのサインフェルド」のクレイマーさながら、私のいる階下の部屋の横のドアから飛び込んでくる。「おはよう」とひと声。鼻に小さなシリコンの塊を詰め、裾をカットしたスウェットパンツと〈アバクロンビー&フィッチ〉のスウェットシャツを着ている。

オルソンは通りの向かいにあるワンルームのアパートメントをひと月借りていた。パジャマ姿でこっそりやってこられる近さだが、その際、変人に見えるのを避けられるほど近くはない。日に焼けて生き生きしていた顔が、やつれて血色も悪くなり、まるで逮捕後の顔写真《マグショット》に写っている俳優のゲイリー・ビューシーのようだ。きのうと同じぼんやりした表情で、一昨日とその前日と同じ取り憑かれたような笑いを浮かべている。

きょうは実験の口呼吸フェーズの中間点だ。そしてきょうもほかの日と同じく、1日3回、朝昼晩と、オルソンと向かい合ってテーブルに着く。手際よく、テーブル上に積まれた信号音を発する各種機器のスイッチをはじくと、腕にカフを巻きつけ、耳に心電計のセンサーを装着し、口に体温計をくわえて、生体データを表計算ソフトに記録しはじめる。そのデータから明らかになるのはこれまでの日々で明らかになったこと。つまり、口呼吸がわれわれの健康を破壊していることだ。

私の血圧はテスト前に比べて平均13ポイント上昇し、いまやI度高血圧もいいところだ。この慢性的に血圧が高い状態は、米国の人口の3分の1に共通するもので、放置すると心筋梗塞や脳卒中などの深刻な問題を引き起こしかねない。一方、神経系のバランスを示す心拍変動は急激に低下して、体がストレス状態にあることを示唆している。[1] そして脈拍は増加し、体温は低下し、精神の明晰さはどん底に落ちた。オルソンのデータも私のとよく似ている。

だが最悪なのはわれわれの気分だ――つまり、ひどい気分で、毎日すべてが悪化しているとしか思えない。そして毎日、まさにこの時間にオルソンは最後のテストを終え、綿毛のような白髪から呼吸用マスクをはずして立ち上がり、シリコンプラグをもう少し鼻孔に押しこむ。それからまたスウェットシャツを着て、「10時30分に会おう」とドアを出ていく。私はうなずき、彼がスリッパを履いた足で廊下から通りの向こうに戻るのを見送る。

最後のテスト手順は食事で、これはひとりで済ませる。実験の両フェーズを通して、われわれは同じ食べ物を同じ時間に摂り、血糖値を継続的に記録するとともに1日を通じて同じ歩数を歩き、口呼吸と鼻呼吸が体重や代謝にどんな影響を与えるかを調べる。きょうは卵3個、アボカド半分、ドイツ風ブラウンブレッド1枚、正山小種《ラプサン・スーチヨン》1ポット。これはすなわち、10日後にまたこのキッチンでこの同じ食事をするということだ。

食後は食器を洗い、リビングの実験室にある使用済みのフィルターやpH試験紙、ポストイットを片づけ、メールに返信する。ときにはオルソンと一緒に鼻をふさぐもっと快適で効果的な方法を試したりもする。防水性の耳栓（硬すぎる）、発泡素材の耳栓（柔らかすぎる）、水泳用のノーズクリップ（痛すぎる）、CPAP療法用の鼻ピロー（快適だが、まるで拘束具）、トイレットペーパー（すかすかすぎる）、チューインガム（ねばねばしすぎる）、そして最後が、シリコンか発泡素材の耳栓の上にサージカルテープで、これはこすれて息苦しさもあるが、選択肢のなかではいちばん不愉快ではない。

だが、たいていは一日じゅう、毎日、この5日間というもの、オルソンと私はそれぞれのアパートメントでひとり座り、人生に倦《う》んでいる。笑い声のない悲しいシットコムに閉じ込められた気分になることも少なくない。まるで永遠に終わらない不幸のグラウンドホッグ・デイだ〔映画 *Groundhog Day*（邦題『恋はデジャ・ブ』）のタイムループのように同じことが繰り返される状況を指す表現〕。

ありがたいことに、きょうは少々変化がある。きょうはオルソンと自転車に乗りにいくのだ。ビーチの遊歩道でもゴールデンゲートのたもとでもなく、コンクリートの壁に囲まれた蛍光灯の灯る近所のジムへ。

サイクリングはオルソンのアイデアだった。彼はほぼ10年にわたり、激しい運動時の鼻呼吸者と口呼吸者のパフォーマンスの差を調査していた。クロスフィットの選手を対象に独自の研究を実施し、コーチとの共同作業にも取り組んだことがある。その結果、口呼吸によって体はストレス状態に陥り、すぐに疲労して運動パフォーマンスが低下すると確信したらしい。オルソンは今回の実験の各フェーズで数日間、固定式《ステーショナリー》バイクにまたがって有酸素能力の限界までペダルをこぐことを主張した。予定では午前10時15分にジムに集合することになっている。

私は短パンを穿き、フィットネストラッカーと予備のシリコン製プラグ、水筒をつかんで裏庭から出る。フェンスのそばで待っていたのはアントニオ、わが家の上の階で改装工事をしている業者にして長年の友人だ。こちらに目を向け、私が庭の出口に着くまえに、ピンクの耳栓が鼻に入っていることに気づき、腕に抱えたツーバイフォーの木材を下ろして、よく見ようと近寄ってくる。

アントニオとは15年来の付き合いで、私がこれまでに調査したはるかな土地の奇妙な物語についても聞いてもらっていた。彼はいつも興味をもって応援してくれる。だがそれも今週やっている実験について彼に話すまでのことだった。

「それはよくないな」とアントニオは言う。「学校で、小さいころ、先生が教室を歩いてまわったんだよね、で、パシッ、パシッ、パシッ」。彼は自分の後頭部を平手打ちして強調する。「口で息をしていると、パシッとやられるんだ」。口呼吸は病気の原因になるし、無作法だ、というわけでメキシコのプエブラで育った彼や幼なじみはみんな鼻で呼吸するようになったのだという。

アントニオはパートナーのジャネットが慢性的な鼻づまりと鼻水に悩まされていると話してくれた。ジャネットの息子のアンソニーも口呼吸が癖になり、同じ問題を抱えはじめている。「よくないってこっちは言いつづけていて、ふたりも治そうとしてる」とアントニオは言った。「でも、これが難しくてね」

インド系英国人のデイヴィッドという男性から同じような話を聞いたのは数日前、オルソンと私がゴールデンゲート・ブリッジで鼻をふさいでのジョギングに初挑戦したときのことだった。ディヴィッドは鼻の包帯に気づき、われわれを呼び止めて何をしているのかと訊いてきた。そして、ずっと鼻の閉塞に悩まされてきたのだと語った。「いつも詰まっているか鼻水が出ているかで、まったく開いている気がしなかったよ」と。過去20年間、さまざまな薬を鼻孔に吹き込んできたが、時間とともに効果が薄れていった。もはや呼吸器系の問題が慢性化しているのだ。

そういった話をこれ以上聞きたくなくて、そして、これ以上よけいな注目を浴びたくなくて、私は外出はやむをえない場合に限るようになった。誤解しないでほしい。サンフランシスコ市民は変人が大好きだ。まえにヘイト・ストリートを歩いていたある男は、ジーンズの後ろに穴を開けて尻尾――長さ5インチ（約13センチ）ほどの本物の人間の尻尾――を後ろで自由に振れるようにしていた。そんな彼は見向きもされなかったといっていい。だがオルソンと私が鼻に栓やらテープやらをつけている姿は、地元の人々にとって耐えがたいものだった。どこへ行っても、質問されるか呼吸の悩みにまつわる長い身の上話を聞かされる。鼻づまりがひどいとか、アレルギーが悪化する一方だとか、どうも息がしづらくなると頭が痛くなって眠れないとか。

手を振ってアントニオと別れると、ベースボールキャップのひさしを少し下げて鼻に栓をした顔を隠し、ゆっくり走って数ブロック先のジムへ。トレッドミルで早歩きしている女性やウェイトマシンを使っている老人たちを横目に進んでいく。そろって口呼吸しているのが気になって仕方ない。

そしてパルスオキシメーターを起動し、ストップウォッチをセットして、ステーショナリーバイクに跳び乗ったら、ペダルに足をかけて出発だ。

この自転車実験は20年前にジョン・ドゥーヤード博士が実施した一連の研究の焼き直しだ。テニス界のスター、ビリー・ジーン・キングからトライアスロン選手やニュージャージー・ネッツまで、精鋭アスリートたちのトレーナーを務めたドゥーヤードは１９９０年代、口呼吸がクライアントたちに害を与えていると確信した。それを証明するために、プロのサイクリストを集め、心拍数と呼吸数を記録するセンサーを装着してステーショナリーバイクに乗せた。数分かけてペダルの抵抗力を上げ、実験が進むにつれて消費するエネルギーが徐々に増えるよう仕向けた。

最初の実験では、ドゥーヤードは口だけで呼吸するように指示した。強度が増すと、呼吸数も増えるのは、予想どおりだった。最も過酷な段階に達し、２００ワットのパワーでペダルをこぐころには、選手たちはあはあと苦しそうに息をしていた。

次にドゥーヤードは選手たちに鼻で呼吸させてテストを繰り返した。このフェーズでは、運動強度が上がると呼吸数は減少した。最後の２００ワットの段階では、口呼吸は1分間に47回だったある被験者が、鼻呼吸は1分間に14回になっていた。しかもこの男性は運動強度が10倍になったにもかかわらず、テスト開始時の心拍数を維持していた。

鼻で呼吸するように訓練するだけで、トータルの運動強度を半分に減らして持久力を大幅に向上させることができると、ドゥーヤードは報告した。鼻呼吸をしているあいだ、アスリートたちは疲れよりも活力を感じていた。全員がもう二度と口では呼吸しないと誓った。[2]

これから30分間、ステーショナリーバイクに乗ってドゥーヤードのテスト手順に従うが、私は運動強度を重量で測るのではなく、距離を用いる。心拍数を着実に毎分１３６回に保ち、鼻をふさいだ口だけの呼吸でどこまで走れるかを測りたい。オルソンと私は今後数日にわたってここに戻り、来週もまたやってきてこのテストを鼻だけの呼吸で繰り返す。このデータから、ふたつの呼吸経路が持久力やエネルギー効率に与える影響を概観できるだろう。

呼吸が運動パフォーマンスにおよぼす影響を理解するには、まず体が空気と食物からエネルギーをつくる方法を理解しなくてはならない。そこにはふたつの選択肢がある。有酸素の好気呼吸というプロセスと、無酸素の嫌気呼吸と呼ばれるプロセスだ。

無酸素性エネルギーはグルコース（単糖類）を使ってのみ生成されるもので、体は手っ取り早く利用できる。体内の酸素が不足したときのバックアップシステムやターボブーストのようなものだ。[3] だが効率が悪く、乳酸が過剰に発生して有害になることもある。[4] ジムでがんばりすぎたあとの吐き気や筋力低下、発汗は、無酸素運動の負荷が過剰になったことによる感覚だ。[5] 激しいワークアウトの最初の数分間がつらくなりがちなのも、このプロセスから説明がつく。肺や呼吸器系による必要な酸素の供給が追いつかなくなったら、体は嫌気呼吸をしなければならない。これは体が温まると運動が楽に感じられる理由の説明にもなる。体が嫌気呼吸から好気呼吸に切り替わったというわけだ。

このふたつのエネルギーは体じゅうの異なる筋繊維でつくられる。嫌気呼吸はバックアップシステムとして意図されているため、われわれの体は嫌気性の筋線維のほうが少ない。[6] あまり頻繁に頼れば、この少ない筋肉はいずれ壊れる。[7] 年明けのジム通いで発生するけがが年間のどの時季よりも多いのは、自分の閾値をはるかに超えた運動に挑む人があまりにも多いからだ。基本的に、無酸素性エネルギーはマッスルカーに似ている――ちょっとした移動なら速くて反応がいいが、長い道のりとなると大気を汚染し、実用的ではない。

だからこそ好気呼吸が大事になる。25億年前に進化して酸素を食べるようになり、爆発的な生命誕生のきっかけとなった細胞をおぼえているだろうか？　われわれの体内には約

37兆個もの細胞がある。[8] その細胞を有酸素で動かした場合、エネルギー効率は無酸素に比べて約16倍になる。[9] エクササイズではもちろん、これからの人生で鍵を握るのは、エネルギー効率の高い、クリーン燃焼型の、酸素を食べるその有酸素ゾーンにとどまることだ。運動中はほとんどの時間、そして安静時はつねに。

ジムに戻ると、私はペダルを少し強めにこぎ、呼吸を少し深くして、心拍数が112から114へ、さらにその上へと着実に増えていくのを確認する。次の3分間のウォームアップでは、136まで上げた状態を30分維持しなくてはならない。この心拍数は、私の年齢の男性の有酸素性/無酸素性の作業閾値に相当する。

1970年代、オリンピック選手やウルトラマラソンランナー、トライアスリートなどを指導してきた一流フィットネスコーチのフィル・マフェトンは、標準的なワークアウトの大半はアスリートにとって有益どころか、むしろ有害であることを発見した。[10] その理由は、人は千差万別で、トレーニングに対する反応は人それぞれだからだ。腕立て伏せを100回することは、ある人にとっては効果的でも、別の人にとっては有害になる。マフェトンはより主観的な指標である心拍数に焦点を当ててトレーニングを個別化した。そうすることで確実にアスリートたちは定義された有酸素ゾーン内にとどまり、より多くの脂肪を燃焼して、より早く回復し、翌日――そして翌年にも――戻ってきてトレーニングを再開するようになった。

運動に最適な心拍数を知るのは簡単だ。180から自分の年齢を引けばいい。[11]その結果が、体が有酸素状態を保てる最大心拍数となる。長時間のトレーニングやエクササイズはこの心拍数未満で可能だが、これを超えてはならない。[12]さもないと、体は無酸素ゾーンにあまりにも深く、あまりにも長く陥る危険性がある。その場合、ワークアウト後に感じるのは爽快さや力強さではなく、疲れや震え、吐き気になる。

私の身に起きることもだいたいそんなところだ。30分も勢いよくペダルをこぎ、口をあけて息をあえがせれば、ステーショナリーバイクの速度計がゼロになり、回転するギアがゆっくり停止する。大量の汗をかき、心持ち目もかすんでいるが、こいだ総距離はたったの6・44マイル（10・36キロ）。私はバイクを降りてオルソンにサドルをゆずると、自宅ラボに戻り、シャワーを浴びて水を一杯、そしてテストを続行する。

・・・

私とオルソンが鼻を栓でふさぐ何十年もまえ、そしてドゥーヤードがサイクリストたちを一連の実験に駆り出すよりまえに、科学者たちは口呼吸の是非をめぐって独自のテストを実施していた。

イングランドの進取の気性に富む医師オースティン・ヤングは、1960年代に多数の慢性的鼻出血患者の鼻孔を縫い合わせて治療した。ヤングの弟子のひとり、ヴァレリー・J・ランドが1990年代にこの処置を復活させ、数十人の患者の鼻孔を縫合する。私は何度もランドに連絡を試み、彼女の口呼吸をする患者たちが数週間後、数カ月後、数年後にどうなったかを尋ねてみたが、返事が届くことはなかった。さいわい、その結果はまったく別の目的を追求するノルウェー系アメリカ人の歯科矯正医兼研究者によって明らかにされる。

エーギル・P・ハーヴォルドによる1970年代から80年代の恐ろしい実験は、動物保護団体のPETAはもちろん、一度でも動物の世話をしたことのある人にはとても受け入れられないものだった。サンフランシスコの研究室を拠点に、ハーヴォルドはアカゲザルの群れを集めると、その半分の鼻腔にシリコンを詰め、あとの半分はそのまま放っておいた。[13] 鼻をふさがれた動物は栓を外すことができず、鼻ではまったく呼吸できない。常時、口呼吸をするよう無理やり順応させられた。

それから6カ月にわたり、ハーヴォルドは動物たちの歯列弓、顎の角度、顔の長さなどを測定した。鼻をふさがれたサルたちは一様に下方向への成長パターンを示し、一様に歯列弓が狭まって、歯が曲がり、口は開いたままになった。ハーヴォルドはこの実験を繰り返し、動物の鼻を2年間ふさぎつづけた。サルたちの状態はますます悪化した。この間、ハーヴォルドは数多くの写真を撮っている。

その写真を見ると胸が締めつけられるのは、気の毒なサルたちのためだけではない。われわれ自身の種に起きることがはっきり映し出されているからだ。[14] つまり、ほんの数ヵ月で顔は長くなり、顎はゆるんで、目はどんよりする。

口呼吸をつづけていると、体が物理的に変化して気道が変形する、それも悪くなるばかりだと判明した。[15] 口から空気を吸うと圧力が下がり、口の奥の軟部組織がゆるんで内側にたわみ、全体のスペースが狭くなって呼吸しづらくなる。口呼吸は口呼吸を生むわけだ。

鼻から息を吸うことには逆の効果がある。喉の奥のたるんだ組織に空気を押しつけ、気道を広げて呼吸を楽にするのだ。しばらくすると、そうした組織と筋肉が「調整」されて、この広く開いた位置にとどまるようになる。鼻呼吸は鼻呼吸を生むわけだ。

「鼻の状態は、口、気道、肺の状態に影響を与えます」とパトリック・マキューンは電話インタビューで語った。[16] 彼はアイルランド人のベストセラー作家で、鼻呼吸の世界的権威のひとりだ。「これらは独立して作用する別々のものではありません。ひとつの結合した気道なのです」と彼は私に言った。

なにも驚くことはない。季節性アレルギーに見舞われると、睡眠時無呼吸や呼吸困難の発症率が高まる。[17]鼻が詰まり、口呼吸になって、気道が狭窄するのだ。「単純な物理学です」とマキューンは私に言った。

口をあけて眠ると、こうした問題が悪化する。枕に頭を乗せれば、重力が喉や舌の軟部組織を下に引っ張り、気道がさらに閉ざされるのは必至だ。しばらくすると、気道はこの姿勢に慣れてしまい、いびきや睡眠時無呼吸が新たな常態となる。

• • •

実験の鼻閉塞フェーズ最終日の夜、私はまたベッドのなかで体を起こし、窓の外を見つめている。

太平洋の風が吹き込むのは、普段の夜と同じだが、いまは寝室の向かいの裏庭の塀にかかった草木の影が、色鮮やかな万華鏡のように動いて踊りだす。そしてエドワード・ゴーリーが描いたベスト姿の紳士たちに再編成されたかと思うと、次の瞬間にはねじれたエッシャーの階段に。さらに風が吹けば、そんな光景もばらばらになり、見おぼえのあるものに姿を変える。シダ、竹の葉、ブーゲンビリアに。

話が長くなったが、要するに、眠れない。頭を枕で支えられた状態で、この不気味な情景をメモに取りながら15分、20分、ひょっとすると40分をすごしただろうか。無意識のうちに鼻をすすってすっきりさせようとしても、頭に激痛が走るだけ。これは副鼻腔炎性の頭痛で、私の場合はみずから招いたものだ。

この1週間半は毎晩、眠っているあいだにそっと首を絞められ、喉が閉じていくような感覚に襲われてきた。それは実際に喉が閉じ、私の首が締まっているからだ。無理やりの口呼吸がハーヴォルドのサルたちの場合と同じく、私の気道の形を変えていた可能性が高い。その変化は数カ月どころか、数日で起こっていた。息をするたびに状態は悪くなっていたのだ。

私のいびきは10日前に比べて4820パーセントも増えていた。初めて自覚したが、閉塞性の睡眠時無呼吸を発症している。[18] いちばんひどいときは、平均25回の「無呼吸イベント」が発生していた。つまり、重度の窒息状態だったわけで、酸素濃度が85パーセントを下回るほどだった。

酸素濃度が90パーセント未満になると、血液は身体組織を支えられるだけの酸素を運べない。これが長引けば、心不全、うつ病、記憶障害、早世の原因となる。私のいびきや睡眠時無呼吸はまだまだ病気と診断される症状には届かないが、鼻のつまった状態が長くつづくにつれ検査の数値は悪化していた。

毎朝、オルソンと私は前夜の自分たちが眠っている様子を録音したものを聴く。最初は笑ってしまったが、そのうち少し怖くなった。聞こえてきたのは、ディケンズの小説に出てくる幸せな酔っぱらいの声ではなく、自分の体に絞め殺されかけている男たちのうめきだったからだ。

「より健康によい眠りとは……口を閉じたもの」と書いたのはレフィヌス・レムニウス、1500年代のオランダ人医師で、いびき研究の草分けのひとりとされている。[19] 当時すでに、レフィヌスは睡眠中の閉塞型呼吸がいかに有害であるかを知っていた。「顎を伸ばして眠る者は、その呼吸および、行き来する空気のために、舌や口蓋が乾き、夜間に飲酒して潤いを得たいと欲するからである」

これもまた私の身に繰り返し起きたことだった。口呼吸では体の水分が40パーセント多く失われる。[20] 私はこれをひと晩じゅう、毎晩感じ、目が覚めるといつも喉がからからに渇いていた。こうして水分が失われると尿意が減退すると思われるかもしれない。だが不思議なことに、その逆が真だった。

睡眠が最も深く、最も安らかになる段階では、脳の根元にある豆粒大の球、脳下垂体がアドレナリンの放出をコントロールするホルモンや、エンドルフィン、成長ホルモンなどの物質を分泌するが[21]、そのひとつであるバソプレシンは細胞に水分をもっと蓄えるよう伝える。[22]動物が喉の渇きも尿意も覚えることなくひと晩じゅう眠れるのはこのためだ。

だが、慢性的な睡眠時無呼吸を発症するなどして、深い睡眠の時間が不足すると、バソプレシンが正常に分泌されない。腎臓から水分が放出され、それが尿意の引き金となって、もっと水分を摂るべきだとの信号が脳に送られる。喉が渇くと、ますます小便がしたくなる。バソプレシンの不足からは、私自身の膀胱の過敏性だけでなく、とうてい癒やせそうにない毎晩の喉の渇きも説明がつく。

いびきや睡眠時無呼吸による健康への恐ろしい影響を記した本は何冊かある。こうした症状が寝小便、注意欠陥・多動性障害（ADHD）、糖尿病、高血圧、がんなどの原因になることを説明するものだ。以前読んだメイヨー・クリニックの報告書によると、慢性的な不眠症は、長らく心理的な問題だとみなされてきたが、多くは呼吸の問題であることが明らかになった。[23]慢性的な不眠症に悩み、いま、私と同じように寝室の窓やテレビ、電話、天井などを見つめる何百万人ものアメリカ人は、呼吸ができないせいで眠れないのだ。[24]

そして、大半の人の考えとは裏腹に、いびきはどんなに少なくても正常ではなく、睡眠時無呼吸はどんなに少なくても深刻な健康被害のリスクを免れない。スタンフォード大学の睡眠研究者、クリスチャン・ギルミノー博士の発見によれば、無呼吸イベントを未経験の子供でも、激しい呼吸と軽いいびき、つまり「呼吸努力の増大」さえあれば、気分障害、血圧の乱れ、学習障害などに苦しむ可能性がある。[25]

口呼吸で私は頭も悪くなった。最近の日本の研究によると、[26]鼻孔をふさがれて口呼吸を強いられたラットは、鼻呼吸をする対照群に比べて脳細胞が発達しにくく、迷路を進む時間が2倍かかったという。やはり日本で実施された人間を対象とする2013年の研究では、口呼吸をすると、ADHDに関連する脳の領域、前頭前皮質への酸素供給が妨げられることが判明している。鼻呼吸ではそのような影響はなかった。

古代の中国人はそのことにも気づいていた。「口から吸った息は『逆気』といって、きわめて有害である」という一節が道教の経典にある。「口から息を吸わないように気をつけなさい」[27]

ベッドで寝返りを打ち、またトイレに駆けこみたい衝動と闘いながら、物事のよい面に目を向けようとするうち、ふと思い出す。マリアンナ・エヴァンズのコレクションのひとつ、待ち望んでいた希望を与えてくれたある頭蓋骨のことを。

・・・

その日の朝、エヴァンズは自身の矯正歯科医院の事務室で大型のコンピューター用モニターの前に座っていた。フィラデルフィアの繁華街から西に30分ほど、白い壁に白いタイル張りの床と、未来的な風情のある場所だった。これとは正反対の、褐色のスタッコで仕上げた小規模モールにある、シダや金魚の水槽、ロベール・ドアノーの写真で飾られた歯科医院にしか私は行ったことがない。エヴァンズは、なるほど、一風変わった歯科医院を経営している。

　エヴァンズはモニターにふたつの画像を表示させた。ひとつはモートン・コレクションの古代の頭蓋骨、もうひとつは新しい患者である少女を写したものだ。仮に彼女をジジと呼ぶことにしよう。写真のジジは7歳くらいだった。歯は歯茎から外側、内側、四方八方に突き出している。目の下にはくまがあり、唇はひび割れて、想像上のアイスキャンディを舐めるかのように開いていた。彼女は慢性的ないびき、副鼻腔炎、喘息を患っていた。食物やほこり、ペットに対するアレルギーも発症していた。

　ジジは裕福な家庭で育った。食生活指針《フードガイド・ピラミッド》に従い、屋外でたっぷり運動し、予防接種を受け、ビタミンDとCを摂取し、何の病気もせずに成長してきた。それなのに、こんなことになるとは。「わたしは一日じゅう、このような患者を診ていますよ」とエヴァンズ。「みなさん同じですよ」

現在、私たちはこんな状態だ。[28] 子供の90パーセントは口や鼻がある程度変形している。成人の45パーセントはたまにいびきをかき、4分の1はつねにいびきをかく。[29] 30歳を超えるアメリカ人の25パーセントが睡眠時無呼吸で喉を詰まらせていて、[30] 中等度または重度の症例の推定80パーセントがまだ診断を下されていない。[31] しかも、国民の大多数が何らかの呼吸困難や呼吸抵抗に悩まされている。

私たちはさまざまな方法を見つけて都市をきれいにし、祖先を滅ぼした病気の多くを抑え込み、あるいは退治してきた。読み書きの能力は上がり、身長は高くなり、体力も向上している。平均寿命は工業化時代の人々の3倍長い。現在、地球上にいる人間の数は75億人――1万年前の1000倍だ。[32]

それなのに、私たちは最も基本的かつ重要な生体機能をうまく使えなくなっている。

エヴァンズはそんなふうに憂鬱な状況を描いてみせた。その皮肉には、まばゆいクリニックでつぎつぎと現代人の顔を見て、サミュエル・モートンが集め、「オーストラリア人やら品のないホッテントット人」と揶揄した標本群の理想的な形状や完璧な歯と比べていれば、いやでも気づく。あるとき、顔を近づけるとモニターのガラスに映った自分が見えた。ばらばらな骨の寄せ集め、傾斜した顎、詰まった鼻、小さすぎて歯が収まりきらない口。愚か者め、とその古代の頭蓋骨が言うのを想像した。すると一瞬、誓ってもいい、それは笑っているように見えた。

だが、エヴァンズが私を取材に招いてくれたのは現状を嘆くためではなかった。人間の呼吸の衰えを追跡するという彼女の執念は出発点にすぎない。長年にわたり、すべて自費で研究してきたのは、手助けしたいからだ。彼女と同僚のケヴィン・ボイドは古代の頭蓋骨から得た何百もの測定値を使い、現代人の気道の健康状態を示す新しいモデルを構築している。呼吸、肺の拡張、歯列矯正、気道の発達に関する新たな治療法を探究する、急成長中のパルモノート集団の仲間だ。その目的は、ジジや私を含め、すべての人を、より完璧な古代の姿に戻す手助けをすることにある——すべてがおかしくなるまえのあり方に。

コンピューターの画面に、エヴァンズは別の写真を表示させた。今度もジジをとらえた一枚だが、目の下にくまはなく、肌は黄ばんでいないし、まぶたも垂れ下がっていない。歯はまっすぐで、顔はふっくらして輝いている。また鼻呼吸をしていて、もういびきはかかない。アレルギーやほかの呼吸器系の問題もほぼなくなっていた。この写真は1枚目の2年後に撮ったもので、ジジはまるで別人に見えた。

同じことがほかの患者たちにも起こった。大人も子供も、正しく呼吸する能力を取り戻した人たちにだ。顎がゆるんで、狭まっていた顔がより自然な輪郭に戻る。[33] 高かった血圧が下がり、うつ状態が緩和され、頭痛が消えるのが確認された。

ハーヴォルドのサルたちも回復した。2年にわたる強制的な口呼吸ののち、彼はシリコンの栓を取りはずした。ゆっくりと、確実に、動物たちは鼻で呼吸する方法を学び直した。すると、ゆっくりと、確実に、顔と気道の形が変わっていく。顎が前方に移動し、顔の構造と気道の形状が本来の広い自然な状態に戻ったのだ。

実験終了から6カ月後、サルたちはサルらしい風貌に戻っていた。ふたたび正常に呼吸できるようになったためだ。

寝室に話を戻すと、窓に映る枝の影絵を見つめながら、私は期待している。私もまた、この10日間、そして過去40年のあいだに受けたダメージを覆せるのではないか。祖先たちが呼吸していた方法で呼吸することを学び直せるのではないか。それはまもなくわかるはずだ。

あすの朝、鼻の栓が取り出される。

第二部　呼吸の失われた技術と科学

第3章　鼻

「しけた顔をしていますね」とドクター・ナヤックが言う。

昼下がり、私はまたスタンフォード大学耳鼻咽喉科・頭頸部外科センターにやってきている。診療椅子に横たわった私の右の鼻孔にナヤックが内視鏡を押し込む。10日前に通ったなめらかな砂丘はまるでハリケーンに襲われたかのようだ。詳細は省くとして、鼻腔内がどろどろになっているとだけ言っておく。

「さあ、あなたの好きなところです」とナヤックが含み笑いをする。こちらがくしゃみをしたり逃げ出そうと思ったりする間もなく、ワイヤーブラシをつかんで私の頭に数インチ押し込む。「かなり汁が出ていますね」と、何やらうれしそうだ。左の鼻の穴にも同じことをして、粘液で覆われたRNA状のブラシを試験管に入れると、私を放免する。

過去1週間半、私はこの瞬間を待っていた。きっとこういう栓やテープや脱脂綿をはずすことは記念すべき場面で、ハイタッチをして鼻から安堵のため息をつけるだろうと。また健康な人間らしく息ができるのだ!

実際には、数分間にわたって苦痛のあとにさらなる閉塞がつづく。鼻のなかがどろどろになっているため、ナヤックはペンチを手にして数インチの綿棒を左右の鼻の穴に差し込み、奥にあるものが床にこぼれるのを防がざるをえない。それからまた肺機能検査、X線、採血、鼻科医の診察と、オルソンと私が閉塞フェーズのまえに受けたすべての検査が反復される。結果が出るのは数週間後だ。

その夜、帰宅して副鼻腔を何度もすすいでようやく初めて鼻から深く息を吸うことができる。私はコートをつかんで裸足で裏庭に出る。夜空を動くまばらな羽毛のような巻雲は、宇宙船の大きさだ。その上では、頑固な星がいくつか霧を突き抜け、満ちていく月のまわりに集まっている。

よどんだ空気を胸から吐き出し、息を吸い込む。鼻をつくのは、すえた、古い靴下のような泥の臭い。黒ラベルの〈チャップスティック〉を思わせる湿ったドアマット。〈ライソール〉の消毒臭を放つレモンの木、アニスの甘い香りを漂わせる枯れ葉。

こうしたにおいのひとつひとつ、世界にあるこの物質が、頭のなかで色鮮やかにはじけ飛ぶ。ひどくきらきらして注意を引き、ほとんど目に見えるといってもいい——さながらスーラの絵に描かれた色とりどりの無数の点だ。もう一度、息を吸いながら、こういう分子が喉を通って肺に入り、血流に深く染み込んで、思考とそれを生み出した感覚の燃料となるのを想像する。

嗅覚は生物にとって最古の感覚だ。[1] ここにひとりたたずみ、鼻孔をふくらませていると、呼吸とは単に空気を体内に入れることにはとうていとどまらないと思えてくる。それは周囲の環境との最も親密なつながりなのだ。

あなたや私、あるいはほかの息をするものがこれまで口や鼻に入れたり、皮膚から浸透させたりしたものはすべて、138億年前から存在する使い古しの宇宙の塵《ちり》だ。この無軌道な物質は太陽の光で分解され、宇宙に広がって、また集まってきた。息をすることは自分を取り巻くものに没入すること、生命のかけらを取り込み、それを理解して、自分自身の断片を外に返すこと。呼吸《レスピレーション》とは、根本的には、交換《リシプロケーション》だ。

呼吸は回復《レストレーション》にもつながると期待している。きょうから私は過去10日間の口呼吸で体に受けたダメージを癒やし、今後も健康でいられるように努めたい。数十人のパルモノートからの数千年にわたる教えを実践し、その方法を分析して効果を測定する。オルソンと協力して、肺を広げ、横隔膜を発達させ、体に酸素を充満させて、自律神経系をハックし、免疫反応を刺激して、脳内の化学受容器をリセットするテクニックを探っていく。

最初のステップはリカバリーフェーズで、私はいまこれを終えたところだ。ここでは昼も夜もずっと鼻で呼吸する。

鼻が大事なのは、空気をきれいにし、温め、湿らせて吸収しやすくするからだ。私たちの大半はそのことを知っている。では、大多数の人が考えたこともないのは何かといえば、それは勃起不全などの問題で鼻が果たす意外な役割だ。あるいは、血圧を下げたり消化を助けたりするホルモンや化学物質の出動を引き起こすこと。女性の月経周期の各段階に対応すること。心拍数を調整し、足の指の血管を広げ、記憶を保存すること。[2]鼻毛の密度で喘息になるかどうかが左右されること。[3]

さらに、これを考えたことがある人はまずいないだろう。生きている人間の鼻孔は個々のリズムで脈打ち、花のように開いたり閉じたりして、気分や心の状態、そしておそらく太陽や月にも反応するのだ。

・・・

1300年前、古代のタントラ経典『シヴァ・スワローダヤ』に、1日を通して片方の鼻孔が開いて息を吸い込み、もう片方の鼻孔が静かに閉じる様子が記されていた。ある日には右の鼻孔があくびとともに起きて太陽を迎え、またある日には左の鼻孔が目を覚まして満月に気づく。この経典によると、こうしたリズムは毎月同じで、全人類に共有されているという。われわれの体が宇宙やおたがいのリズムに合わせてバランスと基礎を保つための方法なのだ。

2004年、インドの外科医アナンダ・バラヨギ・バヴァナニ博士は、国際的な被験者グループを対象に『シヴァ・スワローダヤ』方式の科学的検証を試みた。[4] 1カ月かけて彼が突き止めたのは、太陽と月が地球に与える影響が最大になる時期、満月や新月の際に、学生たちは一貫して『シヴァ・スワローダヤ』方式を示すということだった。

バヴァナニも認めているが、このデータは事例に基づくもので、すべての人間がこのパターンを共有していることを証明するには、もっと多くの研究が必要だろう。だが科学者たちは1世紀以上前から、鼻孔がたしかに固有のリズムで脈打ち、昼夜を問わず花のように開いたり閉じたりすることを知っていた。

鼻サイクルと呼ばれるこの現象は1895年、ドイツ人医師のリヒャルト・カイザーによって初めて報告された。[5,6] カイザーは患者の片方の鼻孔の内側を覆う組織がすぐに詰まって閉じ、もう片方の鼻孔が不思議と開くことに気づいた。そして、約30分から4時間後に左右の鼻孔が交替する、つまり「循環」するのだと。[7] この切り換えはどうやら、月の神秘的な引力というより性的衝動に影響されているようだった。

鼻の内部は勃起性組織で覆われていることが判明した。ペニスやクリトリス、乳首を覆っているのと同じ肉だ。鼻は勃起する。数秒のうちに鼻も充血し、大きく硬くなる。これは鼻がほかのどの器官よりも生殖器と密接な関係にあり、一方が刺激されると他方も反応するためだ。人によってはセックスのことを考えただけで発作的に鼻がひどく勃起し、息苦しくなったり、くしゃみが止まらなくなったりする。「ハネムーン鼻炎」と呼ばれる面倒な状態だ。[8]。性的刺激が弱まって勃起性組織がやわらかくなると、鼻も弛緩する。

カイザーの発見後、数十年が経過しても、なぜ人間の鼻の内側に勃起性組織があるのか、なぜ鼻孔が循環するのか、もっともな理由を提示できる者は現れなかった。[9] さまざまな説があり、この切り換えによって睡眠中の寝返りを誘発し、床ずれを防止するのだと信じた者もいる（枕の反対側の鼻孔のほうが息をしやすい）。[10] この循環は呼吸器系の感染症やアレルギーから鼻を守るのに役立つと考える者もいれば、交互に空気を流すことでにおいをより効率的に嗅げるのだと主張する者もいた。

結局、研究者たちが確認できたのは、鼻の勃起性組織は健康状態を反映しているということだった。病気その他の不安定な状態では炎症を起こす。[11]鼻が感染すると、鼻サイクルが顕著になり、切り替わりが早くなる。[12]さらに、左右の鼻腔は空調システムのように機能し、体温や血圧をコントロールしたり、脳に化学物質を供給して気分や感情、睡眠状態を変えたりしていた。

右の鼻孔はアクセルだ。主にこの経路で息を吸っていると、血行が促進されて体が熱くなり、コルチゾール濃度、血圧、心拍数などが上昇する。これは鼻の右側で呼吸すると交感神経系が活性化され、「闘争か逃走」のメカニズムが働いて体がより高度な警戒状態・準備態勢になるためだ。また、右の鼻孔で呼吸すると、反対側の脳、とくに前頭前皮質に多くの血液が送られる。[13]ここは論理的な判断や言語、計算に関連づけられている部位だ。

左の鼻孔から息を吸うことには逆の効果がある。右の鼻孔のアクセルに対するブレーキシステムのような働きをするのだ。左の鼻孔は副交感神経系、つまり体温や血圧を下げたり、体を冷やしたり、不安を軽減する休息・リラックス系統とのつながりが深い。[14]左鼻孔呼吸は血流を前頭前皮質の反対側に切り替える。それは創造的な思考、感情、抽象概念の形成、ネガティブな感情に関わる右側の領域だ。[15]

2015年、カリフォルニア大学サンディエゴ校の研究者たちが統合失調症の女性の呼吸パターンを3年間、継続的に記録したところ、左鼻孔の優位性が「有意に大きい」とわかった。[16] この呼吸習慣は、ひとつの仮説として、脳の右側の「創造的な部分」を過剰に刺激し、その結果、彼女の想像力を暴走させているのではないかと考えられた。数回のセッションで彼女に反対側の「論理的」な鼻孔で呼吸することを教えると、幻覚を見る回数が格段に減ったという。

われわれの体が最も効率的に働くのは、バランスのとれた状態にあるとき、行動とリラックス、空想と理路整然とした思考のあいだを行き来するときだ。このバランスは鼻サイクルに影響され、ことによると制御されることもある。これを利用してもいい。強制的に鼻孔で呼吸して体の機能を操作するためのヨガがある。その名も〝ナディ・ショーダナ〟（サンスクリットで〝ナディ〟は「通り道」、〝ショーダナ〟は「浄化」を意味する）、より一般的には、交互鼻孔呼吸だ。[17]

この数分間、私はちょっとした交互鼻孔呼吸の研究に取り組んできた。鼻呼吸「リカバリー」フェーズの2日目、リビングルームに座り、散らかったダイニングテーブルに両肘をついて、右の鼻孔から静かに空気を吸い、5秒間止めてから、吹き出させている。

交互鼻孔呼吸には何十通りもの方法がある。私はごく基本的なものから始めた。左の鼻孔に人差し指を当て、右の鼻孔だけで息を吸ったり吐いたりするものだ。きょうは毎食後、体を温めて消化を助けるために、この方法を20回ほどやってみた。[18] 食前やリラックスしたいときには、左右を入れ替え、左の鼻孔をあけて同じエクササイズを繰り返す。集中力を高め、心身のバランスをとるために、〝スーリヤ・ベーダ・プラーナヤーマ〟という方法に従った。これは右の鼻孔から息を吸い、左の鼻孔から吐くことを数回行なうものだ。

　このエクササイズは爽快だった。数回やったあとにこうして座ると、たちまち強烈な、澄みきってリラックスした感覚、さらには浮遊感を覚える。ふれこみどおり、胃食道逆流とはまったく無縁だ。ほんのわずかな腹痛もない。交互鼻孔呼吸にはたしかにそんな効能があると思えたが、この方法はたいてい長続きせず、30分ほどしかもたないこともわかった。

　この24時間に私の体に起こった本当の変化は別の方法から生まれた。鼻の勃起性組織がひとりでに曲がるように仕向け、体と脳の要求に合わせて空気の流れを自然に調整させる。それには鼻で呼吸するだけでよかった。

　そんなことを沈思黙考しているところへオルソンが押しかけてくる。「グッドアフタヌーン！」と威勢がいい。短パンに〈アバクロンビー〉のスウェットという格好で、右腕に血圧計をつけながら、私の向かいに腰を下ろす。ここ11日間、毎回同じ姿勢で、だいたい同じ服装だ。ただし、きょうは包帯も鼻クリップもシリコンの栓も鼻につけていない。鼻の穴から自由に息をして、ゆっくりと静かに吸ったり吐いたりしている。顔は紅潮し、背筋が伸びて、みなぎるエネルギーにじっとしていられない。

われわれの新たな明るい人生観は一部、心因性のものだと踏んでいたが、それも数分後、測定値を確認するまでの話だった。私の収縮期血圧は10日前の142（ステージ2高血圧に陥った状態）から124に下がっていた。まだ若干高めだが、健康な範囲まであと数ポイントだ。心拍変動は150パーセント以上、二酸化炭素濃度は約30パーセント上昇し、めまいや指のしびれ、精神錯乱を引き起こす低炭酸症の状態を脱して、医学的に正常な範囲に収まった。オルソンにも同様の改善が見られた。

しかも、もっとよくなる可能性がある。脈打つ鼻サイクルは鼻の重要な機能のほんの一部にすぎないからだ。

ここでしばし、ビリヤードの球を目の高さ、顔から数インチのところに持っていると想像してほしい。次に、その球全体を顔の中心にゆっくり押し込むことを想像する。ボールが占める体積は6立方インチ（約98立方センチメートル）ほどで、これは成人の鼻の内部を構成する空洞と通路の総スペースにほぼ等しい。[19]

1回の呼吸で鼻を通る空気の分子は世界じゅうの浜辺にある砂粒の数よりも多い――そ

れこそ無数にある。[20] こうした小さな空気のかけらは2、3フィート先ないし数ヤード先からやってくる。あなたに向かってくるくると、ゴッホの絵の空に浮かぶ星のようにねじれて進み、そのままくるくると渦を巻きながらあなたの奥へ、時速5マイル（約8キロ）で移動する。

このうねりくねった通路を方向づけるのが鼻甲介、鼻孔の入り口から目のすぐ下までの迷路のような6つの骨（左右に3つずつある）だ。螺旋状に巻かれ、分割すると貝殻のように見えることから、*conch shell*（巻き貝）にちなんで *nasal concha*（鼻の巻き貝の意）とも呼ばれている。甲殻類は精巧に設計された殻で不純物を濾過し、侵入者を排除する。[21] われわれも同じだ。

鼻孔の開口部にある下鼻甲介は脈動する勃起性組織に覆われ、その組織は粘膜に覆われている。粘膜とはぬめぬめとした光る細胞群で、息を湿らせて体温並みに温めると同時に粒子や汚染物質を濾過するものだ。こうした侵入者はどれも肺に入れば感染症や炎症を引き起こすことがあり、そこで粘液が体の「防御の第一線」となる。[22] 粘液はつねに動いていて、その速さは毎分約0・5インチ（1・27センチ）で、1日60フィート（18・3メートル）を下らない。巨大なベルトコンベアのように、鼻に吸い込んだごみを集め、喉から胃に移すと、ごみは胃酸で殺菌されて腸に運ばれ、体外に送り出される。

このベルトコンベアはひとりでに動くわけではない。繊毛と呼ばれる何百万本もの小さな毛状の構造物に押されている。[23]風に吹かれる小麦畑のように、繊毛は息を吸ったり吐いたりするたびに揺れるが、その速さは1秒間に最大16回にまで達する。[24]鼻孔の近くにある繊毛は遠くにある繊毛とは異なるリズムで旋回し、その動きで協調性の波を起こして粘液をさらに深く移動させていく。[25]繊毛の推進力はとても強く、重力に逆らうことも可能だ。鼻（と頭）がどんな位置にあろうと、逆さまだろうが正しい向きだろうが、繊毛は内へ下へと押しつづける。

鼻甲介の各領域が連携して、空気を温めたり、きれいにしたり、動きを遅くしたり、圧力をかけたりするおかげで、肺はひと呼吸ごとにより多くの酸素を取り込める。[26]これこそ、鼻呼吸が口呼吸よりもはるかに健康的で効率的な理由だ。初めて会ったときにナヤックが説明してくれたとおり、鼻は沈黙の戦士、体の門番、心の薬剤師、感情の風向計なのである。

・・・

鼻の魔法、そして癒やしの力を、古代の人々はちゃんとわかっていた。

紀元前1500年ごろの、これまでに発見されたなかで最古の部類に属する医学書、「エーベルス・パピルス」には、鼻孔が心臓や肺に空気を送るのであって、口ではないといった記述がある。[27]その1000年後、創世記2章7節には「主なる神は、土の塵で人を形づくり、その鼻に命の息を吹き入れられた。人はこうして生きる者となった」（日本聖書協会共同訳）と記された。8世紀に書かれた中国の道教の書物によれば、鼻は「天の戸」であり、息は鼻から吸わなければならない。「さもなくば、息が危うくなり、病に見舞われる」と同書は警告している。

だが、西洋の人々が鼻呼吸のすばらしさについて考えるようになったのは、19世紀以降のことだ。それは冒険心のある芸術家にして研究者、ジョージ・カトリンのおかげだった。

1830年にはカトリンはみずから「無味乾燥」と評した弁護士の仕事を辞めて、フィラデルフィアの上流社会の肖像画家になっていた。[28]知事や貴族を描いて有名になったが、上品な社交界の華やかさや仰々しさには感心しなかった。健康は衰えつつあっても、遠くの自然のなかに身を置き、より生々しく、よりリアルな人間の姿をとらえたい。カトリンは銃と数枚のキャンバス、2、3本の絵筆を荷物に詰め、西へ向かった。つづく6年間、大平原《グレートプレーンズ》を何千マイルも旅し、ルイス＝クラーク探検隊よりも長い距離をたどって50のアメリカ先住民部族の生活を記録する。

ミズーリ川をさかのぼり、ラコタ・スー族と生活をともにした。ポーニー族、オマハ族、シャイアン族、ブラックフット族との出会いもあった。ミズーリ川上流の沿岸では、マンダン族の文明に出くわした。マンダン族は身長が6フィート（約183センチ）あり、泡のような形の家に住んでいる謎めいた部族だった。多くの者が輝く青い目と雪のように白い髪をしていた。

カトリンはマンダン族をはじめとする平原地帯の部族について誰もよく知らないのだと気がついた。時間をかけて彼らと話したり、調査したり、ともに暮らしたり、その信仰や伝統について学んだりするヨーロッパ系の人間がひとりもいなかったためだ。

「私がこの国を旅しているのは、先に述べたように、理論を唱えるためでも証明するためでもなく、目に見えるすべてのものを見て、最も簡潔明瞭な方法で世界に伝え、それぞれに結論を出せるようにするためである」とカトリンは書いた。[29]彼は600枚ほどの肖像画を描いて何百ページものメモを取り、その成果は著名な作家ピーター・マシーセンから、「輝かしい文化の絶頂にあった平原インディアンの最初で最後の、そして唯一完全な記録」[30]と呼ばれることとなる。

部族は地域ごとに異なり、習慣や伝統、食生活はまちまちだった。マンダン族のように、バッファローの肉とトウモロコシしか食べない部族もあれば、鹿肉と水だけで生活する部族、さらに草花を収穫する部族もある。外見もばらばらで、髪の色や顔立ち、肌の色が異なっていた。

だが、カトリンが驚いたのは、どうやら50部族すべてに同じ超人的な身体的特徴があることだった。[31] クロウ族やオーセージ族など一部の部族は、カトリンによると、「成長しても身長が６フィートに満たない」男性はほとんどおらず、「６フィート半（約１９８センチ）の者が非常に多く、７フィート（約２１３センチ）の者もいる」。みなヘラクレスばりの体格で、肩幅が広く胸は樽のようだった。女性も同じくらい背が高く、同じように目を引いた。

歯医者や医者にかかったことがないにもかかわらず、部族の人々は歯が完璧にまっすぐで、「ピアノの鍵盤のように規則正しく並んでいる」とカトリンは記している。病気になる者は見当たらず、奇形などの慢性的な健康問題もほとんど、もしくはまったくないと思われた。部族が健康でいられるのはある薬のおかげとされ、カトリンはそれを「生命の大いなる神秘」と呼んでいる。その神秘とは、呼吸だった。

アメリカ先住民たちはカトリンに口から吸った息は体の力を奪い、顔を変形させ、ストレスや病気の原因になると説明した。一方、鼻から吸った息は体を強く保ち、顔を美しくし、病気を防ぐ。「肺に入る空気と鼻に入る空気の違いは、蒸留水と普通の貯水槽や蛙が棲む池の水との違いに等しい」とカトリンは書いている。

健康的な鼻呼吸は誕生時に始まっていた。どの部族の母親も同じ慣例に従い、授乳のあとは毎回赤ん坊の唇を指でしっかり閉じ合わせた。夜は眠っている乳児を見守り、口があいていたらそっとつまんで閉じる。平原部族のなかには、乳児をまっすぐな板にしばりつけて頭の下に枕を置き、口呼吸をしにくい姿勢にさせるところもあった。そして冬のあいだは薄手の服を着せ、暖かい日には少し離して抱え、暑さのあまり息を切らすことのないようにする。

こうした方法で子供たちは毎日、一日じゅう鼻で呼吸するよう訓練された。この習慣は終生忘れない。カトリンは部族の大人たちが口をあけて笑うことさえ我慢し、何かしら有害な空気が入ってくるのを恐れていたと記している。この慣習は「彼らの丘陵のように古く不変」であり、何千年にもわたって部族全体であまねく共有されていたのだ。

西部を探索してから20年後、カトリンは56歳のときにふたたび旅立ち、アンデス、アルゼンチン、ブラジルの先住民族の文化に沿った生活をする。知りたかったのは「薬としての」呼吸法が大平原を越えて広がっているかどうかだった。するとそれはたしかに広がっていた。カトリンが数年かけて訪れたすべての部族、つまり何十もの部族が同じ呼吸習慣を共有していたのだ。これは偶然ではなく、その頑健さ、完璧な歯、前方に発達した顔の構造も同じだと彼は報告した。[32] その経験を1862年刊 *The Breath of Life*（『生命の息吹』）に記している。[33] この本は鼻呼吸の不思議と口呼吸の危険性をひたすら記録したものだった。

　カトリンは呼吸法の記録者だっただけではない。実践者でもあった。鼻呼吸が彼の命を救ったのだ。

　少年時代、カトリンはいびきをかき、呼吸器系の問題につぎつぎ悩まされた。30代になって初めて西部に出るころには、そういった問題が深刻化し血を吐いたこともある。友人たちは彼が肺病だと確信していた。毎晩、カトリンは死ぬのではないかと心配だった。

「私はこの習慣「口呼吸」の危険性を心から確信し、克服しようと決心した」と彼は書いている。「断固たる決意と忍耐」で、寝ているあいだは無理やり口を閉じ、起きている時間はつねに鼻で息をした。まもなく、うずきも痛みも出血もなくなった。30代なかばになるころには、カトリンは生涯のどの時期よりも健康で強靭になった気がすると報告する。

「夜ごと無力な立場の私を襲い、明らかに墓場へと急《せ》かしていた陰険な敵を、とうとう完全に征伐した」

　ジョージ・カトリンは76歳まで生きる。これは当時の平均寿命のほぼ2倍だ。[34] 彼によれば、この長寿は「人生の大いなる秘訣」の賜物だった。つまりつねに鼻で呼吸したからにほかならない。[35]

・・・

実験の鼻呼吸フェーズ第3夜、私はベッドに座って読書をしながら、鼻からゆっくりと楽に息をしている。カトリンが書いた「大人としての不変の信念」とやらからこのような呼吸をしているのではない。こうしているのは唇がテープで閉じられているためだ。夜は顎に包帯を巻くことをカトリンは提案していたが、危険で難しそうに思えたので、私は別の方法を選んだ。数カ月前にシリコンヴァレーで開業している歯科医から聞いたものだ。

マーク・バへニ博士は口呼吸と睡眠の関係を研究して数十年、このテーマで本も書いていた。[36]彼が話してくれたところでは、口呼吸は歯周病や口臭の誘因になるばかりか、[37]虫歯の第一の原因で、砂糖の摂取や食生活の乱れ、衛生状態の悪さよりも害があるらしい（この考えは100年前からほかの歯科医たちが唱えていたもので、[38]カトリンも支持していた）。バへニはさらに、口呼吸がいびきや睡眠時無呼吸の要因にもなることを発見した。[39]

そこで夜はテープで口を閉じるよう患者に勧めていた。

「鼻呼吸に健康上の利点があることは否定できません」とバヘニは私に言った。その数ある利点のひとつに、副鼻腔から一酸化窒素が大量に放出されることがある。一酸化窒素は血行を促進し、酸素を細胞に送り込むうえで不可欠な役割を果たす分子だ。[40] 免疫機能、体重、血行、気分、性機能はいずれも体内の一酸化窒素の量に大きく影響される（〈バイアグラ〉の商品名で知られる人気の勃起不全治療薬シルデナフィルは、一酸化窒素を血中に放出し、性器その他の毛細血管を広げることで効果を発揮するものだ）。

鼻呼吸をするだけで一酸化窒素を6倍にできる。これが口呼吸に比べて酸素を約18パーセント多く吸収できる理由のひとつだ。[41] バヘニが言うには、マウステーピングは5歳の患者がADHDを克服するのに役立った。睡眠時の呼吸困難が直接の原因だったためだ。バヘニと妻自身のいびきや呼吸の問題を解決する助けにもなり、ほかにも数百人の患者が同様の効用を報告している。

この話は少々漠然としていると思えたが、その後スタンフォード大学音声・嚥下センターの言語聴覚病理学の医師、アン・カーニーも私に同じことを語った。カーニーは嚥下や呼吸の障害をもつ患者のリハビリテーションを支援していた。その彼女がマウステーピングを信頼していたのだ。

カーニー自身、慢性的な鼻づまりのために長年にわたって口呼吸をしていた。耳鼻咽喉科を受診して、鼻腔が組織でふさがれていることがわかり、鼻を開くには手術か投薬しかないとその専門医から告げられた。彼女は代わりにマウステーピングを試してみた。「1日目の夜は5分ではぎ取ってしまいました」と彼女は私に言った。2日目の夜は10分間テープを我慢できた。2日後には夜通し眠れた。6週間もしないうちに、鼻は開いていた。

「使うか失うかの典型的な例です」とカーニーは言った。この主張を証明するために、彼女は喉頭切除術を受けた患者50人の鼻を調べた。この手術では呼吸するための孔《あな》が喉にあけられる。すると2カ月から2年のあいだに、すべての患者が完全な鼻腔閉塞に陥っていた。

体のほかの部分と同様に、鼻腔はどんな入力にもそれなりに反応する。常時使用されることがなくなると、鼻は萎縮するだろう。それがカーニーと彼女の患者の多く、そして全人口の大半に起こったことだ。そのあとにはいびきや睡眠時無呼吸がつづくことが多い。だが、鼻をつねに使っていると、鼻腔や喉の内部組織が鍛えられて柔軟になり、開いた状態を維持できる。カーニー、バヘニ、そして多数の患者がこの方法で治癒した。つまり、昼も夜もずっと、鼻で呼吸することで。

マウステープは〝スリープテープ〟とも呼ばれるが、その貼り方は個人の好みの問題で、私が話を聞いた人は全員、自分なりのテクニックをもっていた。バヘニは小さく切って唇に水平に貼るのが好きで、カーニーは太い一枚で口全体を覆うことを好んだ。インターネットはさまざまな提案にあふれている。ある者は1インチ（約2・5センチ）幅のテープ8枚でテープのやぎひげのようなものをつくっていた。ある者はダクトテープを使っていた。ある女性は顔の下半分全体にテープを貼ることを勧めていた。

私からすると、そういう方法はばかげているし、やりすぎだ。より簡単な方法を探して、ここ数日実験してみたのだが、青いペインターテープは変な臭いがするし、スコッチテープはしわが寄った。[42]バンドエイドは粘着力が強すぎた。

結局、私であれ誰であれ、本当に必要なのは切手サイズのテープを唇の中央に貼ることだけだと気づいた。チャーリー・チャップリン風の口ひげを1インチ下にずらす。それだけだ。この方法だと閉所恐怖を感じにくいし、必要なら咳をしたり話したりするときに口の端を少しあけられる。試行錯誤のすえ、私は3Mネクスケア・デュラポアの「高耐久布」テープに決めた。汎用サージカルテープで、適度な粘着力がある。快適で、化学臭はなく、はがしてもかすが残らなかった。

このテープを使いはじめてからの3日間で、4時間かいていたいびきがわずか10分になった。バヘニからスリープテープは睡眠時無呼吸の治療にはまるで役に立たないと忠告されていたが、私の経験からいえば、そんなことはない。いびきがなくなると、無呼吸もなくなった。

口呼吸フェーズでは最大で20回の無呼吸に悩まされたが、昨夜はゼロだった。気味の悪い不眠症の幻覚はなく、深夜にホモ・ハビリスやエドワード・ゴーリーに思いをめぐらすこともない。尿意で目が覚めることもなかった。排尿の必要がなかったのは、脳下垂体からバソプレシンが分泌されていたからだろう。私はついに熟睡できた。

一方、オルソンは夜の半分いびきをかいていたのが、1分たりともかかなくなった。無呼吸イベントは53回からゼロへ。ぞんざいな扱いをして申しわけなかったが、明るい目と真綿のような髪のスウェーデン人は生まれ変わったのだ。きょうの彼は微笑みを浮かべ、スリープテープの癒やしの力を確信して、午前中ずっと唇に貼りつけていた。

睡眠、そして人生というものを、オルソンと私はふたたび抱きしめるようになっていた。いま、ベッドに座り、小さな切手のような白いテープを唇に貼った私は、カトリンの『生命の息吹』をめくって最後のページに移った。その長い研究人生で発表した末尾のパラグラフに。

「そしてもし私が人間の言葉で伝えられる最も重要なモットーを後世に遺そうとするなら

ば、それは3つの単語で表さねばならない――〈口を閉じろ〉《シャット・ユア・マウス》……私がそれを描き、刻む場所、全世界のどの子供部屋、ベッドの支柱でも、その意味を取り違えられることはないだろう。

そしてもしそれに従えば」とカトリンはつづけていた。「その重要性はまもなく理解されるだろう」

第4章　息を吐く

毎朝9時、オルソンとともに検査を終え、解散してひとりになると、私はリビングの床にマットを敷いて少しでも不死身になるための努力をする。

永遠の命への道には大量のストレッチがついてまわる。後屈、首曲げ、旋回、どれも仏教の僧から僧へと2500年にわたってひそかに受け継がれてきた神聖な古代の修行だ。

オルソンと私にはこのストレッチが求められる。1日24時間、鼻から息をしても、その空気を吸い込める肺活量がなければ、たいして役に立たない。毎日数分間、屈伸と呼吸をするだけで肺活量が増やせる。肺活量が増えれば、人生を広げることもできるだろう。

〝5つのチベット体操〟と呼ばれるストレッチは、「書物とことばと詩」を愛する人として知られた作家ピーター・ケルダーを介して、西洋世界に、そして私のもとにもたらされた。[1]

１９３０年代、南カリフォルニアの公園のベンチに座っていたケルダーは、見知らぬ老人から話しかけられた。その男は、ブラッドフォード大佐とケルダーは呼んでいるが、英国陸軍でインドに数十年滞在していたという。大佐は老けていて、肩が下がり、白髪で、足元はふらふらしていたが、老化を治す方法があるのだと信じていた。そしてそれはヒマラヤ山脈の修道院に隠されているのだと。お決まりの神秘的な現象がそこでは起こり、病人が健康になり、貧しい者が裕福になり、年寄りが若返る。ケルダーと大佐はその後も連絡を取り合い、さまざまな会話を交わした。そんなある日、大佐は足を引きずりながら旅に出た。息を引き取るまえにこのシャングリラを見つけたい一心で。

４年が経過し、やがてケルダーは自宅のビルのドアマンから電話を受けた。階下で大佐が待っていた。見かけが20歳若返っていた。背筋が伸び、顔は生き生きと活気に満ちて、禿《は》げかかっていた頭は濃い黒髪で覆われている。大佐は修道院を見つけ、古文書を研究し、僧たちから回復法を学んだのだ。そしてストレッチと呼吸だけで老化を逆行させていた。

ケルダーはそのテクニックを１９３９年発表の*The Eye of Revelation*（『黙示録の眼』）と題する薄い冊子に記している。それを読んだ人はごくわずかで、信じた人はさらに少ない。ケルダーの話は捏造か、最低でもひどく誇張されたものだと思われた。だが彼が説明した肺を広げるストレッチは、紀元前５００年までさかのぼる実際の体操に根ざしている。[2]チベット人は数千年にわたってこうした方法を用い、体力、精神力、心肺機能を向上させ、そしていうまでもなく、寿命を延ばしてきたのだ。[3]

より近年では、古代チベット人が直観的に理解していたことを科学で測定するようになっている。１９８０年代、心臓病を扱った70年にわたる縦断リサーチプログラム、フレイミングハム研究（フラミンガム研究）では、肺の大きさが実際に寿命と相関しているかどうかを調べようとした。５２００人の被験者から20年分のデータを集め、数値計算した結果、寿命を示す最大の指標は、大方の予想とは異なり、遺伝でも、食事でも、毎日の運動量でもないことが判明する。それは肺活量だった。

肺が小さく非効率なほど、被験者は病気になって亡くなるのが早かったのだ。機能低下の原因は関係なかった。小さいほうが短い。だが肺が大きければ、寿命は長くなっていた。

この研究者たちによれば、完全な呼吸をする能力こそ、「文字どおり生活量の指標」だった。[4]２０００年にバッファロー大学の研究者が同様の研究を実施し、30年間で１０００人を超える被験者の肺活量を比較している。[5]結果は同じだった。[6]

ただし、このふたつの画期的な研究は、肺の機能が低下した人がどのようにして肺を回復させ、強化するかに取り組むものではなかった。病んだ組織を除去する手術や、感染症を食い止める薬はあるにせよ、生涯にわたって肺を大きく、健康に保つための助言はどこにもなかった。１９８０年代まで、西洋医学の常識では肺はほかの内臓と同様、変えることはできないと考えられていた。つまり、もって生まれた肺は一生ついてまわるということだ。加齢で内臓が衰えていくのを、ため息をついて耐えるしかなかった。

老いとはこういうものだとされていた。30歳前後から、覚悟したほうがいい、記憶力、運動能力、筋肉が年々少しずつ失われていく。呼吸もうまくできなくなる。胸の骨が薄くなって変形し、胸郭が内側にめりこんでくる。肺のまわりの筋繊維が弱くなって空気が出《で》入《はい》りしにくくなる。こうしたことが肺活量を減少させるのだ。

肺は30歳から50歳までのあいだに容量が約12パーセント減少し、年を重ねるごとに急速に衰えていく。女性は男性より分《ぶ》が悪い。80歳まで生きたら、20代のころに比べて空気を取り込む量が30パーセント減になる。だから呼吸を速く、強くせざるをえない。この呼吸習慣が高血圧、免疫障害、不安といった慢性的な問題につながる。

だが、チベット人が昔から知っていたこと、そして西洋の科学がいま発見していることは、加齢はかならずしも衰退の一方通行路ではないということだ。内臓は柔軟性があり、ほぼいつでも変化させることができる。

フリーダイバーはそのことを誰よりもよく知っている。私がそれを彼らから学んだのは数年前、肺活量を30ないし40パーセントも増やした人たちに会ったときのことだ。数々の世界記録を達成したヘルベルト・ニッチは、14リットルの肺活量があるといわれる。平均的な男性の2倍以上だ。[7] ニッチもほかのフリーダイバーたちも最初からそうだったわけではない。意志の力で肺を大きくした。自身の内臓を劇的に変化させる呼吸法を独学で身につけたのだ。

さいわい、そのために何百フィートも潜水するにはおよばない。肺を伸ばし、しなやかさを保つ練習を定期的に行なえば、肺活量を維持し、増やすことができる。ウォーキングやサイクリングなどの適度な運動で肺のサイズを最大15パーセント増大させられることが明らかになっている。[8]

これらの発見はカタリナ・シュロートにとって喜ばしいニュースだっただろう。1900年代初頭、ドイツのドレスデンに住んでいた十代のシュロートは、脊柱側弯症と診断されていた。[9] 背骨が横に湾曲するこの症状は当時、治療法がなく、シュロートのような極端な症例では、ほとんどの子供が一生をベッドの上か、車いすに乗って過ごすことが予期された。

シュロートは人間の体の可能性について別の考えを抱いていた。風船を観察すると、つぶれたり膨らんだりして、まわりのものを押したり引いたりしていた。肺だって同じだ、と彼女は思った。肺を広げることができれば、骨格も広げることができるかもしれない。背骨をまっすぐにして、人生の質と量を上向かせることができるかもしれない。

16歳のとき、シュロートは「矯正呼吸法」と称するトレーニングを始めた。鏡の前に立ち、体をひねって、片方の肺に息を吸い込み、もう片方の肺には空気を取り込まないようにする。次にテーブルまで移動すると、体を横向きに投げ出し、胸をアーチ状に前後に曲げて胸郭をゆるめ、空いたスペースに息を吹き込む。シュロートは5年間これをつづけた。そしてついに「不治の病」である脊柱側弯症を事実上、完治させた。呼吸で背骨をまっすぐに戻したのだ。

シュロートはほかの脊柱側弯症患者にも呼吸のもつ力を教えはじめ、1940年代にはドイツ西部の片田舎で活気のある施設を運営していた。病室などの標準的な医療設備はなく、あるのは数棟のくたびれた建物、庭、柵、テラス用のテーブルだけだった。そこへ一度に150人の脊柱側弯症の患者が集まる。最も重度の側弯症を患い、背骨が80度以上曲がった人たちだった。多くは前かがみになり、背中がねじまがって、歩くことはおろか上を向くこともできない。肋骨や胸が変形して息がしにくく、それが原因で呼吸器系の問題や疲労、心臓疾患に悩まされていたと思われる。病院が治療をあきらめた患者たちだった。そんな彼らが6週間、シュロートのもとで暮らすためにやってきたのだ。

ドイツの医学界は、シュロートは本職のトレーナーでも医師でもなく、患者を治療する資格はないと嘲笑した。彼女はまったく歯牙にもかけず、自分のやり方を貫いた。女性たちにはブナ林の地面で上半身裸になって、ストレッチと呼吸で健康を取り戻してもらう。数週間としないうちに丸まっていた背中がまっすぐになり、身長が数インチ伸びた門下生も少なくない。寝たきりで絶望していた女性たちが、ついにふたたび歩きはじめた。最大限の呼吸も、またできるようになった。

シュロートはその後60年にわたり、ドイツはもちろん国外の病院にも自身の技術を広めていった。晩年になって医学界の態度が変わり、西ドイツ政府はシュロートの医学への貢献を称えて連邦功労十字章を授与している。

「体の形は息（気）に依《よ》り、息は形に依る」という中国の紀元７００年の格言がある。

「呼吸が完璧であれば、形は（やはり）完璧である」

シュロートは生涯、肺を広げること、そしてみずからの呼吸と形を改善することに取り組みつづけた。かつては脊柱側弯症患者で、十代のころはベッドで衰えるままにされていた彼女は、１９８５年に亡くなったとき、91歳の誕生日を3日後に控えていた。

・・・

本書のための取材を進めていたとき、私はニューヨークに行き、別のアプローチで肺と寿命の拡張をもたらす、より現代的な呼吸法の専門家に会った。彼女の施術室があるアパートメントは国連から数ブロックの茶色いレンガ造りの建物で、日除けがピンクの目をしたハトたちで覆われていた。私は眠たげなドアマンの横を通ってエレベーターに乗り、1分後には418号室をノックしていた。

リン・マーティンが私を迎え入れてくれた。ひょろっとした細身で、黒のジャンプスーツに特大の真鍮製バックルがついたベルトを締めていた。「言ったでしょう、狭いって！」と彼女はワンルームのアパートメントについてふれた。まわりには書類フォルダーや人体解剖学の本が並び、人間の肺のプラスチック製模型がいくつか置かれている。本棚の横の壁には、1970年代前半のマーティンをとらえた白黒写真。うち1枚は、黒いレオタードを着てダンススタジオの板張りの床を舞う姿で、ブロンドの髪はゆったりとしたポニーテールにまとめられ、顔は『ローズマリーの赤ちゃん』のころのミア・ファローに異様に似ていた。

ひとしきり挨拶をかわしたあと、マーティンは私を座らせ、目当ての話を語りはじめた。「彼は口数が多いのに、正確には何をしているのかと訊かれると、説明できなかったのです」と彼女は言った。「その後、彼のやっていたことができた人はひとりもいない」

興味の的はカール・スタウ、１９４０年代に活動を開始した合唱団の指揮者にして医療界の異才である。過去数年のあいだに知ったパルモノートのなかで、スタウは最もとらえどころのない人物だった。１９７０年に1冊の本を出版したが、すぐに売れ行き不振から絶版になっている。20年後、ＣＢＳテレビのプロデューサーが彼の画期的な仕事を紹介する1時間番組を企画したものの、放送されることはなかった。当のスタウも自分の技術を宣伝していない。講演旅行に出ることはなかった。それでも、プロのオペラ歌手、グラミー賞を受賞したサックス奏者、対《つい》麻痺の患者、瀕死の肺気腫患者など、何千人もが彼を見つけ出している。スタウはあらゆるルールを破り、肺を広げて寿命を延ばした。ところが、現在はほとんどの人が彼のことを知らない。

マーティンは20年以上にわたってスタウと仕事をしていた。この謎に包まれた男と、失われた呼吸術に関する彼の研究との生きた接点だった。スタウが発見し、マーティンが学んだこと、それは、呼吸で最も重要なのは鼻から空気を吸うことだけではない、ということだった。吸気は簡単な部分だ。息をすること、肺の拡張、そしてそこからもたらされる長寿への鍵は、呼吸の反対側にあった。つまり、完全な呼息の変形させる力に。

1940年代に撮影されたスタウの写真には、『ギリガン君SOS』の大富豪サーストン・ハウエル3世に空似の直立した人物が写っている。スタウは歌うことや歌を教えることが好きだった。彼は仲間の歌手たちが数小節を大声で歌っては息継ぎをし、それからまた数小節を歌う様子に注目した。それぞれがあえぐように空気を求め、それを胸高くにとどめたかと思うと、すぐに放出してしまうのだ。歌う、話す、あくびをする、ため息をつく——あらゆる発声は息を吐いているあいだに行なわれる。自分の教え子たちの声が細くて弱いのは、吐く息が細くて弱いからだとスタウは考えた。

ニュージャージー州のウェストミンスター・クワイア・カレッジで合唱団を指導していたスタウは、歌い手たちに正しい息の吐き方を教えはじめた。呼吸筋を鍛えて肺を大きくするためだ。すると数回のセッションで、生徒たちはより明瞭に、より力強く、そして豊かなニュアンスで歌うようになった。スタウはつづいてノースカロライナ州に移ると、教会の聖歌隊を指揮して全米の大会での優勝に導き、彼の聖歌隊はリバティ・レディオ・ネットワークが毎週全米で放送する番組に出演した。有名になったスタウはニューヨークに転居し、メトロポリタン歌劇団で歌手の再教育に携わる。[10]

1958年、ニュージャージー州のイーストオレンジ退役軍人病院の管理部から電話がかかってきた。「あなたは呼吸についてわれわれが知らないことをご存じにちがいない」と言ったのは結核管理部門の責任者、モーリス・J・スモール博士だった。スモールはスタウに新たな生徒グループを指導することに興味をもってもらえないかと考えていた。彼らは歌うことができず、何人かは歩くことも話すこともできない。肺気腫の患者で、なんとしても助けが必要だった。

数週間後、イーストオレンジの病院に到着したスタウは愕然とした。数十人の患者が車輪つきの担架にのせられた状態で、それぞれ黄疸が出て顔色が悪く、口を魚のようにあけている。酸素チューブをつないでいるが、その甲斐がない。病院のスタッフはどうしたらいいかわからず、担架にのせた男たちをワックスのかかった人造大理石の床にすべらせ、色あせた黄色いティッシュディスペンサーやアメリカ国旗柄の時計がかかった部屋に運んで、死に瀕した患者をひとり、またひとりと横に並べるばかり。そんな状態が50年もつづいていた。

「私は愚かにも生理学の初歩的な知識くらいは誰もがもっていると思い込んでいた」とスタウは自叙伝 *Dr. Breath*（『ドクター・ブレス』）に書いている。「さらに愚かにも呼吸の重要性については世界共通の認識が存在すると思い込んでいた。これほど事実とかけ離れた話もない」

肺気腫は慢性的な気管支炎や咳を特徴とする、肺組織が徐々に悪化する病気だ。肺がダメージを受けるため、罹患した者は酸素を効果的に吸収できなくなる。そのため素早く小刻みに息を吸わなくてはならず、必要以上の空気を吸い込むが、それでも息切れを感じることが多い。肺気腫には確実な治療法が存在しなかった。

看護師たちはよかれと思って患者の背中の下にクッションを置き、胸が反るようにしていた。高さをつけて楽に息を吸えるようにという考えだった。それがかえって病状を悪化させていることをスタウは即座に見て取った。[11]

肺気腫は呼気の病である、とスタウは気づいていた。患者が苦しんでいるのは、肺に新鮮な空気を取り込めないからではなく、古くなった空気が充分に排出されないからなのだ。[12]

通常、動脈と静脈を流れる血液は1分間に体内を一周し、[13]1日平均2000ガロン（約7571リットル）の血液が心臓から送り出される。[14]この規則的で安定した血液の流れが、新鮮な酸素を含んだ血液を細胞に送り、老廃物を排出するためには欠かせない。

この循環の速さと強さを大きく左右するのが胸郭ポンプで、これはすなわち、呼吸をするときに胸の内部に生じる圧力のことだ。息を吸うと陰圧で血液が心臓に吸い込まれ、息を吐くと血液が体や肺に戻り、また循環する。これは海が岸に押し寄せ、やがて引いていくのに近い。

胸郭ポンプを動かしているのは横隔膜、肺の下にある傘のような形をした筋肉だ。横隔膜は息を吐くあいだに上がって肺を縮め、息を吸うあいだに下がって肺を広げる。この上下運動は体内で1日に5万回ほど行なわれる。

一般的な成人は呼吸時に横隔膜の可動域の10パーセント程度しか使わないため、心臓に負担がかかりすぎ、血圧が上昇して、循環器系の問題が多発する。横隔膜の能力の50パーセントないし70パーセントまで呼吸を大きくすれば、心臓血管へのストレスを軽減し、体をより効率的に働かせることが可能だ。このため横隔膜は「第二の心臓」と呼ばれることもある。[15]固有のリズムで動くことに加え、心拍数や心拍の強さに影響を与えるからだ。

スタウはイーストオレンジの肺気腫患者全員の横隔膜が機能していないことを発見した。X線写真を見ると、横隔膜を健康時の何分の一ほどしか伸ばしておらず、ひと呼吸ごとに空気をひと口しか吸っていない。長患いのため、胸のまわりの筋肉や関節の多くが萎縮して硬くなり、深く呼吸していたころの筋肉の記憶がなくなっている。その後2カ月をかけ、スタウは患者たちにその方法を思い出させた。

「遠くから見ると私の活動はばかげていたし、私が働きかけた当人にとっても最初はばかげていた」とスタウは書いている。

治療ではまず患者を仰向けにして、胴体を手でさすり、硬直した筋肉や膨張した胸をそっと叩く。息を止めてもらい、1から5までをできるだけ何回も連続して数えさせる。次に、首と喉をマッサージしたり肋骨を軽く叩いたりしながら、とてもゆっくりと息を吸ったり吐いたりして、横隔膜を長い眠りから目覚めさせるように告げた。こうしたエクササイズを重ねるごとに、患者が吐き出せる空気は少しずつ増え、取り込める空気も少しずつ増していった。

数回のセッションののち、何人かの患者は数年ぶりに1回の呼吸でひとつの文を話せるようになった。歩きはじめた患者もいた。

「部屋の端まで歩くことすらできなかったある老人は、歩けるようになったばかりか、病院の階段を上れるようになった。肺気腫の進行した患者としては注目すべき芸当である」とスタウは書いている。酸素を補給しないと15分以上呼吸できなかった別の男性は、8時間もちこたえた。8年前から進行性の肺気腫に苦しんでいた55歳の男性は、退院してフロリダ行きの船の船長を務めてみせた。

治療前後のX線写真から、ほんの数週間で肺活量が大幅に増加していることが示された。

さらに驚くのは、患者たちが不随意筋——横隔膜——を鍛えて、より高く上げ、より低く下げるようになっていたことだ。これは医学的に不可能で、内臓や深層筋を発達させることはできないと、管理者たちはスタウに言った。一時、数名の医師がスタウを患者の治療からはずして病院システムから追放するよう嘆願したことがある。スタウは合唱の教師であって、医師ではないのだからと。だが、X線写真は嘘をつかなかった。その結果を確かめるために、スタウは透視映画撮影法という新しいX線フィルムの技術を用いて、初めて動く横隔膜の映像を記録しはじめる。これには誰もが唖然とした。

「私はカールに、横隔膜の上昇と肋骨の下降を果たせるとはまた寝ぼけたことを、とはっきり言ったのですが、その後、ある患者でそれが実現するという目覚ましい結果が得られました」と、コネチカット州のウェストヘイヴン復員軍人病院の呼吸器内科部長、ロバート・ニムズ博士は語っている。[16]「われわれが示してきたとおり、彼は肺の容積を「深い呼気によって」すべての呼吸器医が可能だと言う以上に減少させることができるのです」

スタウは肺気腫を回復させる方法を見つけたのではない。この病気による肺の損傷は永久につづく。彼が見つけたのは、肺の残りの部分に、まだ機能している領域にアクセスして、より大きなレベルで関与する方法だった。スタウが公言した「治癒」は事実上のものにとどまったが、効果はあった。

次の10年間、スタウは自身の治療法を東海岸で最大クラスの復員軍人病院5、6カ所に広め、週7日間患者の治療にあたることもあった。さらに、肺気腫だけでなく、喘息、気管支炎、肺炎などの治療に携わる。

呼吸すること、呼息の技術を利用することの効用は、慢性病患者や歌手に限定されず、あらゆる人に広げられると、スタウは気づいたのだった。

・・・

話をリン・マーティンのアパートメントに戻すと、私はリビングのフトン式マットレスの上で眠っているわが横隔膜を呼び覚ましつつあった。「これはマッサージではありません」とマーティンは私の肋骨に手を押し当てながら、きっぱり言った。マーティンが胸郭をほぐしてくれているあいだ、私はやわらかく長い息を腹の奥へと吸いこみ、息を吸って吐くたびに横隔膜を可動限度の50パーセントは動かそうと努めた。

このように呼吸する必要はありません、とマーティンは言った。私たちの体は短い小刻みな呼吸でも何十年と生きていけるし、多くの人がそうしている。だからといって、それが体によいというわけではない。浅い呼吸をしていると、やがて横隔膜の可動域や肺活量が制限され、肩が高く、胸が張って、首が伸びた姿勢になる。それは肺気腫や喘息といった呼吸器系の問題を抱えた人によく見られるものだ。[17] この呼吸と姿勢を治すのは、比較的簡単なのですと、彼女は私に言った。[18]

胸郭を開くために何度か深呼吸をしたあと、マーティンは息を吐くたびに1から10までを何度も数えるように言った。「1、2、3、4、5、6、7、8、9、10。1、2、3、4、5、6、7、8、9、10――あとはそれを繰り返してください」と。最後は息が切れて声が出なくなっても数えつづけることになるが、その際は静かに、声をしだいに落として「ささやき未満」にする。

私は素早く大声で数え、つづいて声を出さずに数字を口にすることを何回か繰り返した。呼吸が終わるたび、胸はラップを巻きつけられ、腹筋は激しいワークアウトを終えたあとのような感覚になった。「つづけて！」マーティンが言った。

このカウントするエクササイズの負担は、運動時の肺の負担に相当する。そのためスタウの寝たきりの患者に効果的なエクササイズとなった。ポイントは横隔膜を広がった可動域に慣らし、深く楽な呼吸が無意識にできるようにすることだ。「唇を動かしつづけて！」マーティンがけしかけた。「空気の最後の分子まで吐き出して！」

さらに数分間、無声と有声のカウントをしてから小休止すると、横隔膜がスローモーションのピストンのように動き、体の中心から新鮮な血液を放出しているのを感じた。これがスタウの言う「呼吸協調」の感覚だった。そのとき呼吸器系と循環器系が平衡状態になり、入ってくる空気の量と出ていく空気の量が等しくなって、体が最小限の労力で必要な機能をすべて果たせるようになる。

1968年、スタウは退役軍人機関と繁盛していたニューヨークの個人施術所を離れ、また別の生徒たちを訓練することにした。その人々は話すことができ、歩くこともでき、とても速く走ることもできる。当時、全米でトップクラスのイェール大学陸上競技チームのランナーたちだった。スタウがトラックのわきの建物に到着したとき、選手たちは興奮のあまり外の掲示板にポスターをかかげていた。〈ドクター・ブレス、本日着任!〉

この一流アスリートたちなら模範的な呼吸習慣を身につけているだろうとスタウは期待していた。ところが、彼らもほかの人たちと同じ「呼吸器系の弱さ」に悩まされているのがわかった。同じ風邪、インフルエンザ、肺感染症にかかっていたのだ。大半の者はあまりにも頻繁に胸の高い位置で呼吸していた。なかでも最悪だったのは短距離走者だ。走っているときの短く激しい息づかいが敏感な組織や気管支に大きな負担をかけていた。その結果、喘息などの呼吸器系の病気に悩まされる。ゴールすると咳き込み、ときには嘔吐して倒れ、苦しそうに息をあえがせるのだ。

「観察していると、競技後の回復時に、選手たちはえてして肺気腫の患者に見られたのと同様の呼吸法を用いていた」とスタウは書いている。このランナーたちは痛みを押して走るように訓練され、そのとおりに行動していた。大会で優勝しても、体に害を与えていたのだ。

スタウはイェール大学の屋内トラックにテーブルを置き、そこにランナーたちを座らせ、大勢の見物人の前で彼らの胸のあたりをさすりはじめた。そしてこう注意した。レースの始めにスタートラインについたら、けっして息を止めず、落ち着いて深く息を吸い、かならずスターターピストルの音を合図に息を吐くように。そうすれば、最初に吸う息が豊かに満ちあふれ、より速く、より長く走るためのエネルギーが得られるからだ。

ほんの数回のセッションで、ランナーは全員、気分がよくなって呼吸が楽になったと報告した。「こんなにリラックスしたことはいままでなかった」と言った短距離走者もいる。レース間のリカバリーにかかる時間は半分になり、彼らは自己ベストを更新して世界記録に近づいていった。

イェール大学での成功を受けて、スタウはサウスレイクタホに移り、メキシコシティで開催される1968年の夏季オリンピックに向けてオリンピック選手のトレーニングをすることになった。同じ治療法で、同じ成功をというわけだ。十種競技のある選手はトラック種目で過去の自己記録を破った。別の選手は生涯記録を更新した。リック・スローンというランナーは3種目でふたつの生涯記録を打ち立てた。

「ドクター・スタウとのトレーニングを通して、息を吐かないといけないことを知った」と語ったのはオリンピックに出場したスプリンター、リー・エヴァンズだ。[19]「息を吐くと、エネルギーを保つことができたんだ。疲れなくなって……でも大会後に、これは自分の人生のためになると気づいた」

エヴァンズのことはご存じかもしれない。オリンピックの表彰式で台の中央に立ち、ブラックパンサー風のベレー帽をかぶって拳を突きあげている有名な写真の男だ。彼は400メートルと4×400メートルリレーで金メダルに輝いた。1968年の米国男子チームでスタウが指導した面々はさらに、金メダルを大半とする合計12個のメダルを獲得し、5つの世界記録を樹立する。オリンピック一大会としては指折りの成果だった。[20]しかもこのアメリカ人たちは唯一、レースの前後に酸素を使用しなかったランナーたちで、当時それは前代未聞のことだった。

使うまでもなかった。スタウが彼らに呼吸協調と、息を吐ききることで得られる力を教えていたからである。[21]

「彼は一度にたくさんのことをやっていました」フトンからスタジオ式アパートメントの中央にあるダイニングテーブルに戻るとリン・マーティンが言う。「敏感な手、絶対音感のある耳、生まれ持った指導の才能――全部を備えていて」。この何分か、マーティンはスタウのもとで仕事をしていたころの話をしている。1975年にダンサー仲間の勧めで彼に会いにいき、生まれ変わったように感じたこと。数週間後に再訪し、クリニックで職を得たこと。そして20年以上側近のひとりとして働いていたにもかかわらず、スタウが自分の秘訣をマーティンに話しはしなかったこと。「彼は言葉にするのは難しいと考えていたのです」と彼女は言った。

わかる。私は1992年のアスペン音楽祭でスタウのビデオ記録を見たことがあった。彼が何をどのように行なったかを示す唯一現存する映像だ。冒頭の1コマにこう記されていた。『呼吸器科学入門――21世紀の予防医学』。スタウは会議室の中央にいて、マッサージ台が目の前に置かれている。開いた窓の外には夏の日差しに白く輝くマツの木立が見えた。よく日焼けしたスタウは真鍮ボタンの黒いブレザーにポケットチーフと、まるでモンテカルロからコンコルドで飛んできたかのような出で立ちだった。

彼はまずティモシー・ジョーンズというテノール歌手を台の上に寝かせると、ジョーンズの顎を小刻みに動かし、腰に両手を食い込ませて、前後に揺らした。「ほら、胸のちょうどここを叩きつづけないと」と言うと、黄色い水玉模様のネクタイがジョーンズの髪にからみついた。それを数分つづけてから、スタウはジョーンズの顔から3インチ（約7・6センチ）のところに身を乗り出し、1から10までジョーンズとともにでたらめなハーモニーで数えはじめた。「すべてがどんどんゆるんでいく！」スタウが告げた。ジョーンズの腰と首を激しく動かし、テノール歌手は危うくテーブルから落ちそうになった。

それは異様な光景で、つかんだり押したり強くなでたりして、ときに性的虐待すれすれに映った。マーティンのスタジオで1時間、数字を口にしながら胸を突かれたり肋骨を締めつけられたりした私の経験からも、スタウの施術が流行《はや》らなかった理由はいよいよ明白になった。サックス奏者のデイヴィッド・サンボーンに喘息持ちのオペラ歌手たち、オリンピック選手や肺気腫を克服した数百人が彼の治療法を救いの神と称えたことは問題ではない。スタウは医者ではなく、たたき上げの呼吸器行士《パルモノート》、合唱団の指揮者だった。彼はあまりにも常識はずれだった。その治療はあまりにも奇妙だった。

「呼吸のプロセスは解剖学と生理学の双方に関係しているにもかかわらず、どちらの科学部門もその徹底調査に乗り出していない」とスタウは書いている。「地図の作成が待たれるほぼ未知の領域だった」

スタウは半世紀にわたる不断の努力で自身の地図をつくりあげた。だが、彼の死とともににその地図は失われる。彼が退役軍人病院の病棟を出たとたん、彼の治療法も消えたのだった。

・・・

2時間の呼吸協調セッションが終わると、私はマーティンのアパートメントを出て、ニューアーク・リバティ国際空港に戻る列車に飛び乗った。湿地帯を横切り、パセーイク川を渡りながら、私はいまや400万人近いアメリカ人が苦しんでいる肺気腫の現在の治療法を調べてみた。[22] 気管支拡張薬、ステロイド、抗生物質があった。酸素吸入に手術、肺リハビリテーションなるもの、その一環としての禁煙支援、運動計画、栄養相談、唇すぼめ呼吸法があった。

だが、スタウや「第二の心臓」である横隔膜、完全に息を吐ききることの重要性への言及は見当たらなかった。肺を広げて正しい呼吸をすることで事実上、病状が回復したとか、寿命が延びたといった話もなかった。肺気腫はいまだ不治の病とされていた。

第5章　ゆっくりと

「そこのオキシメーターをとってもらえないか？」オルソンがダイニングテーブルの向こう側から訊く。いまは〈リカバリー〉フェイズ第5日の午後、この30分間でpH値、血液ガス、心拍数などのバイタルサインを測定した。このドリルをこなすのは過去2週間で45回目だ。

オルソンも私も鼻呼吸をしていると別人になったように感じる反面、単調な毎日にうんざりしつつある。10日前と同じ時間に同じものを食べ、同じジムの同じステーショナリーバイクのワークアウトで同じ汗を流しているし、同じ会話をすることが多い。きょうの午後の話題はオルソンの大好きなテーマ、過去10年にわたる彼の執着の対象だ。われわれは、またもや、二酸化炭素について話している。

いまとなっては認めがたいことだが、1年以上前に初めてインタビューしたとき、オルソンは私が全面的に信頼する情報源ではなかった。スカイプでの通話では、ゆっくりとした呼吸《スローブリージング》の重要性をしきりに訴え、5、6ページにわたるパワーポイントのプレゼンテーションや、ペース呼吸が体をリラックスさせ、心を落ち着かせるという科学研究結果をごっそり送ってよこした。そこまでは何もおかしくない。だが、ある有毒ガスの驚くべき回復効果について語りだすにいたり、私は疑問に思いはじめた。「二酸化炭素は酸素よりも重要だと本気で思っている」と彼は言ったのだ。

　オルソンはこう主張した。われわれの体内には酸素の１００倍の二酸化炭素が存在し（これは本当）、ほとんどの人がさらに多くの二酸化炭素を必要としている（これも本当）。酸素だけではなく、膨大な量の二酸化炭素が5億年前のカンブリア爆発で生物を一気に増加させたとも言った。そして現在、人間はこの有毒ガスを体内で増やし、頭を鋭敏にしたり脂肪を燃焼させたり、場合によっては病気を治すことができるのだと。

　そのうち、オルソンは気がふれているのではないかと心配になってきた。少なくともひどい誇張癖があるのではないか、何時間も話したことはまったくの無駄だったのではないか。

　二酸化炭素は、結局のところ、代謝老廃物である。石炭工場や腐った果物から立ちのぼるものだ。私が通ったボクシング教室の先生は生徒に「深く息をして二酸化炭素を体から出しきる」ことを求めていた。いいアドバイスのように思えた。２日に１回は新しい見出しとともに、大気中の過剰な二酸化炭素を原因とする地球温暖化の状況が報じられている。動物たちが死にかけていた。二酸化炭素が殺すのだ。

オルソンは正反対の主張をつづけた。二酸化炭素は有益であると言い張り、体内に酸素が多すぎると助けにならないどころか害があると警告した。「息を激しく、息を速く、できるだけ深く――これこそ最悪のアドバイスだと気づいたんだ」とオルソンは私に言った。大きな、激しい呼吸がよくないのは、体から、そう、二酸化炭素をなくしてしまうからなのだと。

そんなやりとりが数カ月つづくうちに興味をそそられ、あるいは面食らい、あるいはその両方から、私は意を決してスウェーデンに飛び、オルソンと数日を過ごして、彼の活動を確かめてみることにした。この世で最も誤解されている部類の気体についてももっと知るためだ。

11月半ばにストックホルムに到着し、列車に乗って郊外にある工業用コワーキングスペースに行った。洞窟のようなロビーの窓から、日差しがやや斜めに入ってきていた。不吉な雲が立ち込め、空気は長い冬を前にした重苦しさに満ちていた。

オルソンは時間どおりに現れ、私の向かいに腰を下ろし、水の入ったグラスをテーブルに置いた。身に着けているのは色の落ちたジーンズに白いテニスシューズ、プレスされた白いシャツ。僧侶やアーミッシュの信者といった、精神世界で長く過ごす人に見られるような穏やかさをたたえていた。話し方はいつも静かで、すべての北欧人が受け継いでいると思《おぼ》しき厄介な習性があった。つまり、英語が完璧で、ウームとかハァなどと口ごもることがない。*whom* まで使いこなし、〝まったく気にしない（could care less）〟と私に言うときは忘れがちな *not* をしっかり挿入した。

「私は父とまったく同じ末路をたどるところだった」オルソンは水のグラスについた結露を指でなぞりながら言った。彼の話によると、父親は慢性的なストレスを抱え、呼吸過多になって、重度の高血圧と肺病を患い、68歳で呼吸器の管を口にくわえて死んでいった。

「ほかにもたくさんの人が同じ病気で亡くなろうとしているのを知った」とオルソンは説明した。そこで自分や家族に何かあったときのために、知識を身につけておきたいと思ったのだという。

ソフトウェア販売会社を経営していた彼は、連日長時間働いたのち、帰宅して医学書を読みふけった。医師や外科医、教師、科学研究者らに話を聞いた。結局、会社を売って、すてきな車や大きな家を手放し、離婚して、集合住宅に転居した。その後、さらに狭いアパートメントに移り、6年間まったく給料もないまま、ほぼひとりで研究し、健康、医学、とりわけ呼吸と体内における二酸化炭素の役割をめぐる謎の解明に努めた。「気息《プラーナ》についてのヨガ行者の本もあれば、病理学に焦点を当てた医学書もあった——血液ガスや病気やCPAP療法の本も」と彼は言った。

要するに、オルソンは私が発見したことを、数年早く発見していたのだ。つまり、呼吸の科学と体における呼吸の役割について、われわれの知識には空白があることを。呼吸障害の原因についてはよく調べられていたが、そもそもどんな仕組みで呼吸障害が生じるのか、またどうしたらそれを防げるのかはほとんど調査されていないと、オルソンは気づいたのだった。

オルソンにはよき同志がいた。医師たちは何十年もまえからこのことを訴えていたのだ。「呼吸生理学の分野はあらゆる方向に拡大しているが、ほとんどの生理学者は肺活量や換気、循環、ガス交換、呼吸の機構、呼吸の代謝コスト、呼吸の制御で頭が占められ、実際に呼吸を行なう筋肉に大きな関心を寄せる者などまずいない」と、ある医師が1958年に書いている。別の医師はこう記した。「17世紀までは、偉大な医師や解剖学者の大半が呼吸筋や呼吸の機構に関心を抱いていた。その後、これらの筋肉はだんだん無視されるようになり、いまや解剖学と生理学の狭間に位置している」[2]

こうした医師の多くが発見し、オルソンがはるかのちに突き止めたのはこういうことだった。すなわち、数多《あまた》の慢性的な健康問題を予防し、運動パフォーマンスを向上させ、寿命を延ばす最善の方法は、呼吸の仕方に注意すること、とくに体内の酸素と二酸化炭素の濃度のバランスをとることだ。そのためには、息をゆっくりと吸って吐く方法を学ばなければならない。

・・・

吸う空気の量を減らして血流中の二酸化炭素を増やすことで、どうして組織や臓器内の酸素を増やせるのか？　やることを減らして、どうして得るものを増やせるのか？

この矛盾した発想を理解するには、鼻と口以外の体の部位を考慮する必要がある。そのふたつの構造は、結局のところ、呼吸の長い旅の入り口にすぎない。われわれが1日に2万5000回も吸って吐く目的は、もっと体の奥深くにある。そして、この空気を追って進めば進むほど、その旅は驚きと不思議に満ちたものとなるのだ。

あなたの体は、あらゆる人体と同じく、基本的に管《くだ》の集まりだ。喉や副鼻腔のような太い管があれば、毛細血管のように極細の管もある。肺の組織を形成する管はとても小さく、数が多い。あなたの体の気道にあるすべての管を1列につないだら、ニューヨーク市からフロリダのキーウェストまで届くはずだ――１５００マイル（約２４１４キロ）以上になる。[3]

あなたの息はまず喉を下り、気管分岐部という交差路を通って左右の肺に分けられる。そのまま進むと、細気管支と呼ばれるさらに細い管に押し込まれ、やがて肺胞という5億個の小さな球で行き止まりになる。

そのあとの展開は複雑でややこしい。ほかのものに喩えるとわかりやすいだろうか。あなたはこれから川のクルーズに出かけるところだとしよう。ドックの待合室にいると、船が近づいてくる。セキュリティを通過し、船に乗り込んだら、出発だ。これは酸素分子が肺胞に到達してからたどる道のりに似ている。これらの小さな「ドッキングステーション」のまわりにはそれぞれ血漿の川が流れていて、そこは赤血球に満ちている。そして赤血球が通りかかると、酸素分子は肺胞の膜をすり抜けて赤血球のなかに入るのだ。

この細胞クルーズ船には「客室」がたくさんある。あなたの血球の場合、客室とはヘモグロビンというタンパク質だ。酸素がヘモグロビン内の席に着くと、赤血球は川をさかのぼり、体の奥に進んでいく。

血液が組織や筋肉を通過する際、酸素は船を降りて空腹の細胞に燃料を与える。酸素が荷を降ろすと、ほかの乗客、すなわち二酸化炭素――代謝の「老廃物」――が乗り込み、クルーズ船は肺への帰路につく。[4]この酸素と二酸化炭素の交換で血液の見た目が変化する。[5]二酸化炭素を多く運ぶ静脈の血球は青く見え、動脈血は、まだ酸素でいっぱいで、鮮やかな赤に見えるようになる。静脈と動脈に特徴的な色をつけているのはこのふたつの気体なのだ。

やがて、クルーズ船は体を一周して肺に帰港し、そこから二酸化炭素は体外へと、肺胞を通って、喉を上り、口と鼻から息となって吐き出されていく。次の呼吸でまた酸素が乗船し、このプロセスが再開される。

体内の健康な細胞すべての燃料となる酸素は、こうして届けられるわけだ。クルーズの所要時間は1分程度だが、全体の数字には驚くしかない。25兆個の赤血球には1個あたり2億7000万個のヘモグロビンがあり、各ヘモグロビンに酸素分子は4つ結合できる。つまり10億個の酸素分子が赤血球クルーズ船1隻を乗り降りするということだ。

この呼吸プロセスとガス交換における二酸化炭素の役割について議論の余地はない。生化学の基礎だ。ただし、二酸化炭素が体重減少で果たす役割はさほど認識されていない。吐く息のなかの二酸化炭素には重さがあるため、吸う息よりも吐く息のほうが重くなる。

だから体重は大量の発汗や「脂肪の燃焼」によって減るのではない。[6] 体重が落ちるのは吐く息によるのだ。

体内の脂肪が10ポンド（約4・5キロ）失われる場合、うち8・5ポンド（約3・9キロ）は肺から排出される。その大半は二酸化炭素に水蒸気が少し混ざったものだ。残りが汗や尿となって出ていく。従来、この事実をほとんどの医師や栄養士といった医療関係者が誤解してきた。肺は体重調整システムなのだ。

「みんな酸素の話ばかりしている」オルソンはストックホルムでのインタビューで私に言った。「1分間に30回呼吸しようが5回呼吸しようが、健康な体はつねに充分な酸素があるのに！」

われわれの体が本当に求めているもの、適切に機能するために必要なものは、より速い呼吸でも、より深い呼吸でもない。もっとたくさんの空気でもない。われわれに必要なのは、もっとたくさんの二酸化炭素だ。

・・・

いまから1世紀以上前、疲れた目をしたデンマーク人生理学者のクリスティアン・ボーアがコペンハーゲンの研究室でこのことを発見した。30代前半で、医学と生理学の学位を取得していたボーアはコペンハーゲン大学で働いていた。[7] 彼は呼吸に魅了され、酸素が細胞の燃料であること、ヘモグロビンがその運搬役であることを知っていた。酸素が細胞内に入ると二酸化炭素が出てくることもわかっていた。

だがなぜその交換が起きるのかが、ボーアにはわからなかった。なぜ一部の細胞はほかの細胞より酸素を取り込みやすいのか？ 何が無数のヘモグロビン分子に適切な場所、適切なタイミングで酸素を放出するよう指示するのか？ 呼吸は実際、どんな仕組みになっているのか？

ボーアは実験を開始した。ニワトリ、モルモット、ヘビ類、犬、馬を集めて、酸素の消費量と二酸化炭素の生成量を測定した。[8] 次に血液を採取し、このふたつの気体の混合比を変えてさらしてみた。すると最も二酸化炭素が多い（酸性が強い）血液で酸素がヘモグロビンから解き放たれた。ある意味では、二酸化炭素が離婚弁護士のような機能を果たしていたといえる。酸素を束縛から切り離し、自由に別の相手を見つけられるようにする仲介者だ。[9]

この発見から、運動時に使われる特定の筋肉がさほど使われない筋肉に比べ、多くの酸素を受け取る理由は説明がついた。[10] 二酸化炭素の生成が多く、だから引き寄せる酸素も多い。分子レベルでのオンデマンド供給だった。二酸化炭素は血管の拡張効果も高く、通路を広げて空腹の細胞に酸素が豊富な血液を運べるようにしていた。息を減らすことで動物はより多くのエネルギーを、より効率的に生産できた。

一方、激しくあわてた呼吸は二酸化炭素を排除する。ほんのわずかな時間でも、代謝で必要とされる以上に呼吸をすると、筋肉や組織、臓器への血流が減少しかねない。頭がふらふらしたり、痙攣を起こしたり、頭痛がしたり、失神することさえある。こうした組織は安定した血流をしばらく止められると機能しなくなるのだ。

1904年、ボーアは「生物学的に重要な関係について——血液中の二酸化炭素含有量が酸素結合に及ぼす影響」と題する論文を発表した。[11] これが科学者のあいだで評判を呼び、長く誤解されていたこの気体に関する新たな研究が盛んに行なわれるようになった。まもなく、イェール大学応用生理学研究所の所長、ヤンデル・ヘンダーソンが独自の実験を開始する。[12] ヘンダーソンも数年前から代謝を研究し、ボーアと同様に、二酸化炭素はどのビタミンにも劣らず体に不可欠だと確信していた。

「臨床医にとってはいまだに信じがたいことだが、酸素はけっして生物に刺激を与えるものではない」とヘンダーソンはのちに *Cyclopedia of Medicine*（『医学事典』）に記す。[13] 「火に空気ではなく純粋な酸素を与えたら、大いに勢いを増して燃えあがる。しかし人間や動物が酸素もしくは、酸素の豊富な「空気」を吸っても、空気のみを吸った場合に比べ、その気体がさらに消費されることはなく、さらに熱が生み出されることも、さらに二酸化炭素が吐き出されることもない」

健康な体にとって、呼吸過多や純酸素の吸入はなんの役にも立たず、組織や臓器への酸素運搬に効果はないどころか、むしろ酸素不足の状況をつくり出し、窒息に近い状態を招きかねない。言い換えると、クォーターバックがプレーの合間に吸ったり、時差ぼけした旅行者が空港の「酸素バー」で50ドル払ったりする純酸素には、何の得もないということだ。[14]そのガスを吸えば酸素濃度は1、2パーセント上昇するかもしれないが、当の酸素が空腹な細胞に到達することはない。そのまま吐き出されるだけだ。*

この点を証明すべく、長年にわたってヘンダーソンは恐ろしい実験をいくつか犬に対して行なったが、これはハーヴォルドのサルを使った恐ろしい実験と同じくらい読むのがつらい。[15]

ヘンダーソンは研究室のテーブルに犬を1頭ずつのせ、喉に管を挿入し、顔にゴム製のマスクを装着した。管の先端には小さなふいごがついていた。この装置によって犬が吸う空気の量と頻度は操作可能となった。犬の喉から出ている管はエーテルの入ったボトルに接続してあり、実験中はそれで麻酔がかけられる。機器一式で心拍数や二酸化炭素と酸素の濃度などが記録された。

ふいごで空気を送るスピードをどんどん上げると、動物たちの心拍数がすぐに1分あたり40回から200回以上に増えるのをヘンダーソンは観察した。やがて犬たちの動脈を大量の酸素が流れるが、それを取り除いてくれる二酸化炭素がほとんどないため、筋肉や組織、臓器の機能が低下しはじめる。手に負えない痙攣を起こす犬もいれば、昏睡状態に陥る犬もいた。そしてさらに空気を送り込みつづけると、動物たちは酸素が充満して二酸化炭素が不足するあまり、死に至るのだった。

ヘンダーソンは犬を犬自身の呼吸で殺したのだ。

生き残った犬に対して、ふいごのスピードを緩めながら観察すると、心拍数がたちまち1分あたり40回まで減少した。犬の心拍数を上げ下げしていたのは呼吸という行為ではな

＊　ヘンダーソンが100年前に発見したところでは、純酸素が役立つのは、高所（空気中の酸素濃度が低下している場所）にいる人や、通常の呼吸では健康的な酸素飽和度（約90パーセント以上）を維持できない重病人に限られる。しかし、たとえ病気の患者であっても、長期的に酸素を補給すると、いずれ肺が傷ついて赤血球が減少し、将来的に体が呼吸から酸素を取り込むことが難しくなる。

い。それは血流中の二酸化炭素の量だった。

ヘンダーソンはつづいて犬たちに普段よりも少しだけ激しく呼吸し、代謝に必要な量をちょうど上まわるよう強制した。これは人間によく見られる軽度の過換気の状態だった。心拍数が若干上がって二酸化炭素濃度がやや不足するようにするためだ。

犬たちは苛立ち、うろたえ、不安になり、目がどんよりした。軽い過呼吸が高山病やパニック発作の際に生じるのと同じ錯乱状態を引き起こしていた。ヘンダーソンは動物の心拍数を正常付近まで下げようとモルヒネなどの薬品を投与した。こうした薬が効くのは、ヘンダーソンも述べているように、ひとつには二酸化炭素濃度を上げる効果があるためだった。

だが動物を健康な状態に回復させる方法はもうひとつあった。ゆっくりと呼吸させることだ。ヘンダーソンが呼吸数を犬の正常な代謝に合わせて――1分につき200回から正常な回数へ――落とすたびに、引きつりも麻痺も不安も消えた。動物たちは体を伸ばしてリラックスし、筋肉がゆるんで、穏やかさに包まれるのだった。

「二酸化炭素は全身の主要ホルモンであり、すべての組織によって生成され、おそらくすべての器官に作用する唯一のホルモンである」とヘンダーソンはのちに書いている。「二酸化炭素こそ、実は酸素にもまして根本的な生命体の成分なのである」

・・・

私はストックホルムで3日間、オルソンとともに過ごした。表やグラフをじっくり調べ、ボーアやヘンダーソンら、語り継がれるパルモノートたちについて話し合った。その旅が終わるころ、ようやく私は呼吸に対する自分の考え方は長年にわたってひどく限定的で、ひどく間違っていたのだと悟った。そしてようやく、オルソンがいかにこの分野の研究に心を奪われているかを理解した。なぜソフトウェア界の大物としての生活を捨て、狭いアパートメントにまで生活水準を下げ、棚に並んだ生化学の教科書やスリープテープ、二酸化炭素タンクに囲まれているのかを。なぜ何カ月もかけて新しい呼吸法を試すたびに体内の二酸化炭素濃度の変化や、血圧、エネルギーとストレスのレベルへの影響を記録してきたのかを。

2010年に彼が主催した呼吸に関する最初のカンファレンスにたったひとりしか現れなかった理由も、メッセージに磨きをかけて研究基盤を築いた彼が、いまやスウェーデンメディアのスターのような存在となって講堂を満杯にし、にこやかで年中日焼けしているロマンティックコメディ風のその顔が、新聞、雑誌、毎晩のニュース番組に登場する理由もわかった。そういうインタビューで彼は、鼻呼吸の治療効果を唱え、視聴者に向けてゆっくりとした呼吸というおなじみのメッセージを呼びかけていた。

サンフランシスコに戻ってからも、オルソンと私は連絡をとりつづけた。数週間おきに新規のeメールやスカイプの呼び出しが届き、彼が医学図書館で発掘したばかりの長く忘れられていた新たな科学的発見について知らされる。オルソンは自己実験も継続し、いつも体を張って呼吸の力や「代謝老廃物」である二酸化炭素の驚異を証明しようとしていた。

こうしてオルソンは、最初の出会いから1年後、サンフランシスコの私の家のリビングで、フェイスマスクをマジックテープで頭に、心電図用の電極をクリップで耳にとめることになったわけだ。

• • •

「そこのオキシメーターをとってもらえないかな？」オルソンがもう一度、テーブル越しに言う。

われわれは午後の検査を終えたところで、オルソンはまたBreathQI（ブレスQI）を装着している。これは二酸化炭素やアンモニアなど、呼気中の成分を測定する装置の試作品だ。オルソンはパルスオキシメーターを指にはさんで秒読みを始める。

二酸化炭素と一酸化窒素が鼻呼吸で一気に増えたせいか、きょうはパンチを食らった気分だ。ビフォー・アフターのX線、血液・肺機能検査をスタンフォードで受けるために5000ドルを投じたのに加え、オルソンと私はどうにか数千ドル相当の機器も自宅ラボにそろえていた。2週間テストを実行してきたが、まだスロットルを全開にはしていない。それがきょう変わろうとしている。

オルソンが手の汗を〈アバクロンビー〉のスウェットシャツでぬぐって体を寄せ、各機器の表示を見せてくれる。彼のバイタルはすべて正常だ。心拍数は75前後で、収縮期血圧は126を記録し、酸素濃度は97パーセント。3、2、1、オルソンは呼吸を始める。

ただし、ゆっくり、ごくゆっくりとだ。息を吸って吐くペースは平均的なアメリカ人の3倍の遅さで、1分間18回を6回まで減らしている。空気を少しずつ鼻から吸って口から出していき、見れば二酸化炭素濃度が5パーセントから6パーセントに上がる。どんどん上がる。1分後、その濃度はほんの数分前より25パーセント高くなって、不健康な低炭酸ゾーンから医学的に正常な範囲に確実に移っている。そのあいだに、血圧は約5ポイント下がって心拍数は60台なかばに落ちている。

変わらなかったのが酸素だ。最初から最後まで、正常とされるペースの3分の1で呼吸しているにもかかわらず、酸素はまったく変動しない。97パーセントのままだった。

同じような驚きの計測値はすでにその週のバイクでのワークアウトで経験していた。そのワークアウトの出だしは、あらゆるワークアウトと同じく、最悪だった。肺と呼吸器系が空腹な組織や筋肉の要求に必死で応じようとしているのを感じた。体のディナーのラッシュアワーだ。普段の私なら、口をあけて息をあえがせ、酸素への飽くなき欲求を満たそうとする。だがここ数日は、ペダルをいつもより激しく速くこぎながら、無理やりいつもより静かに、ゆっくりと呼吸した。すると息苦しくて閉塞感があり、体が燃料切れを起こしているようだったが、それもパルスオキシメーターをチェックするまでのこと。このときも、いくらゆっくり息をしようが、激しくペダルをこごうが、私の酸素濃度は97パーセントで安定していた。

通常の速さの呼吸では、肺は空気中の利用可能な酸素の約4分の1しか吸収しないことがわかっている。その酸素の大部分は吐き出されるのだ。吸う息を長くすれば、肺は少ない呼吸数でより多くを取り込むことができる。

「もしも、訓練と忍耐力により、従来の方法どおり1分間に47回ではなく、わずか14回の呼吸で同じ運動負荷をこなせるのならば、そうしない理由がどこにあるだろう?」と書いたのはジョン・ドゥーヤード、1990年代にステーショナリーバイク実験を行なったトレイナーだ。「毎日走る速度を上げても呼吸数が一定であるとき……あなたはフィットネスという言葉の真の意味を感じはじめるだろう」[16]

ここで私は呼吸とはボートをこぐようなものなのだと気づいた。無数の短く力んだストロークでも目的地に行き着くが、より少なく、より長いストロークの効率とスピードに比べたら見劣りする。

ペースの遅い鼻呼吸法を用いて2日目、私は口呼吸の自己記録を0・13マイル（約0・21キロ）上回った。[17]その次のセッションでは、距離を0・36マイル（約0・58キロ）延ばした——口呼吸に対して5パーセント増だ。5回目のステーショナリーバイク走では、7・7マイル（約12・4キロ）と、同じ時間、同じエネルギー量で、前週よりまる1マイルほど長くなった。これは相当な進歩だ。まだドゥーヤードのサイクリストたちが報告したレベルに届いたわけではないが、私は差をつめつつあった。

そのバイク走のあいだに、私は自分の呼吸で遊びはじめた。息を吸って吐く速度をだんだん遅くするよう努め、いつもの運動時の1分間に20回から6回にする。たちまち空気への飢餓感と閉所恐怖がわいた。1分ほどしてからパルスオキシメーターに目をやり、どれだけの酸素が失われていくのか、体はどれだけ飢えた状態にあるのか確かめた。

だが、このごくゆっくりとした呼吸でも酸素は減っていなかった。私やほかの誰もが予想したのとは違う。その濃度は上昇していた。

・・・

ゆっくりとした呼吸について最後にひとこと。これには別の通り名がある。祈りだ。

仏教の最も普及したマントラ、〈オーム・マニ・パドメー・フーム〉（六字大明呪）を僧が唱えるときは、1回の発声が6秒つづき、6秒で息を吸ったあとに詠唱が再開される。伝統的な呪文の〈オーム〉は、ジャイナ教をはじめ、さまざまな伝統で使われる「宇宙の聖音」だが、これも6秒かけて唱えられ、およそ6秒の間《ま》をおいて息を吸う。クンダリニー・ヨガでとくに有名な〈サ・タ・マ・ナ〉の詠唱でも、6秒間発声し、つづけて6秒間息を吸う。それから古代ヒンドゥー教の手と舌を使うポーズ、〈印相《ムドラー》〉もあった。〈ケーチャリー〉という技法は、肉体と精神の健康を高めて病気を克服するねらいがあり、舌を軟口蓋の上方に置いて、鼻腔に向けるものだ。このケーチャリーのあいだの、深い、ゆっくりとした呼吸も1回につき6秒かける。日本、アフリカ、ハワイ、アメリカ先住民、仏教、道教、キリスト教[18]――いずれの文化や宗教もどういうわけか同じ祈りの技法を発展させ、同じ呼吸パターンを要求していた。おそらく同じ鎮静効果の恩恵を受けていたのだろう。

２００１年、イタリアのパヴィーア大学の研究者たちが二十数名の被験者を集め、血流、心拍数、神経系フィードバックの測定用センサーを装着し、仏教のマントラをラテン語原文のロザリオの祈りとともに朗唱してもらった。ロザリオの祈りとは、カトリックのアヴェ・マリアの祈りを繰り返し唱えるもので、半分を司祭が、半分を会衆が反復する。[19]研究者たちはその結果に衝撃を受けた。各周期の呼吸の平均回数が「ほぼ完全に」一致していたのだ。ヒンドゥー教、道教、アメリカ先住民の祈りのペースよりも少しだけ速い。1分間に5・5回だった。

だが、それ以上に衝撃的だったのは、このような呼吸が被験者に与えた影響だった。このゆっくりとした呼吸パターンに従うとかならず、脳への血流が増えて体内の各システムが整合性《コヒーレンス》の状態に入った。[20]そのとき心臓、循環、神経系の機能が最大効率に向けて連動する。[21]被験者たちが自発的な呼吸や会話に戻ったとたん、心臓の鼓動はやや不規則になり、体内システムの統合性が徐々に崩れる。そしてゆるやかなリラックスした呼吸をまた数回すると、もとの状態に復帰するのだ。

パヴィーア大学の調査から10年後、ニューヨークの高名な教授にして医師のふたり、パトリシア・ガーバーグとリチャード・ブラウンが祈りの要素を除外して、同じ呼吸パターンを不安やうつを抱えた患者に用いた。すると一部の患者はゆっくりとした呼吸に苦労していたため、ガーバーグとブラウンは、最初はもっと簡単なリズムで、3秒吸い、少なくとも同じ時間をかけて吐くように勧めた。患者たちが慣れてくると、息を吸う時間も吐く時間も長くなっていった。

それでわかったのは、最も効率の高い呼吸リズムは呼吸の長さと1分あたりの呼吸数が怖いくらいにつり合ったときに生じるということだった。つまり、5・5秒吸ってから5・5秒吐く、するとほぼ正確に1分間5・5回の呼吸数になる。[22] ロザリオの祈りと同じパターンだった。

1日に5分から10分練習しただけでも、その効果は絶大だった。[23]「患者さんたちが規則的な呼吸を練習することで変化するのを見てきました」とブラウンは述べている。彼とガーバーグはこのゆっくりとした呼吸法を用いて、9・11の生存者たちの肺を回復させることにも取り組んだ。彼らを苦しめていたのは破片を原因とする慢性的な痛みを伴う咳で、その恐ろしい状態は〝すりガラス肺〟と呼ばれる。この病気の治療法は見つかっていなかったが、わずか2カ月後、患者たちの症状はスローブリージングを1日に数回実践するようになっただけで大きく改善していた。

ガーバーグとブラウンはこのゆっくりとした呼吸の回復させる力について本を書き、科学的な記事を発表し、その呼吸法は「共鳴呼吸法」あるいはコヒーレント・ブリージングとして知られるようになる。この方法はこれといった努力も時間も思案もいらない。[24] そしてどこでも、いつでもできる。「これは完全にプライベートなものです」とガーバーグは述べている。「あなたがそうしていることは誰も知らない」[25]

さまざまな点で、この共鳴呼吸法は瞑想する気のない人に瞑想と同じ効用をもたらした。カウチから下りたくない人にヨガの効用を。宗教を信じない人に祈りの癒やし効果を提供するものだった。

6秒か5秒のペースで呼吸をしたら、つまり0・5秒ずれたらまずいのだろうか？　これについては呼吸が5・5回であるかぎり、問題はなかった。[26]

「われわれの考えでは、ロザリオの祈りが発展したのは、ひとつには生来の心臓血管（マイヤー波）のリズムと同期することで幸福感が得られ、おそらく宗教的メッセージへの反応性が増したからにほかならない」とパヴィーア大学の研究者たちは書いている。言い換えると、瞑想や、アヴェ・マリアの祈りをはじめ、過去数千年のあいだに開発された数十の祈りは、根拠がないわけではない。

祈りは、とりわけ1分間に5・5回の呼吸で実践されたときに癒やしとなる。

第6章 減らす

米国が過食文化の国となったことに異論を唱える者はまずいない。1850年から1960年まで、身長に基づく脂肪の測定値、ボディマス指数(BMI)のアメリカ人の平均は、20から22だった。[1] 身長6フィート(約183センチ)の人の場合、体重は160ポンド(約73キロ)ということになる。現在の平均BMIは29、50年で38パーセントはね上がった。6フィートの人の体重はいまや214ポンド(約97キロ)だ。米国の人口の70パーセントは体重超過とされている。3人にひとりは肥満だ。われわれが昔よりもたくさん食べているのは間違いない。

呼吸数はもっとずっと計測しにくい。研究の数が少なく、結果に一貫性がないためだ。それでも、入手できるいくつかの研究を参照すると、厄介な状況が見えてくる。[2]

現在医学的に正常とされる回数は1分間に12回から20回で、平均吸気量は呼吸ごとに約0・5リットル。呼吸数が上限の人は、吸気量が昔の約2倍に相当する。*

ここ数年間に取材した医療界およびフリーランスのパルモノートは全員、同じ意見だった。われわれの国は過食の文化になったのと同じように、過呼吸の文化にもなっているのだ。ほとんどの人は呼吸しすぎで、最大で現代の人口の4分の1がさらに深刻な慢性過呼吸を患っている。[3]

治すのは簡単、呼吸を減らすことだ。だがこれが案外難しい。われわれは食べすぎるよう条件づけられているのと同じく、呼吸しすぎるよう条件づけられている。ただし、多少の努力とトレーニングを積めば、呼吸を減らすことは無意識の習慣になるはずだ。

インドのヨガ行者は訓練によって安静時に吸う空気の量を減らす。増やすのではない。チベット仏教徒は僧侶志望者に呼吸を弱めて鎮めるための段階的な指示を出していた。2000年前の中国の医者たちは呼吸を1日1万3500回とするよう勧めていたが、[4] これは1分間に9・5回ということになる。[5] 呼吸の回数が少ないぶん、量も少なかったのだろう。日本では、言い伝えによると、サムライが兵の覚悟を確かめるため、羽根を鼻孔の下

＊　注2で挙げている研究やその他レファレンスを参照。

に当てて息を吸ったり吐いたりさせたそうだ。羽根が動けば、兵は任務を解かれる。

明確にしておくが、呼吸を減らすのはゆっくりと呼吸することと同じではない。平均的な成人の肺はおよそ4リットルから6リットルの空気を保持できる。これはつまり、1分間5・5回のゆっくりとした呼吸を実践してもなお、必要量の2倍の空気を楽に取り込めるということだ。

最適な呼吸、それに伴う健康、持久力、長寿といったあらゆる恩恵へのカギとなるのは、吸って吐く回数を減らして量を少なくする、これを実践することだ。呼吸をするにしても、呼吸を減らすことだ。

・・・

スタンフォード実験も残すところ4日のみとなり、私は呼吸速度を遅くした成果を手に入れつつあった。血圧は下がりつづけ、心拍変動は上がりつづけ、エネルギーは持て余すほどになっていた。

その間、オルソンはもっと呼吸数を減らすよう私を急かしつづけた。くどいほど繰り返すのは、通常よりも呼吸をぐっと減らすこと、つまり断食の呼吸版がもつ驚異的な力についてだ。空気を断つことが常態化したら害になる、とオルソンは警告した。ふだんは、できるだけ必要に応じた呼吸をしたほうがいい。だが、ときに意志の力で体に呼吸をぐっと減らすよう仕向けることには、彼の主張によると、断食と同様の強い効能があるという。それは多幸感につながることもある。

「結婚したときよりもいい気分だった。最初の子供が生まれたときよりいい」とオルソンは言う。

いまは朝、われわれは波打つグレーの海を横目に車をハイウェイ1号線に走らせている。私が運転し、オルソンは隣の助手席で満面に笑みをたたえ、神を見た5年前の瞬間を思い返しているところだ。

「1時間ほど走って、6マイル（約10キロ）くらいだったかな、それから帰宅してリビングの椅子に座っていたときのことだ」。声がここで少し震え、笑いだしそうになる。「鈍い頭痛が、あの心地いい頭痛がして、世界でいちばん強烈な平和と調和を感じたんだ……あらゆるものが……」

本日の目的地はゴールデンゲート・パークで、そこには何マイルにもわたって途切れることのないジョギング用トラックがユーカリやタスマニア原産の木生シダ、イトスギ、レッドウッドがつくる林冠の下に延びている。土のトラックだから、頭がぱっくり割れて死ぬことは突然意識を失ってもないだろうが、いいオルソンの忠告によると、それはまれであるにせよ、これから挑戦する呼吸をぐっと減らす方式のまぎれもない副作用であるらしい。オルソンはこのアプローチを信頼している。彼とそのクライアントたちの報告によると、トレーニングの数週間後に持久力やウェルビーイングといった面で大幅な改善があったそうだ。ただし、ほかに多くの人から聞いたところでは、悲惨な結果になったり、ひどい頭痛を引き起こしたりもする――「心地いい」頭痛ではなく。生半可な気持ちで試すようなことではなかった。

高速道路から一車線の通りに入り、ゴールデンゲート・アングリング・アンド・キャスティング・クラブの敷地のわきに駐車する。バッファローの群れに金網フェンスの奥からくたびれた目で見つめられながら、オルソンとともにジャケットを脱ぎ、最後に水を何口か飲んで、車をロックしたら、さっそく出発だ。

私はジョギングが嫌いだ。ほかの身体活動――とくにサーフィンや水泳などのウォータースポーツ――とは違い、ジョグをすると必ず終始みじめさや退屈をまざまざと意識させられる。以前は1日おきに4マイル（約6・4キロ）走っていたのに、一度も恍惚とした ランナーズ・ハイに達したことはない。ジョギングに利点があるのは明らかで、いつも気分は爽快になる……走ったあとは。だがジョグをするのは苦行だった。

オルソンは私を改心させようとした。ジョギング歴は数十年で、何十人ものランナーを指導してきたのだ。「カギとなるのはあなたに合ったリズムを見つけることだ」と彼は言い、ふたりでイバラの道を突き進む。「おのれに挑まなくてはならないが、かといって、やりすぎてもいけない」

トレイルが分岐し、われわれは人の少ないほうの道をたどる。太陽が摩天楼のような木々のあいだから輝き、かび臭いスペアミントの香りが大気に漂って、乾いた落ち葉にざくざくと楽しい足音が響く。これはいい。

「やってもらいたいのは、ウォームアップしながら、吐く息を延ばしていくことだ」とオルソンが言う。[6] これは事前に吹き込まれていたから、このあとの展開はわかっている。息を吸うときは1回につき約3秒、吐くときは1回につき4秒かける。吸う息は同じ短さでつづけ、走りながら吐く息を5、6、7と長くしていく。

息をゆっくりと、長く吐けば、そのぶん二酸化炭素濃度が高くなるのはいうまでもない。こうして二酸化炭素が追加されると、有酸素性持久力が高くなる。そのとき測定される最大酸素摂取量は、$\mathrm{VO_2max}$と呼ばれ、心肺フィットネスを知るのに最良の基準だ。呼吸を減らす体のトレーニングは、じつは$\mathrm{VO_2max}$を増やすのであり、それは運動競技上のスタミナを高めるだけでなく、より長く、より健康な人生をおくる助けにもなる。[7]

・・・

少ないほうが多い《レス・イズ・モア》の生みの親は、1923年に現ウクライナのキーウ近郊の農場で生まれたパルモノートだった。コンスタンティン・パヴロヴィチ・ブティコという名で、青年期は自分を取り巻く世界を調べて過ごした。それこそ、あらゆるものを。植物、昆虫、玩具、車。世界とはひとつの機械装置で、その内側にあるものはすべて、互いにかみ合って大きな全体を形成する部品の集まりだとみなすようになった。十代を迎えるころには、ブティコは優秀な機械工へと成長し、のちに4年間、第二次世界大戦の前線で車や戦車、大砲をソ連の軍隊のために修理することになる。

「大戦が終わったとき、私は最も複雑な機械、つまり人間の研究を始めようと思い立った」と彼は語っている。「人間のことを知れば、病気の診断も機械故障の診断と同じくらい簡単にできると考えた」[8]

ブティコはソビエト連邦で最も権威ある医学校、第一モスクワ医科大学に進学し、1952年に優秀な成績で卒業する。研修医時代の回診で、健康状態が最悪な患者はみな、見たところあまりにも呼吸をしすぎていると気づいた。呼吸をすればするほど、体調は悪くなり、それはとくに高血圧の患者に顕著だった。

ブテイコ自身、重度の高血圧に悩まされ、その状態につきものの頭痛と胃や心臓の痛みで弱りきっていた。処方された薬を飲んでも効かない。29歳にして、収縮期血圧は212まで上昇した。危険なほど高い数値だ。[9]医師たちは余命1年を宣告した。

「がんは切除すれば、回避できる」とブテイコはのちに語る。「しかし高血圧は避けられない」。患者、そして自分自身のためにできるのはせいぜい、症状を和らげることくらいだった。

話のつづきによると、10月のある晩、ブテイコはひとり病室に立って窓から外の暗い秋空を眺めていた。ふと焦点をガラスに映ったわが身に向けた――げっそりとやつれた顔が開いた口で荒い呼吸をしている。目を落とすと白衣が胸を覆い、肩はやっとのことで息を吸ったり吐いたりするたび曲がって持ち上がっていた。この呼吸のペースは末期患者に見てきたものと同じだ。運動をしている最中でもないのに、まるでワークアウトを終えたばかりのような息づかいだった。

ブテイコはある実験を試みた。まず呼吸を減らし、胸と腹をリラックスさせて空気は少しずつ鼻から吸うようにする。すると数分後、ずきずきする頭や胃、心臓の痛みが消えた。

ブティコは数分前の荒い息づかいに戻してみた。5回と息を吸わないうちに、痛みがぶり返した。

過呼吸が高血圧や頭痛の結果ではなく原因だとしたらどうなる？ ブティコは思案した。心臓病、潰瘍、慢性炎症はどれも血行や血液pH、代謝の障害と関係があった。呼吸の仕方はその3つの機能に影響をおよぼす。体が必要とするよりほんの20パーセント、いや10パーセントでも多く呼吸したら、体内の各システムは酷使されかねない。いずれは衰弱する。呼吸しすぎるせいで人は病気になり、それが治らずにいるのではないか？

ブティコは散歩に向かった。喘息病棟で、ひとりの男性が前かがみになり、窒息すまいと、空気を求めてあえいでいるのを見つけた。ブティコは歩み寄り、自身が使っている呼吸法を教えた。数分もすると患者は落ち着きを取り戻した。慎重に澄んだ息を鼻から吸い、静かに吐き出す。いきなり顔に赤みが差した。喘息の発作はおさまっていた。

・・・

ゴールデンゲート・パークに戻って、オルソンと私はフットトレイルの奥へとジョギングしていく。まだらな日差しや『アバター』風の木々といった牧歌的な風景が、車輪のなくなったショッピングカートやあやしげなトイレットペーパーの山という都会的な荒廃へと変わっていった。なるほど、人が少ない道には少ないなりの理由があるのかもしれない。すぐに左折し、海岸沿いのルートへと引き返す。

われわれが走っていくわきでは、ヒッピーの老人が切り株に座ってクイズ番組『ジェパディ！』のテーマソングを片手に握ったトランペットで吹きながら、もう片方の手でページの隅が折れたペーパーバックを持って読んでいる。その正面では、非の打ちどころがない身なりの男性が老犬をおんぼろのメルセデス・ベンツ３００ＳＤへと追い立て、腰まであるドレッドロックに『モーク＆ミンディ』でロビン・ウィリアムズがつけていたようなサスペンダーという格好の女性が、電動スクーターで走り去る。まさしくサンフランシスコらしい光景だ。オルソンと私もなじみやすい。

われわれはブテイコが自身と喘息病棟の患者に用いた方法を極端なかたちで実践してきた。吸う息を制限し、吐く息は快適あるいは安全と思えるポイントをはるかに超えて延ばしていく。汗をかいて顔は紅潮し、首の静脈がふくらむのが感じられる。息が切れているわけではないが、足りている感覚もない。もう少しだけ空気を吸っても、軽く首を絞められている心地がする。

このエクササイズのねらいは余計な痛みを加えることではない。体を高濃度の二酸化炭素に慣れさせ、安静時や次回のワークアウト中に無意識に呼吸を減らせるようにすることだ。すると放出する酸素が増えて、持久力が高まり、体のあらゆる機能を支援しやすくなる。

「吐く息をもっともっと引き延ばそう」と言ってオルソンはほんの少し空気を鼻から吸い込む。「吐く息の長さは吸う息の2倍に、3倍に」と注意する。つかの間、私は吐き気を感じる。

「よし！」とオルソンが言う。「もっと遅く、もっと少なく！」

・・・

1950年代後半には、ブテイコはモスクワの病院を離れてアカデムゴロドク（「学術都市」）に向かった。そこは35のコンクリートブロック造りの研究施設群で、シベリア中央部に位置する。[10] この遠い立地は意図的なものだった。過去数年のあいだに、ソ連政府は何万人もの一流宇宙工学者、化学者、物理学者らを派遣し、秘密裏にこの研究都市に住まわせていた。彼らの職務はソビエト連邦の優位を確保する目的から最先端のテクノロジーを開発することだった。多くの点でソ連版シリコンヴァレーといえたが、フリースのベストはなく、コンブチャ（紅茶キノコ）も、日光も、テスラ車も、市民的自由もなかった。

ブティコがここに転居したのは、ソビエトの疾病対策センターに相当する、ソ連医学アカデミーの要請を受けてのことだった。喘息病棟でひらめきを得たあと、彼は研究論文を読みふけり、何百という患者を分析していた。そして呼吸過多こそ、複数の慢性疾患の原因だとの確信に至る。ボーアやヘンダーソンと同じく、ブティコも二酸化炭素に魅了され、こう信じていた。呼吸を減らしてこの気体を増やせば、体調や健康を維持できるだけではない。病気を治すこともできるのだと。

アカデムゴロドクでブティコは科学史上最も網羅的な呼吸実験に着手する。200人以上の研究者や助手からなるスタッフを機能診断研究所と呼ばれる包括的な都市病院に集めた。[11] 被験者は車輪つき担架で運ばれてきて、大量の機器のあいだにはさまれる。採血係がカテーテルを静脈に射し、ほかの研究者が管を喉に挿入し、電極を心臓と頭のまわりに装着した。被験者たちが息を吸って吐くあいだに、原始的なコンピューターが1時間あたり10万ビットのデータを記録した。

病める者も健やかなる者も、老いも若きも——1000人以上がブティコの研究所にやってきた。喘息や高血圧などの病気の患者たちはおしなべて呼吸の仕方が同じだった。多すぎるのだ。たいてい息を吸うのも吐くのも口で、1分間に15リットル以上の空気を取り込む。呼吸音が大きくて数フィート先まで聞こえる者もいた。計測値を見ると血中の酸素は充分だったが、二酸化炭素はかなり不足し、約4パーセントにとどまった。安静時の心拍数は1分間90回に達していた。

健康状態が最良の患者たちも、呼吸の仕方は一様だった。少ないのだ。1分間の呼吸回数は約10回で、取り込む空気の総量は5リットルから6リットル。安静時の脈拍はおおよそ48回から55回、呼気の二酸化炭素濃度は6・5から7・5パーセントだった。[12]

ブテイコはその最も健康な患者群の呼吸習慣に基づく手順を開発し、これをのちに〈深呼吸の自発的排除〉と呼ぶようになる。[13]このテクニックは多種多様だったが、どれも目的は患者がつねに代謝上のニーズになるべく合致した呼吸をするよう訓練することで、それはすなわち吸い込む空気を減らすことだったと言っていい。安静時に吸い込む空気が毎分6リットルを超えないかぎり、1分間に何回呼吸するかはブテイコにとってさほど重要ではなかった。

こうした技法を何度か練習するうち、患者たちは手や足の指にうずきや熱があると報告した。心拍数は下がって安定する。患者の多くを衰弱させていた高血圧や偏頭痛が消えはじめる。もとから健康な者はますます体調がよくなった。運動選手たちは成績を大きく向上させた。

そのころ、数千マイル西に位置するチェコスロバキアの工業都市ズリーンでは、ひょろひょろした身長5フィート8インチ（約173センチ）のランナー、その名もエミル・ザトペックが独自の呼吸制限テクニックを実験していた。

ザトペックはランナーになりたいと思ったことは一度もなかった。勤務先の靴工場の経営陣から地元のレースに出るよう選ばれたときも、断ろうとしたほどだった。向いていないし、興味がないし、競技会で走ったこともないからと。それでもとにかく出場すると、100人中2位になった。ザトペックはランニングに明るい未来を見出し、本格的にこのスポーツに取り組みはじめる。4年後、彼は2000メートル、3000メートル、5000メートルの国内記録を更新した。

ザトペックは優位に立つために独自のトレーニング方法を開発した。[14] 息を止めてできるだけ速く走り、何度か息をあえがせてからもう一度繰り返す。ブテイコ式呼吸法を極端にしたものだったが、ザトペックはこれを〈深呼吸の自発的排除〉とは呼ばなかった。そう呼んだ者はいない。これは低換気《ハイポベンチレーション》トレーニングとして知られるようになる。〈ハイポ（hypo）〉は、「下、未満」を意味するギリシャ語に由来するもので（例、hypodermic needle［皮下注射針］）、「上、超越」を意味する〈ハイパー（hyper）〉の反義語だ。低換気トレーニングの眼目は呼吸を減らすことだった。

何年ものあいだ、その方法は広く嘲笑の的となっていたが、ザトペックは批判的な人々を相手にしなかった。[15] 1952年のオリンピックでは、5000メートルと1万メートルで金メダルを獲得する。その成功の直後、彼はマラソンへの出場を決意した。それまでトレーニングしたこともなければ、走ったこともない種目だったが、結果は金メダル。ザトペックは通算で18個の世界記録を達成し、4つのオリンピック金メダルと銀メダルを獲得した。のちに《ランナーズ・ワールド》誌で「史上最高のランナー」に選出される。[16]「やることなすこと間違っていたが、彼は勝利したのです」と当時のオハイオ州立大学陸上コーチ、ラリー・スナイダーは語っていた。

ザトペック後に低換気トレーニングの人気が上がったわけではない。彼の苦悶に満ちた顔、食いしばった歯と強く閉じられた目はマティアス・グリューネヴァルトの描いたキリストさながらで、フィニッシュラインをしばしば1位で切るときのトレードマークとなった。見るからにつらそうだったのは、実際につらかったからであり、ほとんどのアスリートは関わろうとしなかった。

やがて、数十年後の1970年代に、妥協を知らない米国代表水泳コーチ、ジェイムズ

・カウンシルマンがこれを再発見する。カウンシルマンは「傷、痛み、苦しみ」[17]をベースとしたトレーニング方法で知られ、低換気はそれにうってつけだった。競泳選手は通常、2回か3回のストロークのあとに頭を横に向けて息を吸う。カウンシルマンは9ストロークものあいだ息を止められるようチームを訓練した。やがて選手たちは酸素をより効率的に使って泳ぎが速くなると信じてのことだ。[18]ある意味で、それはブテイコの〈深呼吸の自発的排除〉とザトペック流の低換気――その水中版だった。カウンシルマンはこれを用いて米国男子水泳チームをモントリオール・オリンピックに向けてトレーニングした。[19]チームは13個の金メダル、14個の銀、7個の銅を獲得し、11種目で世界記録を打ち立てる。米国オリンピック水泳チームによる歴代最高の成績だった。[20]

低換気トレーニングは1980年代と1990年代に複数の研究で運動能力や持久力にほとんど、またはまったく影響しないと論じられたのち、ふたたび注目されなくなる。アスリートたちの成績が向上したのは、強力なプラシーボ効果によるものにちがいないと、研究者たちは報告した。

2000年代前半、パリ第13大学のフランス人生理学者、グザヴィエ・ヴォーロン博士がこうした研究の欠点を見つけた。低換気に批判的な科学者たちは測定の仕方を間違えていたのだ。肺を空気で満たして息を止めているアスリートを調べていたが、肺に余分な空気があるせいで選手たちは深い低換気状態にはなりにくかったのである。

ヴォーロンは各実験をやり直したが、今回の被験者には半分満たす方式を実践させた。これこそブティコが患者の訓練に用い、カウンシルマンが水泳選手たちの訓練に使った方法と思われる。呼吸を減らすことには大きな利点があった。アスリートがそれを数週間つづけた場合、筋肉が乳酸蓄積への耐性を増し、体は重度の嫌気ストレス下でより多くのエネルギーを引き出せるようになり、結果として、さらに激しく、さらに長くトレーニングできる。ほかの研究報告から、低換気トレーニングは赤血球を増加させるため、アスリートは呼吸ごとに運ぶ酸素が増えて、生み出すエネルギーも増大することが示された。[21] 呼吸をぐっと減らすと標高6500フィート（1981メートル）での高地トレーニングの効果が得られたが、こちらは海抜ゼロでもどこでも活用できる。[22]

長年のあいだに、この方式の呼吸制限はさまざまな名前を与えられてきた。低換気、低《ハイ》酸素《ポキシック》トレーニング、ブティコ式、むやみに専門的な「常圧低酸素《ハイポキシア》トレーニング」。それでも成果は変わらない。運動パフォーマンスの大幅な向上だ。* それもエリートアスリートだけではなく、万人の。

ほんの数週間トレーニングしただけで、通常の呼吸法に比べて持久力が増し、「体脂肪」はさらに減少して、心臓血管機能が改善され、筋肉量が増加した。[23] このリストはまだまだつづく。[24]

ここでおぼえておきたいのは、低換気は効くということだ。少ない資源で多くの成果を挙げるように体を鍛えるのに役立つ。ただ、だからといって快適とはかぎらない。

・・・

オルソンと私は日陰の静けさをたたえるゴールデンゲート・パークから出ると、足を止めて風に荒れる太平洋に向き合う。ここまで数マイルをジョグし、息を速く吸って長々と吐きながら7かそれ以上までカウントし、肺はざっと半分満たしてきた。[25] ザトペックやカウンシルマンの指導した水泳選手、ヴォーロンの被験者となったランナーらに劣らず私に

＊　さらに近年では、ジャマイカ系アメリカ人スプリンターのサーニャ・リチャーズ＝ロスがブテイコ式呼吸法を使い、４×４００メートルリレーでオリンピック金メダルを3個（２００４年、２００８年、２０１２年）、２０１２年の４００メートルでも金メダルを獲得している。彼女は10年にわたる世界ランキング1位の４００メートル走者だった。口を閉じて穏やかな表情を浮かべ、顎の下がった苦しそうなライバルたちを打ち破るリチャーズ＝ロスの写真は語り草となっている。

もこのトレーニングが役立つと信じたい。だがここ数分間は大変だった。きょうは開始30分ほどでおのれの人生の選択を呪いはじめている。運が悪いからなのか近視眼的なせいなのかわからないが、私はフリーダイビング、深呼吸の自発的排除、低換気療法といった研究トピックを繰り返し追いかけるにいたり、おかげで日に何時間も息を止めて肺を拷問にかけなくてはならない。

「カギとなるのは自分に合ったリズムを見つけることだ」と、オルソンが言いつのる。いまのリズムはまったくもって合っていない。私はやりやすい練習法に戻り、2歩で吸って5歩で吐くようにする。自転車競技の選手が使うパターンだ。これも心地好いわけではないが、がまんはできる。

海辺の駐車場のひび割れたアスファルトを走り、錆びたウィネベーゴ製モーターホーム数台の横を通ってコンドームの包みや麦芽酒のつぶれた缶を跳び越えてから、引き返してハイウェイを渡る。数分後には公園の静寂のなかに戻り、低木層の下の未舗装路を、騒がしいアヒルでいっぱいの黒い池に沿って進んでいる。

反応が起きるのはそのときだ。首筋の強烈な熱とピクセル化した視界。いまも長く息を吐きながらジョギングをしているのに、感覚としては同時に頭から温かい濃厚な液体に飛び込んでいく。走りは少し激しくなり、呼吸は少し減って、熱が、熱いシロップのようにどろっと指先に、つま先に、腕に、脚にしみてくるのを感じる。すばらしい気分だ。温かさは顔をさらに上って頭頂を包み込む。

これこそオルソンの話していた心地いい頭痛にちがいない。二酸化炭素が増えて酸素がヘモグロビンから空腹な細胞に移動し、脳と体の血管が拡張して、新鮮な血液が充満するあまり鈍い痛みの信号が神経系に送られているのだ。

いよいよ存在の絶頂のようなものに達しようかというそのとき、細いフットトレイルが広くなる。見えてくるあの退屈そうなバッファローたちが、金網フェンスの奥でざわめく。12ヤード（約11メートル）先はゴールデンゲート・アングリング・アンド・キャスティング・クラブの敷地だ。私の車がそのわきにあり、そこでわれわれは終了とする。

車で家路をたどるわれわれに、人生を変える大きなひらめきは訪れない。幸福感にあふれているとも言えないが、それでけっこう。私のちょっとしたジョグでこの減らすアプローチから多くを得られることが証明された。一方、ひどく極端なトレーニングが役に立つのは、顔を真っ赤にして汗だくになる苦しい時間に耐える気のある者だけだろう。

健康的な呼吸がそんな大変な作業のはずはない。ブテイコはそれがわかっていて、こうした野蛮な方法を患者に処方することは、あったとしてもめったになかった。そもそも、一流選手を指導して金メダルを獲得させることに興味はなかったのだ。彼は命を救いたかった。健康状態も年齢も体力レベルも問わず、誰でも実践可能な呼吸を減らすテクニックを教えたかった。

そのキャリアを通じて、ブテイコは医事評論家から激しく非難される。物理的に攻撃され、一度など、研究室を破壊された。それでも彼は突き進んだ。1980年代までに50篇以上の科学論文を発表し、ソ連保健省は彼の技法が効果的であると認めていた。[26]ロシアだけでも約20万人がその方法を学んでいる。複数の情報源によれば、ブテイコは英国に招かれ、アレルギー性の呼吸困難に悩まされていたチャールズ皇太子と面会したらしい。ブテイコは皇太子を助け、高血圧や関節炎、その他の病気に苦しむ患者の80パーセントを快方に向かわせた。

〈深呼吸の自発的排除〉は呼吸器疾患の治療でとくに有効だった。喘息に対する効果はまるで奇跡のようだった。

・・・

ブテイコが患者に呼吸を減らす訓練をさせはじめてから数十年、喘息は地球規模の流行病となった。いまや罹患しているアメリカ人は2500万人に近い[27]――人口の約8パーセントで、1980年以降4倍に増えている。[28]喘息は子供の救急受診、入院、学校の欠席の主な原因だ。制御はできるとしても不治の病とみなされている。

喘息は免疫系の過敏症で、気道の収縮と痙攣を引き起こす。汚染物質、ほこり、ウィルス感染、冷気など、いずれも発作につながりやすい。[29]だが喘息は呼吸過多が原因となることもあるため、身体運動中によく起こる。運動誘発性喘息と呼ばれる状態で、人口の15パーセント前後、スポーツ選手の40パーセントまでもがこれに見舞われる。[30,31]安静時であれ運動中であれ、喘息患者は喘息をもっていない者よりも概して呼吸が多い――はるかに多いこともある。いったん発作が始まったら、事態は悪化の一途だ。空気が肺に閉じ込められて気道が収縮し、空気を出し入れしにくくなる。そこでますます息をしても、ますます息切れを感じ、収縮も、パニックも、ストレスも増える。

喘息治療の世界市場は年間200億ドルにのぼり、薬はたいがいよく効くので事実上治癒するように感じられる。[32]だが薬は、なかでも経口ステロイドは、数年後に恐ろしい副作用が出る可能性がある。肺機能の低下、喘息症状の悪化、失明、死亡リスクの増大などだ。[33]無数の喘息患者がこのことをすでに知っていて、こうした問題を実際に経験している。その多くが呼吸を減らす訓練をして、劇的な改善があったとの報告を寄せてきた。

スタンフォード実験に先立つ数カ月のあいだに、私はブテイコ式の実践者たちにインタビューし、証言を集めた。

ひとりはデイヴィッド・ウィーブ、58歳になるニューヨーク州ウッドストックのチェロおよびヴァイオリン製作者で、私は《ニューヨーク・タイムズ》で彼の記事を読んだことがあった。[34] ウィーブは10歳のときから重い喘息に苦しんでいた。気管支拡張剤を1日に最大で20回使い、ステロイドも併用して、症状を抑えようとしてきた。体は薬に対する耐性ができたため、量を増やさざるをえなかった。数十年にわたって常用するうち、ステロイドが原因で視力が低下した。黄斑《おうはん》変性という症状だ。このまま吸入をつづければ、失明する。やめれば、息ができなくなって喘息の発作で死ぬかもしれない。

呼吸の減らし方を習って3カ月としないうちに、ウィーブは1日に1回しか吸入器を使わないようになり、ステロイドはきっぱり断っていた。喘息の症状はほとんど感じないと彼は言い切った。50年ぶりに楽に息ができる。担当の呼吸器科医までもが感銘を受け、ウィーブの喘息と健康全般に著しい改善を認めていた。[35]

ほかにもいる。たとえば、イリノイ大学アーバナ゠シャンペイン校の最高情報責任者は、成人後もずっと衰弱を招く喘息に苦しんでいたが、ウィーブと同様、呼吸を減らす訓練をやり直して数週間としないうちに喘息の症状がほとんど消えたことを報告した。「いまやすっかり生まれ変わった」と彼は書いている。〈ホール・フーズ〉のカフェで1時間をともにすごした70歳の女性は、過去60年間、喘息で体を満足に動かせず、数ブロック歩くとたいてい発作に襲われていた。呼吸を減らすようになって数カ月後、彼女は1日に何時間もハイキングをし、メキシコに旅行するまでになる。「これは奇跡にほかなりません」と彼女は話してくれた。凄まじい呼吸障害に自殺を考えながらも耐えたというケンタッキー州のある母親もいた。オリンピックで活躍したラモン・アンダーソン、マシュー・ダン、サーニャ・リチャーズ＝ロスら、呼吸を減らす方法を用いたアスリートもいた。[36] いずれも肺の空気量を減少させて体内の二酸化炭素を増加させるだけでパフォーマンスが向上し、呼吸障害の症状は和らいだと述べている。

呼吸を減らすことの喘息への効果に関して最も説得力のある科学的検証は、ダラスにあるサザンメソジスト大学の不安・うつ研究センターの所長、アリシア・ミューレ博士によるものだ。２０１４年、ミューレらの研究者チームは無作為に選んだ喘息患者１２０名を集め、肺機能、肺の大きさ、血液ガスを測定し、つづいて被験者にハンドヘルド式のカプノメーターを渡した。これは呼気中の二酸化炭素を追跡する装置である。

４週間にわたり、喘息患者たちはそのデバイスを携帯し、呼吸を減らして二酸化炭素濃度を健康的な5・5パーセントというレベルに保つ。濃度が下がったら、患者は呼吸を減らして二酸化炭素濃度をふたたび上昇させるわけだ。1カ月後、喘息患者の80パーセントは安静時の二酸化炭素濃度が上昇して、喘息の発作は有意に減り、肺機能が向上して、気道が拡張していた。全員、呼吸がうまくなっていた。[37] 喘息の症状は消えるか著しく減少するかのいずれかだった。

「人が過換気状態になると、きわめて奇妙なことが起こる」とミューレは述べている。[38]「根本的には取り込む空気が多すぎるのである。しかし感覚としては息切れ、窒息、空気飢餓が生じて、充分な空気が得られないかのようになる。これはほとんど生体システムの誤りに近い」。体に呼吸する空気を減らすよう命じると、そのシステムエラーは修正されるようだった。

・・・

キャリアを終え、2003年に80歳で生涯を終えるまでに、ブテイコはちょっとした神秘主義者となる。ほとんど眠らず、自分の技術は病を治せるだけでなく、直観をはじめ、さまざまな超感覚的知覚を増進させられるのだと主張した。心疾患、痔核、痛風、がん、その他100以上の病気はすべて呼吸過多による二酸化炭素不足が原因だと確信していた。

喘息発作は問題ではない、「システムの誤作動」でもない、むしろ補償作用なのだとまで考えていた。気道の収縮、喘鳴、息切れは、呼吸を減らし、ゆるやかにしようとする体の自然な反射なのだと。

このような理由から、ブテイコとその方法論は今日の医学界では疑似科学として概ね退けられている。それでも、ここ数十年のあいだに数十人の研究者が呼吸を減らすことによる回復効果について、何かしら正真正銘の科学的確証を得ようと挑戦してきた。オーストラリアのブリズベンにあるメイター病院での研究では、喘息患者の成人がブテイコの方法論に従って吸気を3分の1減らすと、息切れの症状が70パーセント減って発作治療薬の必要性は約90パーセント減少した。[39]ほかの6件の臨床実験でも同様の結果が示されている。一方、1960年代に英国の病院で開発された呼吸量減少法、パプワース・メソッドも喘息の症状を3分の1減らすことが証明された。*

＊　主な難点として、ブテイコ式呼吸の研究は小規模で数が少なく、一部の批判的な人々によれば、厳格な科学的プロトコルの埒外で行なわれていることが挙げられる。ともあれ、2014年、世界保健機関と国立心肺血液研究所、国立衛生研究所の協力によるガイドライン組織〈喘息管理の国際指針〉は、ブテイコに裏づけとなる証拠があるとして「A」の評価を与えた（のちに「B」に改定している）。

それでも、なぜ呼吸を減らすことが喘息をはじめとする呼吸器疾患の治療に大きな効果を示してきたのか、その理由をはっきり理解している者はいないようだ。どんな仕組みになっているのか、誰も正確には知らない。これにはいくつかの説がある。

「体内で不足しているものがあると症状が出るのです」と語るのはアイラ・パックマン博士、内科医にして元ペンシルヴェニア州保険局の医療専門家であり、自身、呼吸を減らすことで重度の喘息を克服した人物だ。「その不足している成分を戻すこと」と彼は話してくれた。「すると患者さんは快方に向かいます」

過呼吸はほかにも、肺機能や気道の収縮にとどまらない深い影響を体におよぼすとパックマンは説明した。呼吸しすぎると、二酸化炭素を吐き出しすぎ、血液pHが上昇してアルカリ性が強くなる。呼吸を遅くして二酸化炭素を多くとどめておくと、pHは下がって血液は酸性が強くなる。体内のほぼすべての細胞機能が働くのは血液pHが7・4のとき、つまりそれがアルカリと酸のあいだのスイートスポットだ。

そのスポットからずれると、体はなんとしてもそこに戻ろうとする。たとえば、腎臓は過呼吸に対して「緩衝作用」で反応する。*これは重炭酸塩（炭酸水素塩）というアルカリ化合物が尿に放出されるプロセスだ。血中の重炭酸塩が減ると、息切れはつづくにしても、pHは下がって正常値に戻る。まるで何事もなかったかのように。

緩衝作用の問題はこれが一時しのぎであって、永続的な解決にはならないという点だ。数週間、数カ月、あるいは数年にわたる呼吸過多、そして恒常化した腎臓の緩衝作用は必須ミネラルをごっそり枯渇させる。[41] これは重炭酸塩が体を離れる際、マグネシウム、リン、カリウムなどを道連れにするためだ。こうしたミネラルの豊富な備えがないと、何もかもまともに作用しなくなる。神経は不調をきたし、平滑筋は痙攣《けいれん》し、細胞はエネルギーを効率よく産生できない。呼吸はさらに困難になる。[42] これも喘息持ちやほかの慢性的な呼吸器障害を抱える人々が、発作の予防用にマグネシウムなどのサプリメントを処方される理由のひとつだ。[43]

恒常的な緩衝作用は骨を弱めもする。骨は貯蔵していたミネラルを溶かして血流に戻し、

＊　細胞も「緩衝」する。血行が悪くなったり酸素が減ったりした場合、細胞はかならずエネルギー（アデノシン3リン酸：ATP）を無酸素で生成する。このプロセスで酸性の強い「微環境」が形成され、酸素はヘモグロビンから分離しやすくなる。このとき、慢性的な過呼吸は組織に「低酸素」状態を生じさせない。これは多くのブテイコ信奉者が一様に誤解している事実だ。過呼吸による本当のダメージは、より多くの細胞を無酸素で動かし、つねに二酸化炭素不足の緩衝とするために、体が消費しなくてはならない一定のエネルギーに由来する。[40]

補おうとするためだ(そう、呼吸をしすぎると骨粗鬆症になったり骨折するリスクが高まったりするかもしれない)。この果てしない不均衡と補償、不足と負担がつづけば、いずれ体を壊すことになる。

呼吸器疾患やほかの病気の患者がすべて二酸化炭素不足という問題を抱えるわけではないと、パックマンはすぐに明言した。たとえば、肺気腫の患者は二酸化炭素濃度が危険な高さになることがある。古い空気がたまりすぎるためだ。検査してみると、血液ガスやpHの値が完全に正常という人もいるだろう。しかしそういう細かいことにこだわっていると、大局を見落とすことになると、彼は言った。

こうした人々はみな呼吸の問題を抱えている。ストレスや炎症、鼻づまりに悩まされ、空気を肺に出し入れするのに苦労している。まさにこうした呼吸の問題を解決するには、ゆっくりと、ペースを守りながら、量を減らす方法が効果的だ。

・・・

スタンフォード実験に先立つ数カ月のあいだに、私はブテイコ式の講師やほかの低部呼吸(横隔膜呼吸)の信奉者たちを訪ねた。彼らは異口同音に語った。慢性的な呼吸器疾患に苦しみ、薬でも手術でも医学療法でも解決できなかったこと。それが呼吸を減らしただけですっかり「治った」こと。用いた方法はさまざまだったが、いずれも中心にあるテーマは同じだった。それは息を吸って吐くまでの時間を延ばすことだ。呼吸を減らすほど、温かな感触とともに呼吸効率が身につく——すると体はさらに先へ進める。

これはたいして驚くようなことでもない。自然界は桁違いの機能を果たすのだ。安静時心拍数が最も低い哺乳類が最も長生きする。それがつねに、最も遅い呼吸をする哺乳類と同じなのは偶然ではない。安静時心拍数を低く保つ唯一の方法はゆっくりと呼吸することだ。これはヒヒやバイソンにも、シロナガスクジラやわれわれと同じく当てはまる。

「ヨガ行者の命の目安は日数ではなく、呼吸の数である」と書いたのはB・K・S・アイアンガー、インドのヨガ指導者だった。彼は何年もベッドで過ごす病弱な子供だったが、ヨガを習い、呼吸の仕方によって健康を取り戻す[44]。２０１４年に死去、享年95歳だった。

このことを私は繰り返し何度もオルソンから当初のスカイプのチャット中に、そしてスタンフォード実験の期間にも聞かされる。スタウの研究記録で読むことにもなった。ブテイコやカトリック教徒、仏教徒、ヒンドゥー教徒、さらに9・11の生存者たちもこれを知っていた。さまざまな手段で、さまざまな方法により、人類の歴史のさまざまな時代に、こうしたパルモノートたちは同じものを発見した。安静時に吸い込む空気の最適な量は5

・5リットルであると発見した。最適な呼吸数は1分につき約5・5回。つまり5・5秒で吸い、5・5秒で吐く。これが完璧な呼吸だ。

喘息持ち、肺気腫患者、オリンピック選手など、ほとんど誰でも、どこでも、このような呼吸を1日に数分でもすると効果が得られる。できればもっと長くやってみるといい。

適切な量の空気を、適切なときに体に与えられる方法で吸って吐くことで、最大限に能力を発揮する。

これからも呼吸を、減らすことだ。

第7章　嚙　む

スタンフォードでの実験の19日目、オルソンと私はまたもや、われらがホームラボの中央にあるダイニングテーブルの前に並んで座っている。ここは公式には豚小屋だ。気にするのはもうやめた。あと数時間ですべて完了する。

私は同じ体温計と一酸化窒素センサーを口にくわえ、同じ血圧計のカフを二頭筋に巻く。オルソンは同じフェイスマスクを頭に、同じ心電計の電極を耳にとめている。履いているスリッパも同じだ。

われわれはこのドリルを過去3週間で60回こなした。湧《わ》き起こるエネルギーや心の明晰さ、全体的な善き生《ウェルビーイング》の感覚、口呼吸をやめた直後に訪れた大幅かつ急激な改善がなかったら、とても耐えられなかっただろう。

昨晩、オルソンは3分間いびきをかき、私は6分と計測された。10日前に比べて4000パーセント減だ。われわれの睡眠時無呼吸は、鼻呼吸の1夜目に消えたきりで、そのまま存在していない。けさの私の血圧は実験開始時の最高点より20ポイントも低かった。平均では10ポイント下がっている。私の二酸化炭素濃度は着実に上昇し、ブティコの最も健康な被験者たちと同じ「超持久性」の水準に近づきつつあった。オルソンもやはり、同じような向上を示していた。われわれはそのすべてを、呼吸は鼻を使って、ゆっくりと、量を減らし、完全に吐き出すことで達成したのだ。

「終わったな」とオルソンが宣言し、あの同じ薄ら笑いを顔に浮かべる。最後にもう一度、廊下を歩いて戻り、通りの向こうへ。そして最後にもう一度、私はひとり雑然とした部屋に残り、10日前と同じディナーを食べる。

最後の晩餐：ボウルに盛ったパスタ、残り物のホウレンソウ、ふやけたクルトン何粒か。キッチンテーブルの積んだまま読んでいない同じ日曜版《ニューヨーク・タイムズ》の前に座り、オリーヴオイルと塩を少々ボウルに振りかけ、ひと口食べる。口内で何度かすりつぶされてパスタは消える。

・・・

でまかせに思われるかもしれないが、この日常の行為――数秒間の軽い咀嚼――こそ本書を執筆するきっかけだった。ここから着想を得て、10年前のあのヴィクトリア調の部屋でわが身に起きたことを調査するという気楽な趣味が、呼吸の失われた技術と科学を発見するためのフルタイムの探求へと転じたのだ。

本書の冒頭で、私はまず人間が呼吸に苦労している理由と、食物をやわらかくすることや調理することが結局、気道の閉塞につながった経緯を書いた。だが、はるか昔に私たちの頭部や気道に生じた変化は、ここに至るいきさつのほんの一部にすぎない。もっと深い歴史が私たちの起源にはあり、それは当初予期していた何よりも風変わりで波瀾に満ちている。

そんなわけで、いま、スタンフォードでの実験の終わりに、あらためて最初からやり直すのが妥当としか思えない。以前中断したところへ、人類の文明のあけぼのへ戻ってみよう。

・
・
・

1万2000年前、南西アジアと地中海東岸の肥沃な三日月地帯に暮らす人間は、数万年にわたってつづけてきた野生の根菜や野菜の採集と狩猟をやめた。[1] かわって食物を育てはじめた。これが最初の農耕文化であり、その原始的な共同体で、人間は最初の広範な事例となる乱杭歯や変形した口に苦しむようになった。[2]

初めのうちは大したものではなかった。ある農耕文化に顔や口の変形が蔓延しても、数百マイル離れた別の文化には一切そういう形跡がなかった。曲がった歯とそれに伴う呼吸の問題はどれもまったくの偶然によるものと思われた。

ところが、いまからおよそ300年前に、こうした病弊が急速に広がる。突然、いっせいに、世界の人口の大半が悩まされるようになった。口は小さくなり、顔はますます平たくなって、副鼻腔がふさがった。

このときまでに人間の頭部に起きた形態的な変化（喉の詰まりにつながった喉頭の下降、顔を伸長させた脳の拡張）はどれも、この急激な転換に比べたら取るに足らない。われわれの祖先はそうしたゆるやかな変化には問題なく順応した。

だが、農作物の急速な工業製品化を引き金とする変化は大きな被害をもたらした。そうした食品を食べはじめてほんの数世代で、現代人はヒトの歴史上最も呼吸がへたなもの、動物界一の呼吸下手となったのだ。

何年かまえに初めてこの事実に行き当たったとき、私は理解に苦しんだ。なぜ学校で習わなかったのだろう？　なぜ私がインタビューした睡眠専門医や歯科医、呼吸器科医の大半がこの話を知らなかったのか？

なぜなら、この研究が行なわれていたのは医学の世界ではなかったからだ、と私は気づいた。それは古代の埋葬地で行なわれていた。そうした遺跡で作業する人類学者たちは私にこう言った。この突然の劇的な変化がわれわれ人間に起きた経緯、そして原因を本当に理解したければ、研究室を離れて現場に行かなくてはならないと。現代の鼻が閉塞した人間のゼロ号患者たちを見てみなくてはならない。飼育されたわれわれの顔が大規模に崩れる転換点をしるした人々。そんな頭蓋骨を手に入れなくてはならない。古いものを、数多くだ。

マリアンナ・エヴァンズにはまだ紹介されていなかったため、モートン・コレクションの存在も知らなかった。そこで私は友人たちに電話した。そのうちのひとりが何世紀もまえの標本を大量に見つけようというのなら、パリに飛んでボナパルト通りのゴミ箱の横で待つのが一番だと教えてくれた。火曜日の夜7時にガイドがそこに来てくれるらしい。

「こっちへ」とリーダーが言った。錆びた鉄製の扉がわれわれの背後でうめくように軋み、差し込む街灯の筋がさらに細くなると、やがて光はなくなり、あとには薄れていく反響音だけが残った。私の前を行くガイドのひとりが強力なヘッドランプをつけ、あとのふたりはバックパックのストラップを締めて、螺旋階段の石段を漆黒の闇へと降りはじめた。

死者は階下にいた。[3] ６００万人の亡骸が大広間、仕切り部屋、大聖堂、納骨堂、黒い川、億万長者の遊戯室からなる迷宮に散らばっていた。「眠れる森の美女」や「シンデレラ」の作者、シャルル・ペローの頭蓋骨があった。その少し奥には、近代化学の父アントワーヌ・ラヴォアジエの大腿骨や、暗殺されたフランス革命の指導者で、ジャック＝ルイ・ダヴィッドの最も陰鬱な絵画の題材となったジャン＝ポール・マラーの肋骨があった。こうした頭蓋骨、こうした遺骸、一部は１０００年前にもさかのぼる数百万の骨がそこにあり、左岸の中心にあるリュクサンブール公園の下で、静かにほこりをかぶっていた。

探検隊を率いていたのは30代前半の女性で、赤紫色の髪が色あせた迷彩柄のジャケットにかかっていた。あとに続くもうひとりの女性は赤いパンツスーツ姿で、3人目は蛍光ブルーのコートに身を包んでいた。膝まで届く長靴を履き、荷物の詰まったダッフルバッグを担いだ3人は、まるで全員女性の『ゴーストバスターズ』リブート版の出演者のようだった。私は彼女たちの本名を知らないし、訊かないように言われていた。このガイドたちは匿名であることを好むのだそうだ。

階段を降りたところには粗い石灰岩の壁でできたトンネルがあった。奥に進むにつれ、壁は少しずつ狭まり、やがて六角形を形成する。足元は狭く、肩の高さは広く、上はまた狭い。トンネルがこのようになったのは効率を考えてのことで、古代の石灰岩採掘者が一列に並んで歩く最小限のスペースを設けるためだった。だがくしくも結果的に廊下は棺桶の形をしている。お誂え向きかもしれない。何しろ、このときわれわれが入ったのは地球上で最大級の墓場なのだから。[4]

1000年にわたり、パリの人々は死者を街の中心部に埋葬し、その主な一画は聖イノサン墓地と呼ばれるようになった。何百年も使われるうち、聖イノサンは満杯になり、死者は倉庫に積み重ねられた。その倉庫も満杯になり、ついに壁が崩れて腐敗した死体が街路に投げ出される。死者の安置場所に困ったパリ市当局は、石灰石の採掘業者に死者を荷車に乗せてパリの採掘場へ運ぶよう指示した。凱旋門やルーヴル美術館などの巨大建築物を建てるために、新たに石灰石が採掘されるにつれ、さらに多くの死体が地下に潜っていった。20世紀を迎えるころには、170マイル（約274キロ）を超える採掘場のトンネルが数百万人の骸骨でいっぱいになっていた。

パリ市には〝カタコンブ・ド・パリ〟と呼ばれるこの採掘場の公認ツアーがあるが、その訪問先は全体のごく一部だ。私がここに来たのは残りの99パーセントの内部を見るためだった。そこには観光客もいなければ、説明板もロープも照明も規則もない。無法地帯だった。

1955年に採石場への立ち入りが法的に禁止されて以来、〝地下愛好者《カタフィール》〟と呼ばれるグループがこの場所の地下を探索してきた。彼らはボナパルト通りの雨水管やマンホール、秘密の戸口を通って降りていく。石灰岩の壁の内側に私的なクラブハウスをつくったカタフィールもいれば、毎週地下のダンスクラブを開くカタフィールもいた。噂によると、あるフランス人億万長者はこの地下に自身の豪華なアパルトマンを彫ってつくり、プライベートなパーティを開いていたらしいが、そこでゲストは何をするのやら。カタフィールはつねに新たな発見をしていた。

私のガイド、赤紫の髪の女性をここでは〈レッド〉と呼ぶことにする。〈レッド〉は15年かけてこの汚れたトンネルの地図を作成した。この場所の物語や歴史に魅了されている。ここから1時間ほど歩いたところにある狭い洞窟で新しい納骨堂を発見したと彼女は言っていた。そこに納められているのは1832年にパリを襲ったコレラの大流行による数千人の犠牲者だった。西洋史上、小さな口やふぞろいな歯、閉塞した気道が工業化の進むヨーロッパの大部分で標準となった時期である。これこそ私の探していた頭蓋骨だった。

われわれはいくつもの通路を突っ切り、よどんだ水たまりを越え、人間ムカデのごとく這いつくばって特大の齧歯類がつくりそうな穴を抜けたすえに、ワインボトルやタバコの包み紙、へこんだビール缶の山にたどり着いた。壁には数十年にわたる落書きが塗り重ねられていた。恋人どうしのイニシャル、漫画風のペニス、お決まりの〝666〟。われわれの正面、数フィート先に焚きつけ用の薪のようなものが積まれていた。

それは薪ではなく、木ですらなかった。山をなしていたのは大腿骨、肩甲骨、胸骨、肋骨、腓骨。骨、すべて人骨だ。ここは秘密の納骨堂に通じる道だった。

・・・

1500年ごろには、1万年前に南西アジアや肥沃な三日月地帯で始まった農耕が世界を席巻するようになっていた。人類の人口は5億人にまで増加した。農業の黎明期の100倍である。生活は、少なくとも都市の居住者にとっては悲惨だった。人間の排泄物が街路を流れていたのだ。空気は石炭の煙で汚れ、付近の川や湖には血や脂肪、毛、酸が製造業者から排出されていた。感染症、疾患、疫病は絶えざる脅威だった。

こうした社会では、歴史上初めて、人間は加工された食品だけを食べて一生を過ごすことができた。新鮮なものも、生のものも、自然のものもない。無数の人々がそんな生涯をおくった。それから数世紀のあいだに、食品はますます精製されていく。精米技術の進歩により、米から胚芽とぬかが取り除かれ、でんぷん質の白い種だけを残すようになった。小麦はローラー製粉機（のちには蒸気製粉機）で胚芽とふすまを取り、やわらかい白小麦粉だけにする。肉、果物、野菜は缶詰や瓶詰にした。こうした方法で食品の保存期間を延ばし、一般の人々の手に届きやすくしたのである。だが、その一方で食品はどろどろしたやわらかいものとなった。富裕層の嗜好品だった砂糖はしだいに普及して安価になっていった。

この高度に加工された新しい食品は、食物繊維やあらゆるミネラル、ビタミン、アミノ酸などの栄養素が不足していた。その結果、都市部の住民は病気がちで小柄になっていく。工業化が始まるまえの１７３０年代、英国人の平均身長は約５フィート７インチ（約１７０センチ）だった。[5] １世紀とたたないうちに２インチ縮み、５フィート５インチ（約１６５センチ）を下まわる。

人間の顔の状態も急激に悪化しはじめた。口は小さくなり、顔の骨は成長が止まる。歯周病が蔓延し、歯や顎の曲がった者が工業化時代には10倍に増えた。口内の環境があまりに悪くなり、窮屈さから歯をすべて抜くことが一般化した。[6]

ディケンズの作品に登場する浮浪児のような口のゆがんだ笑いは、一部の悲しげな貧しい孤児だけでなく、上流階級にとっても悩みの種だった。「よい学校ほど、歯が悪い」とヴィクトリア朝の歯科医が述べている。[7] 呼吸器系の問題も急激に増加した。

・・・

採掘場に話を戻すと、〈レッド〉は私を連れて納骨堂の狭い入り口を抜け、岩や骨や割れた瓶を越えていった。彼女が話してくれたところでは、１８００年代前半のコレラの流行で2万人近い人が命を落としたという。死者を安置する場所がなかったため、当局はモンパルナス墓地に大きな穴を掘り、生石灰とともに埋葬して肉を分解させたそうだ。この納骨堂はその穴の底に位置していた。

さらに10分ほど這っていってたどり着いたのは、体の骨や頭蓋骨の山に囲まれた部屋だった。身の毛がよだつような不気味な場所を予期していたが、そうはならなかった。むしろ、そこに入り、古代の生命の遺物に囲まれてみると、長く重い静けさがあるばかりで、井戸に落ちた石の反響が消えたあとのようだった。

〈レッド〉とカタフィールたちが頭蓋骨の上に蠟燭を立て、バックパックからビールや食料品の缶を取り出した。私は向きを変え、この深い裂け目の奥へと這い進んだが、体を床に沿って引き寄せるうちに、胸がふたつの巨石のあいだにはまってしまいそうな気がした。一時はこうも思った。もしわれわれの誰かが突然ここに閉じ込められたら、脚を折ったり、パニックになったり、道に迷ったりしたら、二度と外に戻れない可能性が高い。われわれの頭蓋骨はこの壁に並ぶ数百万の頭蓋骨ともども、未来の世界でカタフィールたちのための燭台になるだろう。

　前方へ内側へと、もう一度身をくねらせ、もう一度引っぱると、私はそのただなかにいた。何百もの頭蓋骨が四方八方に広がっている。この人々は都市に住み、おそらく同じ高度に加工された工業的な食品に頼っていたのだろう。私の目には、彼らの頭蓋骨はどれもいびつで短すぎ、歯列のアーチはV字型で、どこか発育不良に映った。私はそのまましばらく彼らに浸り、彼らを調べ、彼らを感じ、彼らを比較した。

　たしかに、骸骨の調査にかけて私はまるっきり初心者だし、顎などの部位の一部は不ぞろいだったかもしれない。それでも、ここに来るまえに本やウェブサイトで見た数十人の狩猟採集民や古代の先住民と比べると、こうした標本の形や対称性には明白な違いがあった。この骸骨たちは、現代の工業化によるヒトの口のゼロ号患者たちだった。

「何か食べるかい？」《ヴレ・ヴ・マンジエ・ケルク・ショーズ》と〈レッド〉が言い、言葉がむき出しの壁にこだました。私は這いつくばるようにして狭い空間の下に戻り、グループに加わった。3人はタバコを吸い、アラックをフラスクで回し飲みし、蠟燭のちらつく光のなかで軽食を勧めあっていた。〈レッド〉がやわらかいホワイトブレッドの塊とプラスチックに包まれたチーズを1枚取り出し、私によこした。周囲の時を経た眼窩に見つめられながら、私はひと口かじり、曲がった口のなかで2、3回押しつぶした。

・・・

このような食べ方をするようになってからずっと、工業化された食品が人間の口を小さくし、呼吸を妨げているのではないかと研究者たちは考えてきた。1800年代、数名の科学者がこれらの問題はビタミンDの欠乏に関連しているとの仮説を立てた。[8] ビタミンDがなければ、顔や気道、体の骨が発達しないからである。かと思えば、ビタミンCの不足が原因だと考える科学者もいた。1930年代、全米歯科医師会の研究所を設立したウェストン・プライスは、必要なのは特定のビタミン一種類ではなく、すべてのビタミンであると判断した。プライスは自説の証明に取りかかる。だが、先人たちとは違って、口の縮小や顔の変形の原因には興味がなかった。興味があったのは治療法の発見である。

「先住民がすばらしい歯をしているのに、文明人がひどい歯をしていることを、我々が知るようになってからすでに久しい。それなのに、文明社会に住む我々の歯が悪くなった原因を究明することばかりに気を取られて、なぜ先住民の人々の歯がすばらしいのか考えもしなかったことは、私にはきわめて愚かなことのように思われる」（片山恒夫・恒志会訳）と、プライス博士の研究を支持していたハーヴァード大学の人類学者、アーネスト・フートンは書いている。[9]

プライスは１９３０年代から10年間にわたり、世界じゅうの人々の歯、気道、全般的な健康状態を比較した。伝統的な食事をつづける者がいる先住民のコミュニティを調査し、同じコミュニティ内、ときには同じ家族内で近代的な工業化された食生活をするようになった人々と彼らを比べてみた。しばしば《ナショナル・ジオグラフィック》の研究者で探検家の甥を旅仲間に十数カ国を訪れ、１万５０００枚以上のプリントした写真、４０００枚のスライド、何千もの歯科記録、唾液や食品のサンプル、フィルム、そして大量の詳細なメモを収集、整理している。

どこに行っても同じことが起こっていた。伝統的な食生活から現代の加工食品に切り換えた社会では、虫歯の数が10倍に増え、歯並びがひどくなり、気道が閉塞し、全体的に健康状態が悪化していたのだ。現代の食事はどれも同じだった。白い小麦粉、白米、ジャム、甘味料入りのジュース、缶詰野菜、そして加工肉。伝統的な食事はすべてが異なっていた。

アラスカ州で、プライスはもっぱらアザラシの肉や魚、地衣類を食べるコミュニティを見つけた。[10] メラネシアの島々の奥深くでは、カボチャやパパイヤ、ヤシガニ、ときに〝長い豚〟（人肉）を食べる部族を発見した。アフリカに飛んでマサイ族の遊牧民を調査すると、彼らは主に牛の血、ミルク、わずかな植物、そして一口の厚切り肉を常食としていた。その後、カナダの中央部に行って調査した先住民族は、プライス本人のノートによると、気温が摂氏マイナス56度にもなる冬を過ごし、野生動物だけを食べていたという。[11]

肉しか食べない文化もあれば、ほとんどがベジタリアンという文化もあった。自家製のチーズを主食とする文化もあり、乳製品をまったく摂らない文化もあった。彼らの歯はほとんどつねに完璧で、口は非常に広く、後鼻孔が開いていた。虫歯はあったとしてもまれで、歯科疾患はなかったに等しい。プライスの報告によると、呼吸器疾患も、喘息はもちろん結核でさえ実質的に存在しなかったという。

こうした食事に使われる食品はさまざまだが、どれも同じようにビタミンやミネラルを豊富に含んでいた。現代的な食生活の1・5倍から50倍の量である。どの食事もだ。プライスは口が小さくなったり気道が狭くなったりする原因は、ビタミンDやCだけでなく、すべての必須ビタミンが不足しているからだと確信した。ビタミンとミネラルは共生関係にある。一方が効果を発揮するためには他方が欠かせない。サプリメントがほかのサプリメントと一緒でなければ無効になる理由はここから説明がついた。全身の骨、とくに口や顔の骨を強くするには、これらすべての栄養素がなくてはならない。

1939年、プライスは『食生活と身体の退化』を出版した。旅のあいだに集めたデータからなる500ページのドアストップ然とした本だ。《カナディアン・メディカル・アソシエーション・ジャーナル》によると、「傑出した研究書」である。アーネスト・フートンは「画期的な研究書」の一冊と呼んだ。だが、この本を嫌い、プライスの結論に激しく異を唱える者もいた。

なにもプライスが提示した事実や数値、あるいは食生活のアドバイスに目くじらを立てたわけではない。プライスが見つけた現代の食生活に関する情報の大半は、すでに何年もまえに栄養学者たちによって検証されていた。ただし、なかには、プライスは度を越している、彼の報告はあまりに逸話的で、サンプルの個体数が少なすぎると不満を漏らす者もいた。[12]

どのみち問題にはならなかった。1940年代には、1日に何時間もかけて魚の眼やヘラジカの腺、生の根菜や牛の血、ヤシガニや豚の腎臓といった食事を用意するという考えは、時代遅れで古めかしいと思われるようになった。おまけにあまりにも手がかかる。こうした食べ物やそれについてまわる不潔な生活から逃れようと都市に移住した者も多い。

結局のところ、プライスは半分だけ正しかったのだ。なるほど、ビタミン欠乏症は工業化された食品を食べる多くの人が病気になる理由を説明できるかもしれない。なぜ多くの人が虫歯になるのか、なぜ骨が細く弱くなるのかを説明できるかもしれない。だが、現代社会を席巻した突然の極端な口の収縮と気道の遮断を完全には説き明かせない。私たちの祖先が毎日ビタミンやミネラルをまんべんなく摂取したとしても、口は小さくなり、歯は曲がり、気道はふさがれる。祖先に当てはまったことはわれわれにも当てはまった。この問題は何を食べるかよりも、どう食べるかに関係している。

咀嚼することに。

われわれの食生活に欠けていたのは、咀嚼による一定のストレスだった。ビタミンAでも、Bでも、Cでも、Dでもない。現代の加工食品の95パーセントはやわらかかった。現在健康的な食べ物とされているスムージー、ナッツバター、オートミール、アボカド、全粒粉パン、野菜スープでさえ。どれもやわらかい。

古代の祖先は毎日何時間も嚙んでいた。そこまで嚙んでいたからこそ、口や歯、喉、顔は広く、強く、はっきりとした形になった。工業化社会における食べ物は相当加工されているため、嚙む必要はほとんどない。

だからこそ、私がパリの納骨堂で調べた頭蓋骨の多くは顔が狭く、歯が曲がっていた。

これが今日、われわれの多くがいびきをかく原因のひとつで、だから鼻が詰まり、気道がふさがる。新鮮な空気を吸うだけのために、スプレーや錠剤、骨穿孔術が必要となるわけだ。

・・・

カタフィールたちは納骨堂から荷物や瓶、吸い殻を集め、私は彼らのあとについて狭い空間を抜け、悪臭のする小川を渡り、石の階段を上って、秘密の扉からボナパルト通りに出た。彼女たちに急き立てられるまま交番を通過してメトロに乗ると、人骨の粉の跡をパンくずのように残しながら、ヴィクトル・ユーゴー駅から友人のアパルトマンに戻った。

パリをあとにした私は漠然とさいなまれていた。地下迷宮の骨の山によってではなく、圧倒的なわれわれの愚かさによってだ。人類の進歩のように見えるもの、つまり製粉や、食品の大量流通と保存はすべて恐ろしい結果をもたらしたのだ。

ゆっくりと呼吸し、量を減らし、深く息を吐いたところで、気づいてみれば、鼻から喉を通して肺に入れることができなければ何の意味もない。だが、われわれのくぼんだ顔と小さすぎる口はその開けた道筋の障害となっていた。

私は数日間、人類を不憫に思いながら過ごしたが、すぐに解決策を探しはじめた。過去数世紀にわたって蓄積された、やわらかくてどろどろした工業化食品によるダメージを覆せる手順や操作、エクササイズがあるはずだ。私自身の閉塞した気道や、たびたび経験する喘鳴、呼吸器系の問題、鼻づまりの解消に役立つものがなければならない。

私はまず現代的な医療機関を訪れ、鼻を上から下にかけて調べる専門家たちと会うことから始めた。

スタンフォード大学の鼻腔外科医、ドクター・ナヤックは最初の顔合わせの際、鼻の詰まりを取る作業のほとんどは「1車線の高速道路を2車線にする」ことだと言っていた。洗面台が詰まっていたら、安全かつ迅速にそれを解消する方法を考える。軽い詰まりならパイプ洗浄剤の〈ドレイノ〉を使うこともあるが、それでもだめなら配管工を呼ぶだろう。鼻も同じようなものだ。スプレーや洗浄液、アレルギー治療薬は、軽い鼻づまりを素早く解消するのに役立つが、より深刻な慢性的な鼻づまりには、外科医に配管を修理してもらう必要がある。このたとえはよく耳にした。

私であれ、ほかの誰かであれ、今後慢性的な軽度の鼻閉塞を発症した場合、ナヤックがまず推奨するのは〈ドレイノ〉方式だった。生理食塩水で鼻を洗浄するというもので、ときには低用量のステロイドをスプレーしてもいい。この処置なら費用がほとんどかからないし、自分でできる。またナヤックによると、鼻の再建手術を受けようとしている患者に高用量のステロイドを添加した外用薬を処方したところ、5～10パーセントの患者がそれ以上の治療の必要性を感じなくなったそうだ。

鼻づまりが頑固な副鼻腔炎になった場合、ナヤックは患者にバルーンを提供することがある。これは小さな風船を副鼻腔に挿入して、慎重にふくらませるという方法だ。バルーン副鼻腔形成術と一般的に呼ばれるこの処置では、粘液や汚染物質が排出され、空気や粘液が入ってくるスペースが広げられる。[13] ある未発表の症例対照研究で、ナヤックはこの処置を受けた副鼻腔炎患者28人のうち、23人はほかの治療が不要となったことを確認した。

ときには副鼻腔ではなく、鼻孔が問題になることもある。鼻孔が小さすぎたり、吸気の際につぶれやすかったりすると、空気の自由な流れが阻害され、呼吸障害を引き起こしかねない。この状態はごく一般的なもので、研究者のあいだには「鼻弁狭窄」という正式な名称と、カトルテスト[14]と呼ばれる正式な測定方法がある。これは、人差し指を片方または両方の小鼻のわきに当て、それぞれの頬を外側に軽く引っぱり、鼻孔を少し広げるというものだ。これで鼻吸入が楽になるとしたら、鼻孔が小さすぎるか狭すぎる可能性がある。この症状がある人は、低侵襲手術を受けたり、〈ブリーズライト〉という粘着テープやコーン型の鼻孔拡張器を使用したりすることが多い。

このようなシンプルな方法がうまくいかない場合は、ドリルの出番だ。現代人の約4分の3は、肉眼でもはっきりわかる鼻中隔湾曲症で、鼻の左右の気道を隔てる骨と軟骨が中心からずれている。[15] しかも、50パーセントの人は鼻甲介が慢性的な炎症を起こしている。[16] 副鼻腔を覆う勃起性組織がふくらみすぎて、鼻で楽に呼吸できない。

どちらの問題も慢性的な呼吸困難や感染症のリスクを高める原因となる。手術はこうした構造をまっすぐにしたり小さくしたりするのにきわめて効果的だが、ナヤックは慎重かつ保存的に行なう必要があると忠告した。結局のところ、鼻は驚くべき装飾的な器官であり、その構造は緻密に制御されたシステムとして機能するのだ。

鼻の手術の大多数は成功する、とナヤックは教えてくれた。患者は目を覚まし、副木《スプリント》と包帯を外す。もう鼻づまりはない。副鼻腔炎の頭痛もない。もう口呼吸はしない。患者は新しい人生を歩みはじめ、以前よりもうまく呼吸できるようになる。

ただし、全員ではない。とくに鼻甲介などの組織を削りすぎると、鼻は吸った空気の濾過や加湿、掃除はおろか、感知することも事実上できなくなる。こうした少数の不幸な患者グループは、息がどんどん入ってきてしまう。エンプティノーズ症候群（萎縮性鼻炎）と呼ばれる恐ろしい状態だ。

私はエンプティノーズの患者数名にインタビューし、その症状の理解に努めた。シアトルの航空業界で働くレーザー技術者のピーターとは何カ月も話をした。彼は軽い鼻づまりを解消したくて手術を受けることにしたのだが、本人の許可もないまま、2回の処置で鼻甲介の75パーセントが除去された。[17] 1回目の手術から数日後、窒息しそうな感覚に襲われた。眠れない。外科医たちは切除が不充分だったとピーターを納得させ、再度手術を行なった。2回目の手術でさらに事態は悪化した。数年後、ピーターは呼吸をするたびに、まるで空気ポンプから送られてきたような激痛が脳に走った。医師たちからは何の問題もないと言われ、抗鬱剤を処方されて、定期的な運動を勧められた。一時は自殺も考えた。[18]

私はラトビアに飛び、2日にわたってエンプティノーズ症候群協会の当時の会長と会った。彼女の名前はアラ、年齢は30代前半だった。8年前、ふたつの修士号を取得したあと、企業でキャリアを築いていた彼女は、オフの時間には歌やダンスを楽しんでいた。体が丈夫で、大きな病気をしたことはなかった。ある日の検査で、副鼻腔に小さな嚢胞が見つかり、医師から通常の処置で除去することを提案された。その外科医は彼女の鼻を掘り、副鼻腔と鼻甲介の大部分を切除したが、嚢胞を除去することは忘れていた。効果はてきめんだった。「いつも空気で溺れているように感じます」とアラは私に言った。彼女は仕事を辞め、体を動かすこともほとんどあきらめざるをえなかった。「毎日が苦闘です、毎回の呼吸が」と彼女は言った。[19]

エンプティノーズ症候群を抱える数百人から、私は同じような話を耳にした。彼らが訴えるのは、眠れない夜、パニック発作、不安、食欲不振、慢性的なうつだ。息をすればするほど、息切れを感じる。医師も家族も友人もわかってくれない。もっとたくさんの空気を、もっと速く吸うことができたら、いいことばかりなのに、と彼らは言った。だが、われわれはもう知っているように、その逆が真実であるほうが多い。

ナヤックの過去6年間の患者のうち5パーセント、25州と7カ国の約200人は、エンプティノーズ症候群の影響があるとしたら、それはどんなものか、また、どんな処置をすれば正常な呼吸ができるようになるかを知ろうとして、スタンフォード大学を訪れた。厳格なスクリーニングテストに合格すると、ナヤックは彼らの鼻のなかに進入し、取り除かれた軟部組織と軟骨を再建する。

ある試算によると、下鼻甲介を切除した患者の最大20パーセントが、いずれある程度のエンプティノーズ症候群になる危険性があるという。ナヤックはこの数字はひどく誇張されたものだと考えている。[20]たしかに、簡単な処置であれば、術後に呼吸困難を訴える患者の数は大幅に減るが、たとえそれが1パーセントのそのまた1パーセントであったとしても、私はエンプティノーズの話を聞いて恐れをなし、この息苦しさを手術で治してもらうまえにほかの選択肢を探りたくなった。

そこで、もう少し深く、もう少し低く、口を掘り下げた。

・・・

睡眠時無呼吸もいびきも、喘息もADHDも、すべて口内の閉塞と関連があるとされている。[21] そして歯科医ほど口のなかを見る時間が長い職業はない。私は障害物を取り除く処置の専門家6人と話をした。以下に彼らから聞いた探るべき事柄を挙げる。

鏡に向かって、口をあけ、喉の奥をのぞくと、軟部組織からコウモリのようにぶら下がった肉質の房が見える。それが口蓋垂だ。きわめて気道閉塞を起こしにくい口の場合、口蓋垂は高い位置に現れ、上から下まではっきり見える。口蓋垂の見える位置が喉の奥であればあるほど、気道閉塞のリスクが高い。[22] きわめて閉塞しやすい口の場合、口蓋垂がまったく見えないこともある。この測定システムはフリードマン式舌位置スケールと呼ばれ、呼吸能力を迅速に推定するために使用される。[23]

次は舌だ。舌が臼歯と重なったり、舌の側面に「帆立貝状」の歯の痕がある場合は、舌が大きすぎて、横になって眠るときに喉が詰まりやすい。[24]

さらにその下には首がある。首が太いと気道が狭まる。首回りが17インチ（約43・2センチ）を超える男性や、16インチ（約40・6センチ）を上回る女性は、気道閉塞[25]のリスクが著しく増大する。体重が増えれば増えるほど、いびきや睡眠時無呼吸のリスクは高くなるが、ボディマス指数は数ある要因のひとつにすぎない。ウェイトリフティングの選手は睡眠時無呼吸や慢性的な呼吸困難に悩まされることが多いものの、これは脂肪の層というより、筋肉が気道をふさいでいるからだ。がりがりに痩せた長距離ランナーや乳幼児でも、苦しんでいる者はたくさんいる。

というのも閉塞が始まるのは、首や口蓋垂、舌ではないからだ。それは口から始まり、しかも口の大きさは問わない。気道の閉塞の90パーセントは、舌、軟口蓋、口のまわりの組織で起こる。[26]口が小さければ小さいほど、舌や口蓋などの組織が空気の流れを妨げやすい。

気道閉塞の原因を改善するにはさまざまな方法がある。マイケル・ゲルブ博士は、いびき、睡眠時無呼吸、不安など、呼吸関連の問題の治療を専門とする有名なニューヨークの歯科医だ。「私は彼女を、この同じ患者を毎日診ています」と彼が言ったのは、私がニューヨークのマディソン・アヴェニューにあるクリニックを訪れたときのことだった。ゲルブが言うには、患者の多くは従来の型にはまらない。30代半ばで、体調がよく、成功している。大人になるまで健康に問題はなかったが、ここ2、3年は疲労、腸の不調、頭痛を経験した。強く嚙むと耳が痛くなる。プライマリ・ケアの医師に誤診され、抗鬱剤を処方されるが、薬は効かない。そこで試すのが持続的陽圧呼吸療法マスク、つまりCPAPで、これは圧力をかけた空気を閉塞した気道経由で肺に送り込む。

CPAPは、中等度から重度の睡眠時無呼吸に悩む人々の救世主で、何百万人もの人々がようやくぐっすり眠れるようになった。だがゲルブによると、彼の患者はCPAPを装着するのに苦労しているそうだ。さらに、多くは睡眠時無呼吸症候群であると医学的に診断されたわけではなく、睡眠研究のデータから睡眠中の呼吸は快調であることがわかっている。ところが、この人たちは疲れやすく、忘れっぽくて、病気になりやすい。ゲルブが言うには、睡眠時無呼吸とは認められないかもしれないが、全員が深刻な呼吸問題を抱えているとのことだった。「結局のところ、私は歩く屍《ウォーキング・デッド》を相手にしている」とゲルブは言った。

ゲルブらの歯科医師は扁桃や咽頭扁桃《アデノイド》を取り除くこともある。これはとくに子供の場合は効果的だ。[27] ADHDの子供の50パーセントがアデノイドや扁桃の除去後に症状がなくなったことが示されている。[28]だが、こうした効果は一時的なものになるかもしれない。扁桃を切除して何年もたってから、子供たちは気道に閉塞が生じ、それに伴うあらゆる問題が派生することがある。[29]これはアデノイドあるいは扁桃の除去やＣＰＡＰといった処置は長期的に満足のいく解決策とはならないためだ。顔に対して口が小さすぎる、という根本的な問題に対処するものではないためだ。

ゲルブは頭と首の姿勢を矯正する治療も行なっていて、さまざまな装置を使って顎を気道から遠ざける。これがたいてい効く。ゲルブは治療後にまるで別人になった患者たちの写真を見せてくれた。ただ、私は歩く屍《しかばね》ではなかった――少なくともそのときはまだ。私の気道の閉塞はもっと軽度だった。

私や大多数の人にとって、最良の薬は予防医学だと、ゲルブは言った。気道のエントロピーを逆転させて、睡眠時無呼吸、不安、そして加齢に伴う慢性的な呼吸器系の問題を回避できるようにすることだ。それには小さすぎる口を大きくすることが欠かせない。

・　・　・

最初期の歯列矯正器具は歯をまっすぐにするのではなく、口を広げて気道を開くためのものだった。1800年代なかばには、多くの子供が口蓋裂や狭いV字型の歯列弓をもって生まれてきた。口が小さすぎて、食べることも話すことも、息をすることも困難なほどだった。歯科医で彫刻家でもあったノーマン・キングズリーは彼らを助けたいと考え、1859年、顎を前に出して口の奥に空間をつくり、喉を開く装置を組み立てた[30]。これは充分に効果を発揮した。1900年代には、ピエール・ロバンというフランスの外科医が独自の装置を設計していた[31]。

ロバンはそれを「モノブロック」と名づけた。プラスチック製の保定装置《リテーナー》にダボネジをつけて、上の口蓋を外側に成長させるというものだった。わずか数週間で患者の口は大きくなり、呼吸も際立って改善された。

このモノブロックを皮切りに、口を拡張する器具がつぎつぎに登場し、やがてそれは別の目的で使われるようになる。曲がった歯の並びをまっすぐにすることだ。歯は充分なスペースがあれば、自然にまっすぐ生えてくる。拡張器は口を本来の幅に戻し、歯の「活動の場」を広げるものだった。この拡張方式は次の20年間の標準的な処置となり、その後も数十年にわたってヨーロッパ一帯で使用されつづける。

だが、口を拡張するプロセスには専門知識とメンテナンスが必要で、歯科医の技量によって結果にばらつきが生じた。おまけに、こうした器具は装着感が悪く、使いづらかった。

最も一般的な口内の問題である過蓋咬合《オーバーバイト》の患者の場合、ほとんどの歯科医はどうやって下顎を前に出したらいいかわからず、代わりに口の上部を引っ込める方法に取り組むようになる。

1940年代には、歯を抜き、残った上の歯をヘッドギアや歯列矯正器などで後ろに引っぱるのが歯科医の標準的な方法になった。歯の数が少ないほうが扱いやすく、結果も安定する。1950年代には、一度に2本、4本、あるいは6本の抜歯と、上顎を引っ込める矯正が米国では日常的に行なわれるようになった。[32]

この方式には見逃せない問題があった。抜歯をし、残っている歯を後ろに押し戻しても、小さすぎる口がさらに小さくなるだけだ。小さな口のほうが歯科医にとっては管理しやすいかもしれないが、息をするスペースが狭くなる。

歯列矯正器やヘッドギアで口が圧迫されてから数カ月、あるいは数年後に、いびきや睡眠時無呼吸、花粉症、喘息などによる、経験したことのない息苦しさを訴える患者もいた。彼らは強く噛んだときに、顎の奥の顎関節に沿って音がすることに気がつく。なかには外見が変わり、顔がより長く、より平らになり、輪郭がぼやける者もいた。

こうした患者はごく一部だったかもしれない。だが、同じ呼吸の問題、咀嚼の問題、下方への顔の成長を示す者は相当数におよび、1950年代後半、元複葉機のパイロットでセミプロのF1ドライバーであり、英国の顔面外科医にして歯科医であるジョン・ミュー博士がそこに着目した。[33]
ミューは抜歯をした若い患者の顔や口を測定しはじめ、拡張処置を受けた患者と比較した。[34] 兄弟や姉妹の測定値を、一卵性双生児も含めて相互に比べた。[35] 抜歯後に後方への歯列矯正をした子供はことごとく、口や顔の成長を同じように妨げられていた。成長して体や頭が大きくなっても、口は同じサイズにとどまらざるをえない。この不釣り合いのために顔の中心部に問題が生じた。目が垂れ、頬がふくらみ、顎が後退する。抜歯をすればするほど、歯列矯正具を長くつければつけるほど、気道が狭くなるようだった。ミューはこの傾向を「固定式矯正治療の悲しくもありふれた後遺症」と呼んでいる。
思わぬ展開で、小さすぎる口による乱杭歯を治すために考案された装置が口を小さくし、呼吸しにくくすることを彼は発見したのだ。
ミューだけではない。ほかにも数名の歯科医が同じ結論に達し、これをテーマとした科学論文を発表していた。[36] ミューも独自の研究を行ない、数百回の測定を実施し、患者の治療前後の写真を撮った。唇の細胞構造を生化学的に分析したことまである。それによって、本人の主張では、抜歯と後方への矯正の組み合わせがいかに前方への顔の成長と呼吸を妨げているかを明確に証明した。ミューは英国歯科医師会の南部カウンティ支部長を務め、その影響力を利用して行政機関に徹底調査を要請する。

誰も手を打たなかったし、誰も本気で取り合わなかった。それどころか、ミューは英国歯科界で相当なあつれきを生む人物となり、「やぶ医者」「詐欺師」「ヘビの油売り」と揶揄されるようになる。[37] 何度も訴訟を起こされて拡大処置を停止され、結局、歯科医師免許を失う。ミューは90歳に近づきつつあり、スタウやプライスなど多くのパルモノートと同じ軌跡をたどるものと思われた。研究成果とともに埋《うず》もれて死んでいくのではないかと。

ところがここ数年、不思議なことが起きている。何百人もの一流の歯列矯正医や歯科医がミューの立場を支持しはじめたのだ。いかにも、従来の歯列矯正は患者の半数の呼吸を悪化させていると。最も強く賛同を得られたのは、2018年4月、スタンフォード大学出版局が名高い進化生物学者ポール・R・エーリックと歯列矯正医のサンドラ・カーン博士による216ページの研究書を出版したときのことで、そこではふたりがミューの研究を裏づける数百の科学的文献を詳しく紹介している。[38] まもなく、傍系だったミューの理論が主流になりはじめた。

「10年後には、誰も従来の歯列矯正を使わなくなる」とゲルブは私に言った。「私たちは過去の行ないを振り返って、ぞっとするでしょうね」。これはミューが半世紀前から言っていたことだ。矯正歯科界の反乱はやがて、口腔顔面筋機能療法学会と称される専門組織の設立へとつながった。

私の知るかぎり、この団体が大きな関心を寄せるのは、口が小さいという問題を解決することであって、その一因となった人々を非難することではない。それについては要因が多すぎるし、罪を犯した者が多すぎると、彼らは述べている。私が出合った解決策のご多分にもれず、ミューをはじめとする人々も気づいたのだった。気道の詰まりを取り除き、小さすぎる口の内部の機能を回復させるために必要な道具は、遠い昔に観察力に優れた科学者たちによってつくられ、その研究は標準になるものとして認められた。そして、ある理由で忘れ去られてしまったのだと。

・・・

私がジョン・ミューを訪ねたのはパリの採掘場を探検した2週間後のことだった。イーストサセックス州の人けのない駅に着き、1時間後にはルノーのミニバンの助手席に座っていた。運転席のミューは制限速度の2倍のスピードを出し、ロンドンから東へ90分ほどの高級住宅地ブロードオークで木々が覆いかぶさった田舎道に車を走らせていた。

「ずっと信じがたい抵抗に遭ってきました」とミューは私に言い、助手席のドアを生い茂ったやぶにこするようにして一方通行の道を飛ばしていく。「しかし、科学は明らかであり、事実は明らかであり、証拠はいたるところにある。それを止めつづけることなど、とうてい無理に決まっています」

日曜日の午後のことで、ミューは私と会って子供たちを午後のお茶に呼ぶくらいしか予定がなかったが、千鳥格子の三つ揃いスーツに白のシャツ、そして75年前に通っていた寄宿学校の畝《うね》織りのタイという装いだった。われわれは砂利敷の私道に入って小さな橋を渡り、石造りの小塔の陰に車を駐めた。ミューは「城」に住んでいると聞いていたため、ペンキを塗ったコンクリートや樹脂の外壁材でできたお城風のものを予想していた。ところが、苔むした屋根から黒い水をたたえた堀にいたるまで、あらゆる細部がきわめてリアルに映った。ミューはエンジンを切り、杖を手に先に立って暗い廊下を進むと、黒の木製キャビネットと銅の鍋が並ぶキッチンにたどり着いた。

燃えさかる暖炉のそばに座って数時間、私はミューがこの城を建てるにあたり、70代後半からの10年間にほとんどの作業をみずから手がけたことを聞いた。[39] 口を拡張するためのさまざまな装置についても聞かせてもらった。

ミューの最も有名な発明品は、ピエール・ロバンのモノブロックを改良した〈バイオブロック〉だった。ミューはこのバイオブロックを自身の患者数百人に使用した。現在でも何百人もの歯列矯正医がこのバイオブロックを使っている。２００６年の50人の子供を対象とした査読済みの研究では、バイオブロックが気道を6カ月で最大30パーセント拡張したことが示された。[40]

私がここにやってきたのは、自分の小さすぎる口を広げ、狭すぎる気道を開いてみたいと考えたからだった。だがミューの話によると、彼の装置が最も効果的なのは5歳から9歳の、骨や顔がまだ発達中で成形しやすい子供であるらしい。私の場合、それは人生を数回ぶんさかのぼったころになる。

ミューの息子で、やはり歯科医のマイクが会話に加わった。日に焼けた長身痩軀で、茶色の目が鋭く、流行りのジーンズにぴったりしたセーターを着ていた。マイクの説明では、気道閉塞を改善するための第一歩は歯列矯正ではなく、正しい「口腔内の姿勢《オーラルポスチャー》」を保つことだという。これなら誰でもできるし、無料だ。

その姿勢とは、唇を合わせ、歯は軽く接触させ、舌を口蓋につけるというものだった。頭を体に対して垂直にして、首をねじらない。座っているときも立っているときも、背骨はJ字形にし、完全にまっすぐで、腰のくびれに達したところで自然に外向きに曲がるようにする。この姿勢を保ったまま、つねに鼻から腹部に向かってゆっくりと呼吸するといい。

人間の体と気道はこの姿勢で最も機能するように設計されている、というのがミュー父子の一致した意見だった。ギリシャ彫刻やダ・ヴィンチの絵、古い肖像画を見てほしい。誰もがこのJ字形をしている。ところが、いま公共の場を見渡すと、ほとんどの人は肩が前に出て、首が外に伸び、背骨がS字形になっているのがわかる。[41]「まぬけの集まり、そんな姿にわれわれは成り果てたんだ」とマイクは叫んだ。[42]そして、その「まぬけ」な姿勢になり、口をあけて短く何度か息を吸い込み、黙ってまわりを見回す。「ほんとにうんざりする！」

このS字形の姿勢になる人が多いのは、だらけているからではなく、小さすぎる口に舌がうまく収まらないからだ。行き場がない舌は、喉の奥に下がって、軽い窒息状態をつくり出す。夜になると、われわれは喉が詰まって咳きこみ、この閉塞した気道から空気を出入りさせようとする。いうまでもなく、これが睡眠時無呼吸で、アメリカ人の4分の1が悩まされている。

日中、われわれは閉ざされた気道を無意識のうちに開こうとして、肩を落としたり、首を前に伸ばしたり、頭を上に向けたりする。「意識のない人が心肺蘇生法を受けようとしていると考えてみてください」とマイクは言った。医者がまずやるのは頭を後ろに倒して喉を開くことだ。われわれはつねにこの心肺蘇生法の姿勢をとっている。

体はこの姿勢が嫌いだ。傾いた頭の重さは背中の筋肉に負担をかけ、腰痛の原因となり、首のねじれは脳幹を圧迫し、頭痛など神経系の問題を引き起こす。顔が傾いていると目から下の皮膚が伸び、上唇が薄くなって、鼻骨に肉がついてくる。「まぬけの眼差し」では科学的には聞こえないので、マイクはこの姿勢を「頭蓋ジストロフィー」と呼んでいる。[43]彼の主張によると、現代人の約50パーセントがこの症状に見舞われていて、そのひとりがマーク・ザッカーバーグ、フェイスブックの創始者だという。

2018年1月、マイクは1本のユーチューブ動画をアップし、ザッカーバーグに頭蓋ジストロフィーの姿勢を治さないと寿命が10年縮まると警告した。このメッセージは削除されるまで9000回以上視聴された。

マイクは正しい口腔内の姿勢を保つことに加えて、舌を押し出す一連のエクササイズを推奨している。このトレーニングをすることで、「死のポーズ」から脱却して呼吸を楽にできるという。舌は強力な筋肉だ。その力を歯に向ければ、歯並びが崩れる。口蓋に向ければ、口の上の部分が広がり、気道が開かれる効果があるはずだとマイクは考えた。

このエクササイズはソーシャルメディア上に数多いるマイクのファンから「ミューイング」と呼ばれ、「新しい健康ブーム」として人気を博している。[44]ミューイングをした人たちによると数カ月後には口が広がって、顎が引き締まり、睡眠時無呼吸の症状が軽くなって、呼吸が楽になったそうだ。マイク自身が制作したミューイングの解説動画は、100万回視聴されている。[45]

実際に見てみないとミューイングのやり方はなかなか伝わらないが、要は、舌の奥を口蓋の後部に押し当て、舌のほかの部分を波打つようにして前に動かし、先端が前歯のすぐ後ろに当たるようにするものだ。私も何度か試してみた。吐き気をこらえているような、落ち着かない気分になった。マイクが実演してくれた。吐き気をこらえているように見えた。

そのときだった。手づくりの城のなか別の成人男性に合わせてミューイングをし、ブーツのひも穴にはまだ人骨の粉がこびりついていたそのとき、私は悟った。失われた呼吸法を探し求める旅はちょっとした汚れ仕事になりそうだと。

それでも、私は根気よくつづけ、ミューイングをしたままアーチ型の廊下を月のない夜へと引き返しながら、こう考えていた。この方法が効く理由を理解できたら、どれだけ楽しく実践できるだろう。

•••

そんな次第で私は気づくと終点にたどり着き、グランド・セントラル・ターミナルから数ブロック南にある歯科用診療椅子におさまっていた。私の上に身を乗り出したシオドア・ベルフォー博士は、半袖のシャツにグレーのスラックス、ウィングチップという格好で、診察用ライトに剃り上げた頭が輝いていた。洗面台で歯型を洗浄しながら、人類の進化はもはや適者生存に基づいてはいないと彼は語っていた。これはマリアンナ・エヴァンズから聞いた話と響き合う。[46] 彼はさらに、そのせいで私の口内が荒れ果てていることも説明していた。

ベルフォーもまた、人間が呼吸する能力を失った経緯について大いに考察してきた歯科医だった。そしてミュー父子やゲルブと同じく、それを解決する方法について大いなる構想を抱いていた。

「じっとして」と強いブロンクスなまりで言いながら、彼は大きな両手を私の口に突っ込んだ。「狭いアーチ、叢生、後退した下顎――全部そろっている。きわめて典型的だ」

1960年代、ニューヨーク大学歯学部卒業後に、ベルフォーはベトナムに派遣され、第196軽装歩兵隊の兵士4000人を担当する唯一の歯科医兼口腔外科医として働いた。監督者がいなかったこともあって、ともすれば破滅的な問題を解決する斬新な方法を即興で編み出したり、考案したり、発明したりすることができた。「顔を元どおりに組み立てる方法を学んだよ」と彼は含み笑いをしてみせた。

ニューヨークに戻ると、ベルフォーはパフォーミング・アーティスト相手の仕事を依頼された。歌手、俳優、モデルは歯並びをよくする必要があっても、歯列矯正具をした姿は見せられない。同業者から古いモノブロックに似た器具を教えてもらった。この装置を数カ月使うと、オペラ歌手はより高い音を出せるようになり、慢性的ないびきに悩む者は何年かぶりにぐっすり眠れるようになった。全員、歯並びがよくなり、呼吸も楽になったとの報告が寄せられた。50代や60代でも、器具を長くつけていると、口や顔の骨の幅が広がり、くっきりと目立つようになると気づく者もいた。

この結果にベルフォーは衝撃を受けた。彼もほかの者と同様に、骨量は(肺の大きさと同じく)30歳を過ぎると減少する一方だと教えられていた。女性は男性よりもはるかに多くの骨を失うが、とくに閉経後はそれが著しい。[47] 女性が60歳になるころには、骨量の3分の1以上が失われる。80歳まで生きれば、骨の量は15歳のときと同じくらいになる。きちんとした食事や運動で悪化を遅らせることはできても、止めることはできない。

それは何より顔に表れる。[48] 皮膚のたるみ、落ちくぼんだ目、血色の悪い頬はどれも、骨が消えて肉が下に落ちるしかなくなることが原因だ。頭蓋骨の深部で骨が減少すると、喉の奥にある軟部組織はしがみつくものを奪われ、垂れ下がって気道閉塞を招くことがある。[49]

いびきや睡眠時無呼吸が年齢を重ねるごとにひどくなるのも、この骨の減少が一因だ。

数十年にわたって実験を繰り返して症例を集め、患者の口や顔が年をとるほどに若返っていくのを目《ま》の当たりにしたベルフォーは、骨量減少に関する従来の科学は、当人いわく「まったくのでたらめ」であると判断した。

「歯を食いしばって」とベルフォーは私に言った。指示どおりにすると、顎にかかるストレスが頭蓋骨にまで伝わるのを感じた。それは咬筋、つまり耳の下にある咀嚼筋の力だ。[50] 咬筋は重量比では体で最も強い筋肉で、奥歯に２００ポンド（約90キロ）相当の圧力をかけることができる。

ベルフォーはつづいて私の手を頭蓋骨に沿って走らせ、クモの巣状の亀裂と隆起を感じさせた。これは縫合線と呼ばれるもので、生涯を通じて広がっていく。この広がりによって、頭蓋骨は屈曲・拡張し、乳児期から成人期にかけて2倍の大きさになる。この縫合線の内側で、体は幹細胞をつくり出す。これは体の必要に応じて形を変え、組織や骨になる不定形の空白だ。全身で使われる幹細胞は、縫合線を結合するモルタルでもあり、口や顔の新しい骨を育てる役割も果たしている。

体のほかの骨とは異なり、顔の中心を構成する骨、つまり上顎骨は可塑性の高い膜状の骨でできている。上顎骨は70代になっても、おそらくそれ以上の年齢になっても再成形して、より高密度にすることが可能だ。[51]「あなたも、私も、誰もが――何歳になっても骨を成長させることができる」とベルフォーは私に言った。それには幹細胞があればいい。そして顔の上顎骨を発達させるために幹細胞を生成して信号を送る方法は、咬筋を鍛えること。奥歯で何度も嚙みしめること。

咀嚼することだ。嚙めば嚙むほど幹細胞が放出され、骨密度や成長が促され、見た目も若くなり、呼吸も楽になる。[52]

それは乳児期から始まる。授乳に必要な嚙んだり吸ったりする負荷は、咬筋をはじめとする顔の筋肉を鍛え、より多くの幹細胞の成長を促し、骨を強くし、気道をよりはっきりとさせる。数百年前までは、母親は子供を2～4歳まで、ときには思春期まで母乳で育てていた。[53] 嚙んだり吸ったりする時間が長ければ長いほど、顔や気道が発達し、後々まで呼吸がしやすくなる。過去20年間に行なわれた数十の研究が、この主張を裏づけている。哺乳瓶で育てられた乳児よりも母乳で育てられた乳児のほうが、乱杭歯やいびき、睡眠時無呼吸の発生率が低いという結果が出ている。[54]

「さあ、もたれかかって頭を後ろに」とベルフォーが言い、歯型採取用のトレーを私の口に向けた。これから取る型は、ベルフォーが1990年代に発明した拡大装置〈ホメオブロック〉を装着するために使われる。ピンク色のアクリルに輝く金属のワイヤーが巻かれていて、見た目はほかの保定装置と変わらない。だが、ホメオブロックは歯の矯正を意図したものではなかった。ノーマン・キングズリーやピエール・ロバンがつくった最初の機能的矯正装置と同様に、その目的は口を広げて呼吸を楽にすることだ。その際、噛むことで負荷がかかるので、[55]古代人のように3、4時間も骨や木の皮をかじる必要はない。

ベルフォーの患者たち、リチャード・ギアの替え玉《ボディダブル》やフェニックス出身の中年主婦、79歳のニューヨーク社交界の名士ら数百人は、それぞれすばらしい効果を示していた。私が最初に彼のオフィスを訪れたとき、ベルフォーは彼らの治療前後のCATスキャン画像を見せてくれた。すると治療前は喉がふさがっていたが、半年後には気道が開き、新しい骨がたくさんできていた。いわば、この患者たちは歯科版ドリアン・グレイだった。

「では、口をもっと大きくあけて言ってみよう、あああぁぁぁぁぁ」とベルフォーは言った。

・・・

呼吸関連のご多分にもれず、咀嚼と気道の関係は古いニュースだった。数カ月かけて1

00年分の科学論文を読み返してみると、まるで呼吸器研究のグラウンドホッグ・デイに閉じ込められたような既視感を覚えた。異なる科学者、異なる年代、同じ結論、同じ集団記憶喪失。

スコットランドの著名な医師で歯科医のジェームズ・シム・ウォレスは、やわらかい食べ物が口や呼吸に及ぼす悪影響について著書を数冊発表した。「早期のやわらかい食事は、舌の筋繊維の発達を妨げる」と彼は1世紀以上前に書いている。「その結果、舌が弱くなり、乳歯列を相互に間隔があいたアーチに発達させきれず、永久歯の叢生を引き起こすことになる」[56]

ウォレスの同時代の研究者たちは患者の口内の測定と、産業革命以前の頭蓋骨との比較に着手する。すると古い頭蓋骨の口蓋は平均2・37インチ（6・02センチ）だった。[57] 19世紀後半になると、口は2・16インチ（5・486センチ）に縮んでいた。こうした観察結果に異議を唱える者はいなかった。「人間の顎が徐々に小さくなっていることは、あまねく認められた事実である」とウォレスは記している。[58] それでも、この研究がその後100年にわたって無視されるのを止められなかった。

だが、1974年には、スミソニアン国立自然史博物館で働くぼさぼさの髪をした26歳の人類学者がバトンを受け継いでいた。彼はロバート・コルッチーニといい、このトピックについて250の研究論文と十数冊の本を執筆あるいは寄稿することになる。コルッチーニは世界じゅうをめぐり、アメリカ先住民のピマ族から都市部の中国系移民、ケンタッキー州の農村部からオーストラリアのアボリジニまで、何千もの人々の口と食事を調査した。さらに動物の研究も行ない、ある豚のグループには硬いペレット状の餌を与え、別のグループには同じ餌を水でやわらかくしたものを与えた。[59] 同じ食べ物、同じビタミンで、歯ごたえだけが変わっていた。

人間であれ、豚であれ、何であれ。硬いものからやわらかいものに変わるたびに、顔が狭くなり、歯が密集し、顎の位置がずれる。呼吸障害がついてくることも多い。

現代人の場合、やわらかい食品や加工食品に切り替えた第1世代で50パーセントが「不正咬合」を示す。第2世代では70パーセント、第3世代では85パーセントだ。

第4世代はといえば、さて、まわりを見てほしい。それはいまのわれわれのことだ。約90パーセントが何らかの不正咬合を持っている。[60]

コルッチーニは全米各地の歯科学会で画期的なデータを発表し、乱杭歯を「文明病」と呼んだ。最初は高い関心を集めた。「じつに丁重に受け止められた」と彼は言った。「しかし、実際には何も変わらなかった」

今日、米国国立衛生研究所の公式ウェブサイトは、乱杭歯その他の気道の変形の原因について「最も多いのは遺伝」としている。ほかの原因は、親指しゃぶり、けが、「口や顎の腫瘍」などだ。

咀嚼にはひと言もふれず、食べ物にも一切ふれていない。

・・・

ベルフォーは20年にわたって独自のデータを収集した。患者の骨の再生や気道の開放の仕方を示すケーススタディや図表、グラフをそろえていた。だが、彼もまたおしなべて無視され、たびたび嘲笑された。母校でのある講演のあと、数人の同業者から、データを捏造している、X線写真をフォトショップしていると難癖をつけられた。「30歳を過ぎたら骨を増やせない」と何度となく非難された。

ベルフォーとコルッチーニはいまなおミューのような我が世の春を、主流派が寄ってくるときを待っている。そうこうするうちに、私が寄ってきたのだった。

ベルフォーの保定装置をつけはじめてちょうど1年後の週に、私はサンフランシスコのダウンタウンにある民営の放射線クリニックを訪れ、気道、副鼻腔、口腔を再度スキャンしてもらった。ベルフォーがその結果をメイヨー・クリニックの画像解析サービス

AnalyzeDirect（アナライズダイレクト）に送り、私の顔や気道がどうなったかを調べた。

結果は衝撃的だった。頬と右の眼窩に１６５８立方ミリメートルの新しい骨ができていたのだ。これは1セント硬貨5枚分に等しい。そして鼻には１１８立方ミリメートル、上顎には１７８立方ミリメートルの骨が追加されていた。顎の位置が整い、バランスがよくなった。気道が広がり、安定感が増した。上顎洞にたまっていた膿《うみ》と肉芽は、軽度の慢性閉塞の結果と思われるが、すっかりなくなっていた。

たしかに、夜にプラスチックの塊を口に入れることに慣れるまで数週間かかった。唾がたまり、喉が締めつけられ、歯が痛くなった。だが人生におけるたいていの苦痛と同じように、長くつづけるうちに楽になり、不快感もおさまっていった。

これを書いているいま、咀嚼と口蓋の拡大処置のおかげか、私は記憶にないほど楽に自由に呼吸できている。スタンフォードの実験でわざと鼻を塞いだ1週間半を別にすると、今年鼻づまりを起こしたのは1回、風邪をひいたときだけだ。中年になり、口と顔がぼろぼろになっても、どうにか着実に前進している。*

「自然は恒常性《ホメオスタシス》とバランスを求める」とベルフォーは電話で私に言った。初対面以降、数十回におよんだ会話のひとつでのことだった。「あなたはバランスを失っていた。スキャン画像を見てごらんなさい。自然は大量の骨を顔に加えることであなたを正したわけだ—

――論より証拠だよ」

気道閉塞の原因と治療法をめぐる、とても不思議な長旅の終わりに学んだことがある。私たちの鼻や口は、生まれたときや子供時代、あるいは成人後にも決定づけられはしない。過去数百年のあいだに受けたダメージの多くを意志の力で元に戻すことができる。それには、適切な姿勢としっかりした咀嚼、おそらく若干のミューイングさえあればいい。そしてこの閉塞を取り除いたいま、われわれはようやく呼吸に戻ることができる。

＊ ホメオブロックやリテーナーを使わなくても、骨をつくり、気道を広げる効果が咀嚼から得られる。硬い自然食品やガムを嚙んでも、同様の効果が得られるだろう。マリアンナ・エヴァンズは患者に1日2時間ガムを嚙むことを勧めている。私もこのアドバイスに従って、何日か〈ファリム（Falim）〉というトルコの非常に硬いガムを嚙んでみた。炭酸塩やミントなどのフレーバーがあり、かなりきつい味がしたが、いいワークアウトになって成果も上がった。

第三部　呼吸+

第8章　ときには、もっと

祝賀を兼ねた「最後の」晩餐の翌朝、オルソンと私は車に乗ってスタンフォードへ向かい、ナヤック博士による最終検査を受ける。またスキャンされて、またつつかれ、また刺されて、また質問を浴びせられるのだ。同じ検査を10日前、そのまた10日前にも受けた。データは各ステージとも今月中には入手可能になるとのこと。これにて無罪放免、われわれは自由に息をして、自由に出かけてかまわない。

それはオルソンにとってはスウェーデンに戻るということだ。私にとっては呼吸の限界をさらに探求するという意味になる。

・
・
・

ここから、私が追求する技法はゆっくり着実にというスタイルを離れる。誰にでも、どこでもできるものではない。本書のページを繰りながらできるものでもない。習得に多大な時間と努力が求められ、不快を覚えかねないものもある。

そうした過激な方法は、恐ろしげな呼吸病学用語で呼ばれるさまざまな状態を心と体に引き起こす。呼吸性アシドーシス、アルカリ症、低炭酸症、交感神経系の過負荷、極度の無呼吸。通常なら、有害とみなされて治療を要する状態だ。

だが、みずから望んでそうした技法を実践し、意識的に体を数分、数時間、あるいは1日、その状態にもっていった場合は、別のことが起きる。場合によっては人生が根本から変わってもおかしくない。

そういった大きな効果を生む技法を、私は〈呼吸＋〉と総称している。これまで本書で解説した呼吸法を基礎とするものだし、多くは追加の集中力を必要とし、追加の恩恵をもたらすからだ。ごく速い呼吸を長時間行なうものもあれば、きわめて遅い呼吸をさらに長時間行なわなければならないものもある。何分間か完全に呼吸を止めるものも少数ある。どれも数千年前に生まれて、いったん消滅したのち、異なる時代の異なる文化のなかで再発見され、別の名前で別の展開をしたメソッドだ。

〈呼吸＋〉は、うまくいけば、最も基本的な知られざる生物学的機能についての見識を深める。悪くすると、激しい発汗、吐き気、消耗をもたらしかねない。いずれもプロセスの一部なのだと、私は知ることになる。向こう側にたどり着くために必要な呼吸の試練なのだ。

・・・

意外に思われるかもしれないが、これから探る最初の〈呼吸＋〉の技法は、西洋世界である米国の南北戦争の戦場で生まれた。

１８６２年、ジェイコブ・メンデス・ダ・コスタがフィラデルフィアのターナーズ・レイン病院に着任した当初のことだった。北軍はヴァージニア州フレデリックスバーグで屈辱的な敗北を喫し、１２００人の死者と９０００人を超える負傷者を出した。[1]傷つき血を流す兵士たちが、廊下に並ぶ簡易寝台に横たえられた。耳、指、腕、脚を失っている者もいた。

軍事活動を目にしていない兵士さえ、精神的にまいっていた。彼らはぞろぞろと病院にやってきて、不安やパラノイア、頭痛、下痢、めまい、胸の痛みを訴えた。ため息ばかり出る。呼吸しようとしても、あえぐばかりで、息をつける心地がしない。身体的な損傷の形跡はなく、数週間、数カ月と戦闘に備えていたが、実際の戦場は一度も見ていなかった。彼らの身に起きたことは何もない。にもかかわらず、思うように動けなくて、病院の漆喰《しっくい》の壁の下をよろよろ歩き、悲鳴をあげて苦しむ切断患者の列の横を抜けて、ダ・コスタの治療を受けようとやってきたのだ。

ダ・コスタはラムチョップ形のもみあげを伸ばした不機嫌そうな禿げ頭の男で、ポルトガル系らしい疲れた目をしていた。セントトマス島で生まれ、ヨーロッパの一流外科医たちのもとで何年も医学を学んだ。そして心臓病の専門医として有名になり、さまざまな病をもつ大勢の患者を治療してきた。それでも、ターナーズ・レイン病院の兵士たちのような患者は初めてだった。

彼は患者のシャツを上げて、胸に聴診器を当てることから検査を始めた。兵士たちの心拍数は異様に速く、じっと座っていても毎分200回に達した。呼吸数が標準の2倍にあたる毎分30回以上になる者もいた。[2]

典型的な患者のひとりが21歳の農民、ウィリアム・Cで、配属後、ひどい下痢が始まって両手が真っ青になった。息切れも訴えていた。ヘンリー・Hも同じ症状で、ウィリアム同様、痩せていて、胸幅が狭く猫背だった。良好な健康状態で入隊したが、これといった理由もなく動けなくなった。「病気があるようには見えない」とダ・コスタは書いている。だが脈拍は「不整で、ときおり連続して速くなる」

それから数年にわたり、ダ・コスタのもとには同じような経歴の兵士が何百人とやってきて、同じような症状を訴える。ダ・コスタは彼らの不調を過敏性心臓症候群と呼んだ。

この症候群にはもうひとつ当惑させられることがあった。現れた症状が、やがて消えることだ。数日、数週、あるいは数ヵ月休暇を取れば、心拍数は落ち着き、消化器系の問題も解消する。兵士たちは普通の健康状態に戻り、普通の呼吸ができるようになった。すると大半は戦場に戻される。回復できずにいる少数の兵士は「傷病兵軍団」に配属されるか、家に送り返されてその症候群とともに余生をおくるかだった。

ダ・コスタはこうした兵士のデータを大量に集め、1871年に正式な臨床研究を発表、これは心血管疾患の歴史における指標となる。

だが、過敏性心臓症候群は南北戦争に限られたものではなかった。同じ症状が半世紀後の第一次世界大戦を戦った兵士の20パーセント、第二次世界大戦の兵士100万人、さらにベトナム、イラク、アフガニスタンの各戦争の兵士数十万人にも現れる。[34] 医師たちはその都度、新種の疾病を発見したものと信じて、新たな病名を考えだした。そして兵士たちに、砲弾《シェル》ショック、兵隊心臓、ベトナム後症候群、心的外傷後ストレス障害などといった診断名を告げた。医師たちの考えでは、この病気は心理的なもので、戦闘によって脳内に引き起こされたなんらかの混乱だった。化学薬品やワクチンへの曝露《ばくろ》に原因があると訴える兵士も少なくなかったが、確かなことは誰にもわからなかった。

ダ・コスタには持論があった。ターナーズ・レイン病院で自分が診ている症状は「交感神経系の不調」ではないかと推測していた。

私はまさにいまその不調を感じている。

・・・

朝も遅い時間になって、私はシエラネバダ（ネバダ山脈）のふもとにある道路わきの公園の乾いた芝生にヨガマットを広げる。右手には昼食を楽しむ緊急医療チームで満席のピクニックテーブル、左手のベンチに座るのは茶色い袋に入れた710ミリリットルのビールを飲む老人。頭上では秋の太陽が燦々《さんさん》と輝き、細くした目もくらむほどだ。大きく波打つように、みぞおちまで息を吸い込んでは吐き出す。開始して数分がたち、額や顔に玉の汗が噴き出しているのが感じられる。あと30分はつづけなければならない。

「あと20回！」と私を監督する男が叫ぶ。背後の高速道路でギアを替える大型トラックの轟音にかき消され、その声はかろうじて聞こえる程度だ。彼の名はチャック・マギー3世。砂色の髪をマッシュルームカットにした大男で、虹色に反射する防弾サングラスをかけ、カーゴショーツを白い靴下と泥がこびりついたスニーカーまであと数インチのところにずりさげている。私はこの日のために彼を雇い、過呼吸で交感神経系を危険ゾーンに入れるのを手伝ってもらっている。

これまでのところは順調だ。私の心臓は激しく鼓動している。胸のなかで齧歯《げっし》動物が暴れているかのようだ。不安、パラノイアに駆られ、汗ばみ、閉塞感を覚えている。これは交感神経に過剰な負荷がかかっているのにちがいない。過敏性心臓症候群に近づいているにちがいない。

呼吸とは、じつは生化学的もしくは物理的な領域にとどまるものではない。横隔膜を押し下げて空気を吸入し、空腹の細胞に栄養を与え、老廃物を取り除く以上のことをしている。息を吸うたびに体に取り込まれる数百億の分子も、果たしている役割は細かいとはいえ、同じく重要だ。分子はほぼすべての内臓に影響をおよぼし、オンとオフの切り替え時を教えている。心拍数、消化、気分、態度にも作用し、興奮や吐き気を引き起こす。呼吸は自律神経系と呼ばれる巨大ネットワークの電源スイッチだ。

自律神経系にはふたつのセクションがあり、それぞれ逆の機能を果たしている。どちらもわれわれの善き生《ウェルビーイング》に欠かせない。

ひとつは副交感神経系といって、弛緩《リラクセーション》と回復《レストレーション》を促すものだ。ゆったりしたマッサージで得られる穏やかな陶酔感や、満腹したときに感じる眠気は、副交感神経が胃に消化を、脳にセロトニンやオキシトシンといった幸福ホルモンの血中への分泌を促す信号を送ることで起きている。副交感神経による刺激は目のなかの水門を開けて結婚式で涙を流させる。食事では唾液の分泌を促し、排泄では腸を緩め、性行為では生殖器に刺激を与える。そういったことから、「摂食と繁殖」のシステムと呼ばれることもある。

肺は自律神経系に覆われているが、副交感神経系が多いのは下葉で、それもまたゆったりした長い呼吸が大きなリラックスをもたらす理由のひとつになっている。[5] 吸い込まれた空気が肺のより深いところに降りていくと、副交感神経系のスイッチが入り、臓器に休息や消化を求めるメッセージが送られる。吐き出される空気が肺を上昇するとき、分子はさらに強い副交感神経反応を引き起こす。深く柔らかく吸い込み、ゆっくりと吐き出せば、その度合いに応じて心拍が遅くなり、われわれは穏やかになる。人間は目覚めている時間の大部分、そして眠っている時間のすべてを、この回復とリラックスという状態で過ごすように進化してきた。われわれはまったりすることで、人間らしくなったというわけだ。
自律神経系の残る半分、交感神経系には逆の働きがある。[6]交感神経は臓器に刺激となる信号を送って、行動を起こす準備を始めさせる。交感神経系の多くは肺の上葉に広がっている。素早く浅いところに吸い込まれた空気の分子は、交感神経のスイッチをオンに切り替える。交感神経系は緊急通報さながらに機能する。交感神経系が受け取るメッセージが多ければ多いほど、緊急性は高い。

誰かに通行を妨げられたり、仕事で不当に扱われたりしたときに感じる負のエネルギーは、交感神経系の活性化によってもたらされている。そういった状況では、血液の行き先が比較的必要性の低い胃や膀胱から筋肉や脳に変更される。心拍数が増え、アドレナリンが分泌され、血管が収縮し、瞳孔が拡張し、手のひらに汗をかき、頭が冴える。交感神経にはけがをしたときに痛みを和らげ、出血を抑える働きもある。[7,8]危険に直面した人間がより激しく戦ったりより速く走ったりできるのも、交感神経の働きで普段以上にがむしゃらになるためだ。

とはいえ、われわれの体は、交感神経の警告レベルが高い状態はごく短時間、しかも、ごくまれにしか起きないようにできている。[9]交感神経はわずか1秒で活性化するが、そのスイッチを切ってリラックスと回復の状態に戻すには1時間以上かかることもある。[10]そのため事故のあとは食べ物が消化されにくくなるし、これが原因で怒っていると男性は勃起しにくく、女性はしばしばオーガズムを得られない。[*]

こうした理由から、みずから進んで極度の交感神経のストレスに延々と、しかも連日さらされるのは、不可解で直観に反したことに思える。どうして自分からめまいを起こし、不安に、無気力になろうとするのか？　だが先人たちは何世紀にもわたって、まさにそれをする呼吸法を開発し、実践したのだった。

・・・

私を道路わきの公園に連れ出したストレスを誘発する呼吸法は〈内なる炎の瞑想〉といって、1000年前からチベット仏教の信徒とその研究者によって実践されてきたものだ。その歴史は10世紀ごろ、ナローパという28歳のインド人男性が家庭生活に倦《う》んだことに始まる。[11] 妻と別れたナローパは鞄に荷物を詰め、歩いて北東へ向かううち、まわりを石塔、あずまや、寺院、そして青いロートスの木に取り囲まれていた。このまばゆい土地はナーランダ仏教大学で、そこには天文学や占星術学、ホリスティック医学を研究するために、東洋の全域から数千人の学者が集まっていた。悟りを求める者も何人かやってきていた。

ナローパは、数千年にわたって導師から導師へと受け継がれてきた経典《スートラ》の教えと密教聖典《タントラ》の秘技を習得する課程で優秀な成績を収めた。その後、ヒマラヤに向かい、学んだことをすべて実践し、現在のネパールのカトマンズを流れるバグマティ川のほとりの洞窟に暮らした。洞窟は寒かった。凍え死ぬことのないよう、呼吸の力を利用した。その方法は〈ツンモ〉として知られるようになった。チベットの言葉で「内なる炎」という意味だ。ツンモには危険が伴っていた。使い方を間違えると、急激なエネルギーの増加が精神に深刻なダメージをもたらしかねない。そのため、高位の僧侶だけに許されるものとしてヒマラヤにとどまり、その後１０００年にわたってチベットの僧院に封じ込められたのだった。

歴史を１９００年代の初めまで早送りする。無政府主義者で元オペラ歌手のベルギー系フランス人女性が、顔にすすを塗って髪にヤクの毛皮を編み込み、頭に赤いベルトを巻い

＊　性的興奮は副交感神経系に制御され、通常、落ち着いた楽な呼吸のもとで生じる、あるいは誘発される。一方、オーガズムは交感神経系の反応で、速く、短く、鋭い呼吸が先行することが多い。瞳孔の大きな目に魅入られるのは、ひとつにはオーガズムの最中に瞳孔が拡張（交感神経反応）するためだ。

てチベットをめざした。名前はアレクサンドラ・ダヴィッド＝ネール。彼女がインドをひとりで旅したのは40代半ばのことで、当時の西洋人女性としては前代未聞の出来事だった。

ダヴィッド＝ネールは、人生のほとんどをさまざまな哲学や宗教の探求に費やしてきた。10代のころ、神秘主義者たちと付き合い、断食を行ない、自分を痛めつけ、禁欲的な聖人たちが用いた食事法を実践した。フリーメーソンとフェミニズムと自由恋愛《フリーラブ》にも夢中になった。だが真に彼女を魅了したのは仏教だった。サンスクリットを独学で習得すると、インドとチベットへスピリチュアルな巡礼の旅に出発し、それは14年間つづけられることになる。旅の途中、ヒマラヤの高地で彼女もナローパと同じように洞窟に行き着いた。チベットの聖人からツンモの過熱する力を伝授されたのはその洞窟だった。

「［ツンモは］チベットの隠者が高山で自らの健康を危険にさらすことなく生き抜くために考案された方法だ」とダヴィッド＝ネールは書いている。[12]「宗教的なものではないので、普通の目的で使っても不敬にはあたらない」。ダヴィッド＝ネールは何度も繰り返しツンモを実践することで幸福感、健康、暖かさを保ちながら、1日19時間、標高1万八〇〇〇フィート（約5500メートル）を超える氷点下の高地を食べ物も水も摂らずに歩いたのだった。

「あと2回、しっかり」とマギーが言う。姿は見えない——まだ目は細めたままだ——が、隣で荒い息をしながら私を励ます声は聞こえている。もう一度大きく息を吸い込むと、その空気を胸に巻き上げて、波のように吐き出す。すでに5分はつづけているはずだ。手がちくちくして、腸がゆっくりほどけていく感覚がある。思わずもうめき声が洩れる。

「いいぞ！」マギーが励ます。「表出《エクスプレッション》は抑鬱《デプレッション》の反対だ！　つづけて！」

私は少し大きな声でうめき、体を小刻みに動かし、息づかいを激しくする。一瞬、緊急医療チームと近くのベンチにいる赤ら顔の酔いどれを思って自意識が働く。彼らがこのショーを見物しているのは間違いない。BPAフリーの紫のヨガマットの上で過呼吸をする中年の都会っ子たち。われわれふたりは、ひたむきな変質者に見えるだろう。

ツンモでは自己表出に重要な役割があると、事前にマギーから聞いていた。それで思うのは、いま自分でつくり出しているストレスは、たとえば大事な会議に遅刻しそうなときのストレスとは違うということ。これは意識的なストレスだ。「これは自分が自分に対してやっていること——たまたま起きたことじゃない！」とマギーは叫びつづける。

ダ・コスタの兵士たちが体験したのは無意識のストレスだった。彼らは都会の喧騒や人混みとは無縁の田舎育ちだった。殺戮《さつりく》を見れば見るほど、無意識に起きる交感神経反応が、解除のすべを持たぬまま積み上げられていった。最終的に、神経系に過負荷がかかり、ショートして壊れたのだ。

私はショートしたくない。現代の生活の絶え間ないプレッシャーに柔軟に対応できるよう、自分を整えたい。

「その調子だ」とマギーが言う。「やり抜け！」

プロサーファーや総合格闘家、ネイビーシールズの隊員は、競技や秘密の作戦任務の前にツンモ式の呼吸を使ってゾーンに入る。[13] この呼吸法は、軽度のストレス、うずきや痛み、新陳代謝の低下に悩まされる中高年にとっても特筆すべき価値がある。中高年にとって――私にとって――ツンモは擦り切れそうな神経系を修復し、それを維持する予防療法になりうるのだ。

ゆっくりと鼻から吸いこんだ息を大きく吐き出すという比較的負担の少ない簡単な方法でも、ストレスを除去してバランスを取り戻すことは可能だ。その技法には人生を変える力がある。多くの人生が変わるのを私も見てきた。ただし、長く慢性疾患を抱えている人はとくに、時間がかかるかもしれない。

ときに体の再調整には、そっとつつく以上のものが必要になる。ときに激しく押すことが求められる。それがツンモの役割だ。

・・・

ツンモのひと押しは、その手の現象に大きな関心を抱く少数の科学者たちにとって、いまだ謎のままだ。彼らは首をひねる。そもそも意識的な過呼吸がどうして自律神経系を支《ハッ》配《ク》できるのだろう?

ノースカロライナ大学で精神医学を教える科学者、スティーヴン・ポージェス博士は、30年にわたって神経系とストレスに対する神経反応を研究してきた。彼が主眼を置くのは迷走神経といって、システム内を蛇行し、主要な内臓のすべてに接続する神経ネットワーク[14]だ。迷走神経は、ストレスに反応して臓器のオンとオフを切り替える電源レバーとして機能している。

きわめて高いレベルのストレスを感知すると、迷走神経は心拍や血液循環、臓器機能をスローダウンさせる。これは数億年前、爬虫類と哺乳類の祖先が進化させた「死んだふり」をする能力で、捕食者から攻撃を受けたときにエネルギーを節約して敵の攻撃性をそらすためのものだ。この能力はいまも爬虫類と多くの哺乳類に使われている(飼い猫にくわえられたネズミのだらりとした体を想像してほしい)。

人間も、脳幹の原始的な部分に残る同じメカニズムを使って「死んだふり」をする。それが失神だ。[15] 失神の傾向は、迷走神経反応、なかでも感知した危険に対する反応の度合いに左右される。人によっては心配性や神経過敏が高じると、クモを目にしたり、悪い報せを耳にしたり、血を見たりといった、ほんの些細なことで迷走神経が働き、失神することもある。

　ほとんどの人はそこまで敏感ではない。とくに現代の世界でもっと一般的なのは、命を脅かされるような深刻なストレスを経験することこそないが、完全にリラックスすることもないという状態だ。昼なのに半分眠り、夜なのに半分覚醒して、半分不安なグレイゾーンを延々さまよう。そんなとき、迷走神経は半分興奮したままになっている。

　この間、全身の臓器は「シャットダウン」はされないものの、仮死状態で半分だけサポートされている。血流が減少し、脳と臓器の情報伝達が雑音の多い電話回線のように途切れ途切れになる。人間の体は少しのあいだならこの状態を保つことができる。ただし、命は保てても健康は保てない。

　ポージェスは次のことに気づいた。指のうずき、慢性的な下痢、頻脈、糖尿病、勃起不全など、ダ・コスタ症候群に似た不調に苦しむ患者は、多くの場合、症状ごとに個々の臓器に焦点をあてた治療を受ける。ところが、胃腸にも、心臓にも、生殖器にも異常は見られない。彼らの多くを悩ませているのは、迷走神経と自律神経のネットワークにおけるコミュニケーション障害で、これは慢性的なストレスによってもたらされる。一部の研究者によれば、最も一般的な10種のがんのうちの8種が、長期的なストレス状態で血液が正常に流れなくなった臓器を冒すというのも偶然ではない。[16]

自律神経系を整えることで、こうした症状は効果的に治癒または軽減できる。[17] 10年ほどまえから、外科医たちは人工迷走神経として機能する電気ノードを患者に移植し、血流や臓器間の情報伝達を復旧させてきた。迷走神経刺激療法といわれるもので、不安、うつ病、自己免疫疾患に苦しむ患者の治療に高い有効性を発揮している。

だがもうひとつ、ポージェスが発見した侵襲性の低い迷走神経の刺激法がある。[18] 呼吸だ。呼吸は意識的に制御できる自律神経系の機能だ。心拍や消化の緩急を変えるタイミングや、ひとつの臓器から別の臓器へ血流を移すタイミングは簡単には決められないが、呼吸の方法とタイミングは選ぶことができる。[19,20] ゆっくりした呼吸を心がけると、迷走神経のネットワークによる情報伝達が始まり、副交感神経優位のリラックスした状態になるだろう。[21]

意図的に速く激しい呼吸を行なうと、迷走神経の反応が反転してストレス状態に陥る。そこで、意識的に自律神経系にアクセスしてそれを制御し、[22] とくに大きなストレスのスイッチを入れておけば、そのスイッチを切ることで昼も夜もリラックスと回復、摂食と繁殖の時間に充てられるはずだ。[23]

「きみは乗客じゃない」マギーが私に向かって叫びつづける。「操縦士だ！」

これは生物学的にありえないと考えられていた。[24] 自律神経系は、字義どおり、自動的に、われわれの制御を超えて、自律的に働くと思われていた。過去100年ほどにわたって、それが定説になっていた。医学の世界ではおおむね、いまもそう信じられている。

アレクサンドラ・ダヴィッド＝ネールが最終的にパリに戻り、1927年刊の著書『パリジェンヌのラサ旅行』にツンモをはじめとする仏教の呼吸法や瞑想のことを書いたとき、医師や医学研究者のほとんどはその話を信じなかった。氷点下でも呼吸によって体を温かく保てることを認めた者もほとんどいなかった。呼吸によって免疫機能を制御して病気を治せることを信じる者はさらに少なかった。

ツンモへの関心は20世紀を通して高まり、多くの人類学者、研究者、探求者がヒマラヤに赴き、帰国後、ダヴィッド＝ネールが語ったのと同じ秘技を報告した。冬のあいだ僧侶たちは1枚の服しか身に着けず、昼は極寒の石造りの僧院で体を温め、夜は雪の上に裸で横たわり体のまわりの雪を溶かす、というものだ。やがてハーヴァード大学メディカルスクールのハーバート・ベンソンという研究者が、ツンモをテストすべきときではないかと考えるようになった。

1981年、ベンソンはヒマラヤに飛び、3人の僧侶を募った。そして、彼らの手足の指に体温を測定するセンサーを装着してツンモの呼吸を実践させた。その間、僧侶の四肢の体温は華氏17度（摂氏9・4度）上昇し、そこにとどまりつづけた。[25] テストの結果は、翌年、高く評価される科学誌《ネイチャー》に掲載された。[26]

ハーヴァード大学の実験中に撮影されたビデオと写真には、たるんだ腰に袈裟を巻き、大量の汗に肌を光らせ、半眼でうつろな〝千ヤードの凝視〟に陥った小柄な男たちがとらえられていた。その実験はダヴィッド＝ネールとナローパの説明に信憑性を与えたが、ベンソンが集めた僧侶たちは無政府主義者のオペラ歌手や古代の神秘家以上に奇異に映った。何もかもが西洋人には近寄りがたいものに思えたのだ。

それが変わるのは2000年代のはじめ、ヴィム・ホフという名のオランダ人が北極圏の雪のなか、シャツも靴も身に着けずにハーフマラソンを走ったときのことだった。[27] ホフはあごひげを生やした西洋人で、鉛色の髪が薄くなりかけ、ブリューゲルの絵から抜け出てきたような顔立ちをしていた。要するに、見たところどこにでもいる北欧の中年男だった。インドの洞窟で育ったことも、結核を患って村の病院で過ごしたこともない。郵便配達員として働く、4児の父だった。

その数年前、うつ病を長く患っていた妻がみずから命を絶った。ホフはその苦しみから逃れる道を求めて、ヨガ、瞑想、呼吸の修行に励んだ。[28] やがて古えから伝わるツンモの技法に出会うと、それに磨きをかけ、簡素化し、大量消費向けにパッケージを新たにして、そのパワーの宣伝を始める。その際の一連の無謀な行動は、メディアが検証に乗り出していなければ、あっさり無視されていただろう。

氷を満たした風呂に1時間52分体を沈めたが、低体温症や凍傷にはならなかった。さらに、気温が華氏104度（摂氏40度）に達したナミブ砂漠で、一滴の水も飲まずにフルマラソンを走りきった。

ホフは10年間で26の世界記録を破った。ひとつ破るたびに人々の当惑は大きくなっていった。そんな離れ業で国際的な名声を獲得すると、まもなく霜に覆われた笑顔が数十誌の表紙を飾り、華やかなドキュメンタリー番組や何冊かの書籍に登場するようになった。「ヴィムが医学の教科書にある原則をつぎつぎ破ったことで、科学者は注目せざるをえなくなった」と語ったのはスタンフォード大学の神経生物学教授、アンドルー・ヒューバーマンだ。[29] 科学者たちが注目した。

2011年、オランダのラトバウト大学医療センターの研究者たちは、ホフが何をどうやって行なったかを解明するため、彼を研究室に呼んで徹底的に調べた。あるとき、彼らはホフの腕に大腸菌の構成成分であるエンドトキシンを注射した。通常、その細菌に感染した者には嘔吐、頭痛、発熱など、インフルエンザのような症状が現れる。静脈に大腸菌を注射されたホフは、自身の体がそれを撃退することを願いながらツンモの呼吸を数十回行なった。発熱の徴候も吐き気も見られなかった。数分後、ホフは椅子から立ち上がり、コーヒーを飲んだ。

ホフは自分が特別な人間ではないことを強調した。ダヴィッド＝ネールもチベットの僧侶も特別ではない。彼らが行なったことはほとんど誰にでもできる。ホフに言わせれば、やるべきことはただひとつ、「息しろよ、くそったれ《マザーファッカー》！」

3年後、彼の言い分は証明される。ラトバウト大学の研究者が健康な男性の志願者を20人集め、無作為に2つのグループに分けた。[30] 次の10日間、男性の半分は寒さに身をさらしながらホフ式のツンモを学び、雪のなか、シャツを脱いでサッカーをしたりした。対照グループは何のトレーニングも受けなかった。双方のグループが実験室に連れ戻された。それぞれがモニターにつながれ、大腸菌のエンドトキシンを注射された。

ホフのトレーニングを受けたグループは、心拍数や体温、免疫反応を制御して、交感神経系を刺激することができた。定期的に寒さに身をさらし、激しい呼吸を行なうというこの技法は、ストレスホルモンであるアドレナリン、コルチゾール、ノルエピネフリンを放出させることが、のちに明らかになった。アドレナリンの急激な増加は激しく呼吸する者にエネルギーを与え、傷を癒やし、病原体や感染症を撃退するようにプログラムされた免疫細胞を多数解き放つ。[31] コルチゾールの急増は短期的な炎症性免疫反応の低下に役立つし、ノルエピネフリンの噴出には皮膚、胃、生殖器への血流を減らして、筋肉や脳など、ストレス下で血液を必要とする部位へまわす働きがある。ツンモは体を温め、脳内の薬局を開き、自己生成したオピオイド、ドーパミン、セロトニンを血流にあふれさせた。[32] それもこれも、ほんの数百回の速く激しい呼吸をしただけで。

・・・

「もう1回」とマギーが言う。「次は全部吐き出して、そのまま止める」

私はその指示に従い、肺に耳を澄ます。吹き荒れていた突風が不意にやみ、純粋な静寂に置き換わる。まるでパラシュートが開いた瞬間にスカイダイバーが感じる耳ざわりな静けさのようだ。だが、この静けさは内側からやってきている。さらに息を止めていると、体や顔に心地よい熱が広がりはじめる。意識を心臓に集中して、その振動に合わせて揺れてみる。鼓動のそれぞれがブラック・サバスの「アイアン・マン」の冒頭のバスドラムのように響く。

「鼓動のあいだの静寂を果てしなく長びかせて」とマギーは安心させるように言う。およそ1分後、マギーの指示で息を大きく吸い、今度は吐き出さずに15秒キープし、胸のまわりの空気をそっと動かす。彼の合図でそれを吐き、同じサイクルを繰り返す。「あと3ラウンド」とマギーが声を張りあげる。「自分自身のスーパーパワーになれ！」

また息が上がってきたので、焦点をわがチアリーダーのマギーに移す。以前聞いた話では、彼は6年前、33歳のときに突然、1型糖尿病と診断された。膵臓が機能を停め、インスリンがつくられなくなっていた。その後、慢性的な腰痛、不安、ひどいうつ状態に悩まされるようになった。血圧も急激に上昇した。

マギーの医師は血糖値を安定させるためにインスリンを注射し、血圧を下げるためにエナラプリルを、痛みを和らげるためにバリウムを処方した。「イブプロフェンも4錠か5錠、毎日飲んでいた」とマギーは言った。だが、どれも助けにはならなかった。具合は悪くなるばかりだった。

マギーはアメリカ人の15パーセント（5000万人以上）と同じく、自己免疫不全に陥っていた。[33] 自己免疫不全は、簡単に言えば、免疫機構が暴徒と化して正常な組織に攻撃を始めた結果だ。関節が炎症を起こし、筋肉や神経線維が衰弱し、皮膚が発疹に覆われる。こうした不調には、関節リウマチ、多発性硬化症、橋本病、1型糖尿病など、さまざまな病名がある。[34]

免疫抑制剤などの薬物治療は、症状を和らげ、患者をより快適に保つ効果はあるが、根本にある体内の機能不全に働きかけるものではない。自己免疫不全そのものの治療法は見つかっておらず、原因さえ議論の途上にある。さまざまな研究が重ねられるなかで、多くは自律神経系の機能不全と関係していることがわかってきていた。

マギーが代替治療を知ったのは、ニュースとカルチャーのネットワーク、ＶｉｃｅＴＶで放送された「アイスマン」なる人物の小特集について友人から聞いたときのことだった。その夜、マギーはヴィム・ホフの激しい呼吸法を試してみた。「久しぶりにぐっすり眠れた」と彼は私に言った。そして、ホフの10週間のビデオコースに登録すると、数週間としないうちにインスリンの数値が正常になり、痛みが和らぎ、血圧が急降下した。エナラプリルの服用をやめて、インスリンの補給量を80パーセントほど減らした。イブプロフェンは飲みつづけたが、週に1錠か2錠だけになった。

マギーはのめりこんだ。ポーランドに飛び、ホフが指導する研修プログラムに参加して、ほかの練習生十数人とともに2週間、雪山を登ったり凍った湖を泳いだりしてすごした。彼らは大いに呼吸した。競争のような感じはなかったし、極端なフィットネス療法とも違った、とマギーは私に言った。「闘え。痛みなくして、うまみなし。そんなものは全部でたらめだ。だからけがをする」とマギーは説明した。肝心なのは体のバランスを立て直すことで、そうすれば本来の順応した機能を果たせるようになる。

その手の話は山ほど聞いてきた。[35] 主に20代の男性が、突然、関節炎、乾癬、あるいはうつ病と診断されたが、数週間、激しい呼吸を実践した結果、どんな症状にも悩まされなくなったというものだ。ホフのコミュニティには、血液検査やその他の指標となる数値をオンラインでやりとりする者がほかに2万人いる。実施前後の数値が彼らの主張を裏づけていた。わずか数週で炎症マーカー（C反応性蛋白）の値が40分の1になった者もいる。[36]

「医師たちは、これは科学というより疑似科学だとか、真実のはずがないと考えている」とマギーは私に言った。それでも、マギーをはじめ何千人もの激しい呼吸《ヘビーブリーザー》をする者は目覚ましい改善を示しつづけていた。長年行なっていた投薬治療はやめたままで、自分自身の熱で体を温め、病を癒やしつづけていた。

「呼吸は著作権で保護できないというのもあって、人がどんな呼吸法を習得していようが責めることはできない」とマギーは言った。「できるのは情報を与えることだけだ」

・・・

これがその情報だ。ヴィム・ホフの呼吸法を実践する者は、まず静かな場所を探して、頭を枕に乗せ、仰向けに横たわる。肩、胸、脚の力を抜く。みぞおちにできるだけ深く息を吸い込み、同じように素早く吐き出す。この方法で30回、呼吸をつづける。できれば、鼻で呼吸し、鼻が詰まっているときは、唇をすぼめて息をしてみる。それぞれの呼吸は波のように見えなければならない。息を吸ってまずは腹を、次に胸をふくらませる。吸い込んだ空気はすべて同じ順序で吐き出さなければならない。

30回の呼吸の最後の1回は、自然な終わり方になるよう息を吐き、肺の空気を4分の1ほど残して、できるだけ長く息を止める。限界に達したら、1度大きく吸い、そのまま15秒止める。吸い込んだ新鮮な空気を、できるだけ穏やかに胸のまわりと肩に移動させ、それから吐き出してふたたび激しい呼吸を始める。このパターンを3回か4回通しで反復し、低温曝露(冷水シャワー、氷風呂、裸で雪上に横たわるなど)を週に数回追加する。

この急転換、つまり全力で呼吸をしたあとそれを止めることや、本物の寒さのあとで暑さを感じることが、ツンモの魔法への鍵だ。1分間、体に大きなストレスを与えたあと、極度の弛緩《しかん》状態を強いる。血液中の二酸化炭素濃度は急激に低下してから、元に戻る。組織は酸欠状態になってから、一気に酸素で満たされる。体は順応性と柔軟性を増し、こうした生理学的反応をすべて制御できるのだと学ぶ。意識的な激しい呼吸は、われわれの体が壊れずにすむよう、しなやかにしてくれるものだ、とマギーは私に語った。

・・・

話を公園の芝生に戻そう。もはや息切れや動悸が起きることはない。自分の交感神経にストレスをかける旅は終わっている。外の世界はディズニー風のモンタージュのなかで目を覚まし、あくびをしているようだ。リスの足に踏まれる松葉の音、枝のあいだを吹き抜ける風の音、遠くに聞こえるタカの声、そのすべてがハイファイで流れている。

ここにたどり着くにはいささかの努力を要したし、ここまで長時間にわたる激しい呼吸は、公園のマットの上でやらなければ危ないかもしれない。マギーからは、全生徒への注意として、運転中、歩行中、「その他、気絶した場合にけがをするおそれのある状況」では絶対にツンモを行なわないようにと何度も念押しされた。心臓病の人や妊婦もやってはいけない。

こうして過度なストレスを誘発することが免疫や神経系に対して長期的にどんな影響を与えるかは誰にもわかっていない。アンデシュ・オルソンら、ゆっくりと少なく《スロー・アンド・レス》派のパルモノートのなかには、「この種の強制過呼吸は「われわれが生きるアドレナリン社会を考えると」価値がある以上に、かえって害になると語る者もいると、オルソンは私に言った。

私はそこまで言い切れない。アレクサンドラ・ダヴィッド＝ネールはツンモをはじめとする古代の呼吸法や瞑想法を実践し、結局、1969年に100歳で他界した。[37]彼女の助手のひとり、モーリス・ドーバールという男性はまだ生きている。[38]ドーバールは10代のころ、結核や慢性肺炎などの病気を患い、何年か村の病院のベッドで過ごした。20代になるころには医者にさじを投げられていた。ドーバールは自分で治そうと決意した。本を読み、ヨガの訓練を積み、ツンモを独学で身につけた。そして病気をすべて完治させたばかりか、超人的な力を手に入れた。

美容師としての仕事が終わると、ドーバールは下着一枚になって、雪に覆われた森を裸足で走った。ヴィム・ホフの数十年前に、氷に首まで浸って55分間、じっと座りつづけた。その後、サハラ砂漠の灼熱の太陽の下で、150マイル（241・4キロ）を走りぬいた。71歳のときには、標高1万6500フィート（5029メートル）のヒマラヤを自転車で走りまわった。

だが最大の功績は、ドーバール自身の言葉によると、病気に苦しむ何千人もの人がかつての自分のように、ツンモの力を学んでみずからを治療する手助けができたことらしい。

「人間は単なる生命体ではない……体がぐらついたときには、心の力を賢く使ってそれを修復することができる」とドーバールは書いている。本書を執筆している現在、彼は89歳になったところだ。いまもハープを奏で、眼鏡なしで本を読み、アオスタの街を見下ろすイタリアアルプスでツンモの修養会《リトリート》を主宰して、生徒たちとともに下着一枚で1時間雪のなかに座り、半裸で山に登り、仕上げとして氷に覆われた高山の湖に浸かる。

「［ツンモは］人間の免疫機構を再構成するためのものだ」とドーバールは宣言した。「人類の健康の未来にとってすばらしい方法だ」

近年、西洋で復活した激しい呼吸法はツンモだけではない。

数年前にリサーチを始めたころには、私はすでにチェコの精神科医スタニスラフ・グロフが作成した〈ホロトロピック・ブレスワーク〉という方法を耳にしていた。[39] この呼吸法の主な目的は、自律神経系を再起動したり体を癒やしたりすることではなく、心の配線をやり直すことにあった。体験者は推定で100万人にのぼり、今日では訓練を受けた1000人以上のファシリテーターが世界じゅうでワークショップを運営している。

我が家からほんの30分ほど北のマリン郡にあるグロフの自宅を訪ねた。人間の太腿ほどのオークの根が狭い歩道をたわませる並木道に車を走らせ、ミッドセンチュリー・モダンの家の私道に乗り入れると、鞄をつかんで玄関へ向かった。

グロフは青いオックスフォードシャツとカーキパンツに木靴という姿で私を迎え入れると、仏教像、ヒンドゥー教の神々、インドネシアの仮面、そして彼が長年にわたって書いてきた20冊の著書の山を通りすぎて、居間へ案内してくれた。2つあるガラスの引き戸の向こうに、スペイン風の赤い瓦屋根の建物が点在する丘の風景が広がっていた。レッドウッドのパティオテーブルに落ち着くと、グロフはどんな経緯ですべてが始まったかを私に話してくれた。

1956年11月、グロフはプラハにあるチェコスロバキア科学アカデミーの学生だった。[40]大学の心理学科には、スイスの製薬会社サンドから新薬のサンプルが送られてきていた。そもそも月経痛や頭痛の治療を目的に開発された薬だが、幻覚などの副作用が強すぎて市場に流通できないことがわかっていたものだ。だがサンド社は、精神科医が統合失調症の患者をよりよく理解して、コミュニケーションをとるのに使えるのではないかと考えた。

グロフは志願してその薬を試した。助手は彼を椅子に縛りつけて、100マイクログラムの薬剤を注射した。グロフはのちに「いまだかつて見たことのない光が見えて、そんなものがあることが信じられなかった」と回想している。「最初に思ったのは、自分はヒロシマを見ている、ということだった。そのあと、クリニックの上、プラハの上、この惑星の上にいる自分自身が見えた。意識の境界がなくなり、私は惑星を超越した。宇宙としての意識があった」

グロフはリゼルグ酸ジエチルアミド25、通称LSDの最初の被験者のひとりだった。その経験はグロフをチェコスロバキア科学アカデミーと、のちにジョンズ・ホプキンズ大学で行なった患者の心理療法についての研究へと導く。[41] アメリカでは1968年にLSDの使用が法律で禁止されたため、グロフと妻のクリスティーナは、投獄されることなく同様の幻覚を引き起こす有効な治療法を模索した。そして見出したのが激しい呼吸だった。[42]

グロフ夫妻の技法は基本的にツンモを最大限にパワーアップしたものだった。暗い部屋の床に横たわり、大音量で音楽を流し、最長で3時間、できるだけ激しく素早く呼吸する。すると積極的な呼吸を疲労困憊するまで行なった患者はストレス状態に入り、潜在意識や無意識の思考にアクセスできることをふたりは発見した。本来、この療法は人々の心のヒューズを吹き飛ばすことで、心地よい穏やかな状態に戻るためのものだった。

グロフ夫妻はその療法をホロトロピック・ブレスワークと命名した。ギリシャ語で「全体」を意味するholos、「何かに向かって進む」という意味のtrepeinを合わせた言葉だ。心を分解し、それを一体化に向かわせるのがホロトロピック・ブレスワークだった。

それはかなりの労力を要するものでもあった。ホロトロピック・ブレスワークでは、多くの患者が「魂の闇夜」を旅して、自分自身と「痛みを伴う対決」をする。嘔吐や神経衰弱に苦しむ者もいた。そうしたすべてを乗り越えた先には、神秘的なヴィジョン、スピリチュアルな目覚め、心理的な打破、体外離脱、そして、グロフの言う「小規模な生－死－再生」がある。非常に強力な経験で、患者たちは自分の人生全体が目の前で点滅するのが見えたと報告した。ホロトロピック・ブレスワークは、たちまち精神科医の人気を集めるようになった。

「われわれは精神に異常を来《きた》した人、誰も関わりたがらない人、薬が効かない人を受け入れてきました」と語ったのはジェームズ・アイアーマン博士、過去30年にわたって自身の診療所でその心理療法を行なっている精神科医だ。

アイアーマンは１９８９年から２００１年にかけて、セントルイスのセントアンソニー医療センターで１万１０００人以上の患者にホロトロピック・ブレスワークを実践させた。[43]彼は躁鬱病、統合失調症などの患者４８２人の体験を記録して、この治療法に著しい永続的な効果があることを見出した。自分の喉を切り裂こうとした14歳の少年は、ホロトロピックで何度か呼吸することで、「純粋意識」の状態へ楽に移行していった。複数の薬物に依存していた31歳の女性は、体外離脱を経験したのち、しらふに戻って12ステップの回復プログラムに取り組んだ。アイアーマンは同じような変化を何千と見てきたが、拒絶反応や副作用は一度も報告されていない。「こうした患者はかなり乱暴になりますが、効果はありました」と彼は私に言った。「それも驚くべき効果です。病院のスタッフにはわけがわかりませんでした」[44]

小規模な研究がいくつかあとにつづき、不安や低い自己評価、喘息、「人間関係の問題」を抱える人々にとってポジティブな結果が示された。[45]だが、その50年の歴史の大半で、ホロトロピック・ブレスワークの研究はわずかしか行なわれず、行なわれたにしても主観的な経験の評価にとどまっている。つまり、人はその前後にどう感じたと語るか、だ。自分で感じてみたくなり、私はセッションへの参加を申し込んだ。

・
・
・

さわやかな秋の日、私はグロフの家の北へ数時間車を走らせて、古くからあるレッドウッドの森に隠れた温泉リゾートへ向かった。そこにはほこりっぽいユルト（移動式円形テント）が並び、トウシューズを履いた立派なあごひげの男性やトルコ石をつけた三つ編みの女性がいて、自家製グラノーラを入れた広口瓶があった。まさに予想どおりの光景だった。予想外だったのは、企業の顧問弁護士やプレスされたポロシャツを着た建築家、軍隊式に髪を刈り込んだ筋肉質の男性までやってきていたことだ。

　私を含む十数人が宿舎のアクティビティルームに入った。グループの半分が床に横たわって呼吸に備え、残りの半分はシッターとして彼らを見守った。私はケリーという男性のシッター役を買って出た。アルマーニの眼鏡をかけたケリーは、セッション中はさわらないでほしいと言ってきた。少しでも接触すると火傷するのではないかと恐れていたからだ。

　音楽が流れだした。案の定、強烈なビートのテクノに反響するリュートとアラブのマカーム調のヨーデルというミックスだった。次に起きたことも予想どおり。ビジネスマンたちは激しく呼吸してマットの上で小刻みに動いたが、ほとんどは静かに内にこもっていた。

　そうこうするうちに、グループのなかの天性の信仰療法師《ヒーラー》たちが暴れだした。

　呼吸を始めてほんの数分後、山を数マイル登ったところにある電気の通っていない小屋に暮らすベンという大男が、半身を起こし、まるでそこにホビットの魔法の石があるかのように、畏敬のこもった目で自分の手のひらを見つめた。さらに数回息をすると、鼻を鳴らして股間をかきはじめた。そして、オオカミのように吠えたり唸《うな》ったりしてから、四つん這いで部屋を跳ねまわった。そのセッションを指導するセラピストたちが背後に忍び寄り、ベンを床にねじ伏せた。そのまま押さえつけていると、やがてベンは元の人間に姿を変えた。

ベンの背後で、メアリという女性が拳で自分の目を叩き、大声で母親を呼びはじめた。「ママが欲しい。大嫌いよ、ママ。ママが欲しい。大嫌いよ、ママ」と交互に悪魔と赤ん坊の声で泣きじゃくった。そして部屋の隅へ這っていくと虐げられた犬のように体を丸めた。これが2時間つづいた。

私は気になって仕方がなかった。メアリとベンの呼吸はほかの人と比べて速くも深くもなく、私の呼吸の速さと変わらなかったのだ。こちらはこの場面を座って静かに眺めていただけというのに。

午後になると、グループは役割を交代して私が魂の闇夜を歩く番になった。白状しよう、この時点で私はかなり疑っていたが、それでも全力を尽くし、できるだけ激しく、できるだけ長く呼吸した。暑さを感じて汗をかき、ひどい寒さを感じて汗をかいた。脚が感覚を失い、手の指が鉤爪状に丸まって動かせない。過呼吸が引き起こす一般的な筋肉収縮でテタニーといわれるものだ。頭がぼんやりして、白昼夢を見ている状態に入ったことを確信した。そこでは周囲の音や音楽、感覚が潜在意識の思考やイメージと自由に混ざり合っていた。

しばらくすると、空疎な電子ドラム、偽のシンバルの響き、鍵盤で鳴らされたリュートが意識のなかへ消えていき、終了となった。グループは勧められるままテーブルを囲み、たったいま経験したことをもとにクレヨンで曼荼羅《まんだら》を描くことになった。私はよい香りのする夕暮れの屋外へ出て、車の助手席でひとり、生ぬるいビールを飲んだ。

ホロトロピック・ブレスワークは、ベンやメアリのほか、体験者のうち数十万人に変化を起こしてみせた。とはいえ、そこには間違いなく何か精神的な作用が働いている。考えずにはいられなかった。その治療効果はどこまで環境に、つまり「精神《セット》と設定条件《セッティング》」に起因しているのか、そして、長時間の激しい呼吸に対する測定可能な、物理的な反応はどれだけあるのか。

少なくとも一部の視覚的、内観的な体験は脳内の酸素の減少によって引き起こされる、とグロフは信じていた。[46]

安静時の脳内には、[47]毎分およそ750ミリリットルの血液（ワインボトル1本を満たせる量）が流れている。体のほかの部位と同じく、活動中は若干増加するが、通常は一定に保たれる。[48]

変化が見られるのは激しい呼吸をしたときだ。体は必要以上の空気を無理やり取り入れると、二酸化炭素を過剰に放出する。すると、とくに脳内で血管の収縮が起こり、血流が減少する。ほんの数分、あるいはほんの数秒過呼吸になっただけで、脳の血流が40パーセントという信じられない割合で減少しかねない。[49]

このとき最も大きな影響を受けるのは、海馬、前頭葉、後頭葉、頭頂後頭皮質など、視覚処理や体感情報、記憶、時間認識、自己意識といった働きを協調して支配する領域だ。[50]こうした領域に生じる障害は、体外離脱や白昼夢など、強力な幻覚を誘発することがある。より速く深い呼吸をつづければ、より多くの血液が脳内から失われ、視覚や聴覚によりひどい幻覚が引き起こされる。

さらに、血液のpHバランスが崩れた状態が長引くと、遭難信号が体全体に、とりわけ感情や興奮などの本能を制御する大脳辺縁系に送られる。[51]このストレス信号を長時間、意識的に送りつづけると、より原始的な大脳辺縁系がだまされて、体が死にかけていると考えるようになる。ホロトロピック・ブレスワークの実践中に非常に多くの人が死と再生の感覚を体験するのは、それで説明がつくかもしれない。意識的な呼吸で命が危ない状態にあると体に認識させ、次に意識的な呼吸でそれを元に戻しているというわけだ。

その全体像に関して研究者たちが真の理解とはほど遠いところにいることをグロフは認めている。それでかまわなかった。ホロトロピック・ブレスワークは、きわめて多くの患者が必要としていながら、ほかの治療法では得られない強いひと押しを与えるとわかっているからだ。激しい呼吸をするだけで、ほかでは無理なことがかなえられるのだと。

第9章　止める

1968年、アーサー・クリング博士はイリノイ大学医学部の職を辞すと、カヨ・サンティアゴ行きの飛行機に乗った。プエルトリコの南東海岸に位置する未開の無人島だ。彼はちょっとした罠をしかけ、野生のサルの一団を捕らえると、研究室に持ち帰って一風変わった残酷な実験を行なった。まずサルの頭蓋骨を開き、両側から脳の一部をひとすくい取り除いた。そしてサルを回復させてから、ふたたびジャングルに解放した。

サルは頭に少し傷があるほかは普通に見えたが、脳内は何かがおかしかった。サルたちは世界を動き回るのに苦労した。餓死したものもいれば、溺死したものもいた。数匹はほかの動物にあっさり食べられた。2週間もしないうちに、クリングのサルはすべて死んだ。

2年後、クリングはザンビアのヴィクトリア滝から上流にほど近い場所へ行き、同じ実験を繰り返した。[1] 脳に手を加えられたサルは、野生に戻してから7時間足らずで全滅した。サルがすべて死んだのは、どの動物が獲物で、どれが捕食動物か見分けることができなかったからだ。彼らは危険性を察知せずに流れの急な川に入り、細い枝にぶら下がり、敵の集団に近づいたりした。恐怖の感覚がなかったのは、クリングがサルの脳から恐怖を取り除いたからだった。

具体的に言うと、クリングが切り取ったのはサルの扁桃体だった。側頭葉の中央部にある2つのアーモンド大の塊である。扁桃体は、サルや人間などの高次脊椎動物が何かを記憶したり、判断したり、感情を処理するのを助ける働きをする。恐怖の警報回路の役割を果たすとも考えられていて、脅威を伝え、戦うか逃げるかの反応を起こす。[2] 扁桃体がないと、すべてのサルは「予知能力や、危険な対立を回避する能力の発達が遅れるようであった」とクリングは記している。恐怖心がなければ、生き残ることは不可能で、ごく控えめに言っても、きわめて危うい状態だった。

そのころ米国では、のちに心理学者たちがS・Mと名づける女性が生まれていた。彼女はウルバッハ＝ヴィーテ病と呼ばれる珍しい遺伝子疾患を抱えていた。この病気のために細胞の突然変異が起こり、体じゅうに脂肪質が蓄積され、皮膚がごつごつして腫れたようになり、声がしわがれた。S・Mが10歳のとき、脳内に沈殿物が広がった。原因は不明だが、その病気のあと、ほとんどの領域は無事だったものの、扁桃体が破壊された。

S・Mはほかの人と同じように、見たり、感じたり、考えたり、味わったりすることができた。IQも、理解力も、認知力も標準だった。ところが、10代後半に差しかかると恐怖の感覚が弱まった。赤の他人に近づき、顔の数インチ手前に立って、自分の性にまつわるごく個人的な秘密を話し、困惑されたり拒絶されたりすることを恐れない。激しい雷雨の日も近所の人としゃべるために外に出かけ、がれきがなだれ落ちてくるんじゃないかと心配することもない。食べ物が手元にあれば食べるが、戸棚がからっぽでも買い置きをしなくてはと気にかけはしない。S・Mには空腹になるという恐怖感がなかった。

彼女は身近で恐怖に直面しても、それを認識する能力まで失っていた。家族や友人の幸せや戸惑い、悲しみはすぐに理解できたが、誰かが怖がっていたり脅されていても、さっぱりわからなかった。心配、ストレス、不安はすべて扁桃体とともに消滅していた。

ある日、S・Mが40代のころだが、小型トラックに乗った男が近づいてきて、彼女をデートに誘った。彼女が乗り込むと、男は廃《すた》れた納屋に連れていき、地面に投げ倒して服をはぎ取った。するといきなり1匹の犬が納屋に駆け込んできたため、男は誰かがすぐそばまで迫っているんじゃないかと不安になった。男はズボンのファスナーを閉めて体のほこりを払った。S・Mはこともなげに起き上がると男を追って車に戻った。そして家まで送るよう頼んだ。

ジャスティン・ファインスタイン博士がS・Mに会ったのは2006年、アイオワ大学で臨床神経心理学の博士課程にいたときのことだった。ファインスタインの専門は不安で、具体的にはいかに不安を克服するかについて研究していた。恐怖がすべての不安の核となることは知っていた。体重が増える恐怖は食欲不振につながり、人込みに対する恐怖は広場恐怖症に、自制心を失う恐怖はパニック発作につながる。不安は知覚された恐怖に対する過敏な反応だった。その対象はクモでも、異性でも、閉所でも変わらない。ニューロンレベルでは、不安と恐怖症は過剰に反応する扁桃体によって引き起こされていた。

研究者たちは20年を費やしてS・Mについて研究を行ない、彼女の症状の理解に努め、彼女を怖がらせようと試みた。排泄物を食べる人間の映画を見せ、テーマパークのお化け屋敷に連れていき、這いまわるヘビを腕に乗せたりした。どれも無駄だった。

ファインスタインは覚悟を決め、さらに掘り下げて、人間の被験者に一呼吸分の二酸化炭素を与えた研究を見つけた。たとえ少量でも、患者は窒息感を訴え、無理やり何分も息を止めさせられたようだったと報告していた。酸素濃度に変化はなく、危険はないと被験者もわかっていたが、それでも多くは数分間つづいたパニック発作で弱りきっていた。それは知覚された恐怖や外部の脅威に対する反応ではなかったし、心理的なものでもない。二酸化炭素が物理的に脳内や体内のほかの機構を作動させていたのだ。

ファインスタインは、神経外科医、心理学者、研究助手からなるグループとともにアイオワ大学病院の研究室で実験を開始した。Ｓ・Ｍを連れてきて机の前に座らせ、彼女の顔に吸入マスクを装着する。マスクの接続先である吸入器の袋には、肺数杯分の空気が二酸化炭素35パーセント、残りが室内気という割合で入っている。Ｓ・Ｍには二酸化炭素が彼女の体に害を与えることはなく、組織や脳には酸素がたくさんあると説明した。だから何の危険もないのだと。そう聞いても、Ｓ・Ｍは普段とまったく変わらなかった。つまり、退屈そうにしていた。

「われわれはこれでどうこうなると期待してはいませんでした」とファインスタインは私に言った。「誰ひとりとして」。まもなくファインスタインは二酸化炭素の混合物をマウスピースに放出した。Ｓ・Ｍが吸い込んだ。

たちまち、彼女はどんよりとした目を見開いた。肩の筋肉がこわばり、息が苦しそうになった。彼女は机をつかんだ。「助けて！」とマウスピース越しに叫んだ。Ｓ・Ｍは片腕をあげ、溺れたかのように振った。「息が！」と絶叫した。「息ができない！」研究者のひとりがマスクを引きはがしたが、効果はなかった。S・Mは激しく痙攣し、ぜいぜいあえいだ。1分ほどすると両腕をだらりと下ろし、ゆっくりと静かに呼吸を再開した。

一呼吸分の二酸化炭素はS・Mに対して、ヘビにもホラー映画にも雷雨にもなしえないことをやってのけた。30年間で初めて、彼女は恐怖を感じ、本格的なパニック発作を起こしたのだ。彼女の扁桃体が回復したわけではない。彼女の脳はこれまでどおりだった。だが、休止状態にあった何かのスイッチがいきなりはじかれていた。

S・Mはふたたび二酸化炭素を吸入することを拒んだ。後年、彼女はそのことを考えるだけでストレスに悩まされた。そこでファインスタインと研究者たちは、ウルバッハ＝ヴィーテ病を患うドイツ人の双子で研究結果を確認する。双子は扁桃体を失っていて、どちらもこの10年間恐怖を感じていなかった。一呼吸分の二酸化炭素を吸い込むとすぐに変化が生じ、どちらもS・Mと同様の不安、パニック、極度の恐怖で弱りきっていた。

教科書は間違っていた。扁桃体だけが「恐怖の警報回路」ではなかったのだ。われわれの体にはほかにもっと深い回路があって、扁桃体単独では起こせない、もっと強力な危機感を生み出している。それはS・Mやドイツの双子のほか、数十人のウルバッハ＝ヴィーテ病患者に限った話ではない。すべての人とほぼすべての生き物に共有されているのだ。つまり人間や動物はもちろん、虫やバクテリアにいたるまで。

それは二度と息ができないという感覚から生まれる、深い恐怖と圧倒的な不安だった。

・・・

鼻か口から空気を吸ってみよう。このエクササイズではどちらでもかまわない。そして息を止める。すぐにもっと吸いたいという軽い飢餓感がわくだろう。この飢餓感が募ると、心がはやり、肺が痛みだす。不安になり、ひどくうろたえ、いらいらする。パニックを起こす。あらゆる感覚があの苦しい窒息感に向かって進む。ここであなたが望むのはただひとつ、もう一度息を吸うことだ。

たえずつきまとう呼吸の必要性は、脳幹の基部に位置した中枢化学受容器と呼ばれるニューロン群から引き起こされる。[3] 呼吸が遅くなりすぎて二酸化炭素濃度が上がると、中枢化学受容器はそうした変化をチェックし、脳に警報信号を送って、肺にもっと速く深く呼吸するよう伝える。呼吸が速くなりすぎると、この化学受容器は体にもっとゆっくり呼吸して二酸化炭素濃度を上げるよう指示する。このように体は酸素の量ではなく、二酸化炭素の濃度で呼吸の速さや頻度を決定しているのだ。

化学受容は生命のきわめて根本的な機能のひとつだ。25億年前に最初の好気性生命体が進化したとき、二酸化炭素を感知して避けなければならなかった。発達した化学受容はバクテリアを経て、より複雑な生命へと受け継がれた。これが息を止めると生じる、あの窒息感を刺激するものの正体だ。

人間が進化するにつれて、われわれの化学受容は可塑性を増した。これは変化する環境に合わせて柔軟に対応できるということだ。[4] さまざまな濃度の二酸化炭素と酸素に順応するこの能力のおかげで、人間は海面下800フィート（約244メートル）や海抜1万6000フィート（約4880メートル）の場所に移住できるようになった。[5]

今日、化学受容器の柔軟性は、よいアスリートと偉大なアスリートを分かつ要素のひとつとなっている。この柔軟性があるからこそ、一部の一流登山家は酸素を補給せずにエベレストに登頂でき、一部のフリーダイバーは水中で10分間息を止めることができる。[6] こうした人々はみな、二酸化炭素の極端な変動にもパニックを起こさずに耐えられるよう、化学受容器を鍛えている。

肉体の限界は要因の半分でしかない。心の健康も化学受容器の柔軟性に依存している。S・Mとドイツの双子がパニック発作や不安で衰弱したのは精神障害のせいではない。彼らが苦しんだのは、化学受容器と脳のほかの部分をつなぐ通信回線が遮断されたからだ。ごく基本的なことに聞こえるかもしれない。当然、われわれは呼吸ができなくなったり、できなくなると思うと、条件反射的にパニックに陥る。だが、こうしたパニックの科学的根拠、つまりパニックが生じる原因が、扁桃体で処理された外部の心理的脅威ではなく、化学受容器と呼吸であるのは興味深い。

以上のことから示唆されるのは、心理学者は過去１００年間、慢性的な恐怖とそれに伴うあらゆる不安を間違った方法で治療していたかもしれないということだ。恐怖は単なる心の問題ではなく、患者の考え方を変えさせるだけで治療できるわけではない。恐怖と不安には身体的徴候も見られた。どちらも扁桃体の外、もっと古い部位である爬虫類脳で生じることがある。

アメリカ人の18パーセントは何らかの不安やパニックに悩まされていて、その数値は年々上昇している。[7] アメリカ人や世界じゅうの何億人もの人々を治療する最適な治療方法は、まず中枢化学受容器と脳のほかの部分を調整して、二酸化炭素濃度にもっと柔軟に対応できるようにすることかもしれない。不安に悩む人々に息を止める術を伝授することかもしれない。

さかのぼること紀元前1世紀、現在のインドに当たる地域の住民が意識的無呼吸法について語り、それは健康を回復させ、長寿を約束するのだと主張していた。約２０００年前に書かれたヒンドゥー教の聖典「バガヴァッド・ギーター」には、プラーナヤーマの呼吸法は「すべての呼吸を止めることで引き起こされる没我」を意味すると説明されている。その数世紀後、中国の学者たちは息止めの術の詳細を語る本を数冊執筆した。そのうちの1冊、『嵩山太無先生氣經』には次のような助言が書かれている。[8]

毎日横になり、心を静め、思考を遮断し、呼吸をさえぎる。拳を握り、鼻から吸い込み、口から吐き出す。呼吸は聞き取れてはいけない。できるだけ微かに細く。息が満ちたらふさぐ。（息を）ふさぐと足の裏から汗が出る。「一と二」を百回数える。極限まで息をふさいだあと、わずかに吐く。もう少し吸い込み、ふたたび（息を）ふさぐ。暑い（と感じる）場合は、「ホー」と言いながら吐き出す。寒い（と感じる）場合は、「チュイー」（という音）と共に吹き出す。（このように）呼吸できて、（ふさいだ状態で）千まで数えられれば、穀物も薬もいらなくなる。

今日、息止めは完全に病気と関連づけられるといっていい。「息を止めるな《ドント・ホールド・ユア・ブレス》」という金言もある〔「待ちかまえるな」「期待しないで」という意味で使われる〕。体に一定の酸素の流れを与えないのはよくないとも言われてきた。ほとんどの場合、これは健全な助言だ。

睡眠時無呼吸は一種の慢性的な無意識の呼吸停止で、ひどく健康を損ねるだけでなく、いまではよく知られているように、高血圧や神経障害、自己免疫疾患などの原因となる。[9]起きている時間に息を止めるのも有害で、こちらはさらに広く蔓延している。

オフィスワーカーは（ある推計によると）最大80パーセントが〝継続的・部分的注意力〟と呼ばれる問題に悩まされているという。[10]私たちはメールに目を通し、メモを取り、ツイッターをチェックすると、それをまた最初から繰り返し、特定のタスクに完全に集中することがない。このように絶えず気が散る状態では、呼吸は浅く不規則になる。ときには30秒以上息をしない。この問題は深刻で、米国国立衛生研究所はデイヴィッド・アンダーソン博士やマーガレット・チェズニー博士など数名の研究者の協力を得て、過去数十年間におけるその影響を調査した。チェズニーは私に、この問題は「電子メール無呼吸症候群」として知られ、睡眠時無呼吸と同様の不調の一因となっていると語った。

どうして近代科学と古来の慣習はこれほど食い違うのだろうか？

繰り返しになるが、これは意志の問題ということになる。睡眠中に起こる呼吸停止と〝継続的・部分的注意力〟は無意識のものだ。[11]それは私たちの体に起きていて、自分ではコントロールできない。古代の人々や復興論者が実践してきた息止めは意識的なものだ。われわれが自分自身に行なわせる方法である。

これを正しく行なえば、驚くべき効果があるらしい。

・　・　・

蒸し暑い水曜日の朝、私はオクラホマ州タルサのダウンタウンにあるローリエット脳研究所で、ジャスティン・ファインスタインの仕事場に置かれたしわだらけのソファに腰かけている。向かい側の窓の外には、段ボール色の空と、赤とオレンジの葉でできたペイズリー模様の風景。ファインスタインは窓の下側に座り、科学論文の山をめくっているところだ。論文が積まれた二倍幅のデスクの上にはわずかな隙間もない。ボタンダウンシャツの裾を出し、そでロをまくり上げ、足もとはサンダル、カーキ色のバギーパンツにはクレヨンのしみがついている。3歳の娘さんの贈り物だろう。神経心理学者といえばこんな感じだろうと想像したままの風貌だ。頭がよくて、やや尻込みした感じがある。

ファインスタインはパニック障害や不安障害の患者に二酸化炭素吸入を用いる検査を行なうため、国立衛生研究所の5年間の助成金を得たばかりだった。ウルバッハ＝ヴィーテ病を患うS・Mとドイツの双子に二酸化炭素を施す経験をしたあと、二酸化炭素はパニックと不安を引き起こすだけでなく、治癒にも役立つかもしれないと確信するようになった。

大量の二酸化炭素を吸うことで、1000年前の息止め技術と同様の肉体的・心理的恩恵を引き出せるのではないかと考えたのだ。

だが、彼の治療法では、古代の中国人のように患者に息を止めさせたり、喉をふさいだり、手を握りしめて100まで数えさせたりはしなかった。患者たちはあまりにも不安が強くて落ち着きがなく、そうした激しい技術を実践できないからだ。代わりに二酸化炭素が全部やってくれた。患者たちは治療にやってくると、何でも考えたいことを好きに考え、二酸化炭素を少し吸い込み、化学受容器を柔軟に通常の状態へと戻し、そして帰っていく。これは不安が強すぎて息を止められない人のための古代の息止め術だった。

息止め術、またはファインスタインの言う二酸化炭素治療は、何千年もまえから行なわれてきた。古代ローマ人は痛風から戦傷にいたるまで、あらゆる病気やけがの治療法として熱い風呂に浸かる（湯に含まれる高濃度の二酸化炭素を皮膚から吸収する）ことを処方した。[12] 何世紀ものち、ベル・エポック期のフランス人はフランス・アルプスにあるロワイヤの温泉に集《つど》い、泡立つ温泉に何日間も連続で入った。

「ロワイヤにある4カ所の鉱泉の化学成分を調査するとわかるが、ここにはわれわれの意のままになる強い作用物質があり、その大半は、通常使用される医薬品に対して抵抗力のあるさまざまな病状の治療に用いることができる」と書いたのは、1870年代後半に訪れた英国人医師のジョージ・ヘンリー・ブラントだ。[13] ブラントがここで述べているのは喘息や気管支炎などの呼吸器系疾患と、湿疹や乾癬といった皮膚疾患のことで、いずれも数回の温泉療法で「確実に治癒できた」という。[*14]

ロワイヤの医師たちは、最終的には二酸化炭素を瓶に密封し、吸入器として処置を施す。この治療法はじつに効果的だったため、1900年代前半には米国に伝えられた。イェール大学の生理学者ヤンデル・ヘンダーソンが普及させた5パーセントの二酸化炭素と残りの酸素からなる混合物は、脳卒中や肺炎、喘息、新生児の仮死に対する処置に使われ、大きな成果を挙げた。ニューヨークやシカゴ、その他の主要都市の消防署では消防自動車に二酸化炭素タンクが取りつけられた。この二酸化炭素が多くの命を救ったとされている。

一方、30パーセントの二酸化炭素と70パーセントの酸素の混合物は、不安や癲癇《てんかん》だけでなく、統合失調症に対しても頼れる治療法となった。何度か吸い込むだけで、何カ月も何年も緊張性の昏迷状態に陥っていた患者が突然正気づく。目を開き、まわりを見回して、医者やほかの患者に向かって冷静に話しはじめるのだ。

「すばらしい気分でした。驚きました。とても軽く感じられ、自分がどこにいるのかわかりませんでした」と患者のひとりが報告している。「自分に何かが起きたことはわかりましたが、それが何なのかはわかりませんでした」

患者たちはこの明瞭で意識のはっきりした状態を30分ほど保ち、やがて二酸化炭素が切れる。すると何の前触れもなく話を途中で止めて動かなくなり、宙を見つめて彫像のようなポーズを取り、ときには崩れ落ちる。患者の病気はぶり返した。次に二酸化炭素を吸うまでその状態がつづく。

その後、理由は不明ながら、1950年代には、1世紀にわたる科学研究が姿を消していた。[15] 皮膚疾患を抱える者は錠剤やクリームに頼り、喘息持ちはステロイドや気管支拡張薬で症状を管理した。[16] 重い精神障害の患者には鎮痛薬が与えられた。

＊ブラントの報告以降、何千人もの研究者が心臓血管の健康、減量、免疫機能について、二酸化炭素治療の効果の検査を実施してきた。PubMedで「経皮的な二酸化炭素治療」をざっと検索すると、2500件以上の研究が出てくる。こうした研究の多くは100年前のロワイヤの研究者たちや、その数千年前のギリシャ人たちの発見した結果を裏づけているのが判明した。つまり、体を二酸化炭素にさらすと、水のなかでも、注入するかたちでも、吸入であっても、筋肉や臓器、脳などへの酸素運搬が増し、動脈が広がって血流が増加し、脂肪がさらに分解され、多くの病気にとって強力な治療となる。二酸化炭素の研究に関する広範にわたる過去の研究とその他の出典については、www.mrjamesnestor.com/breathをご覧いただきたい。

薬理は統合失調症やその他の精神病を治せなかったが、体外離脱体験や多幸感を引き出すこともなかった。薬によって患者の感覚は麻痺し、何週間も何カ月も何年も、薬の服用をやめないかぎり、麻痺はつづいた。

「興味深いことに、誰も反証を挙げなかった」と二酸化炭素治療のファインスタインは言う。「そのデータ、科学は、いまも有効だ」

ファインスタインは私に、著名な精神科医ジョゼフ・ウォルピによる世に知られていない研究を発見したときの様子を語ってくれる。ウォルピは不安の治療法として二酸化炭素治療を再発見した人物であり、それについて1980年代に書いた論文は大きな影響を及ぼした。ウォルピの患者たちには炭酸ガスを数回吸っただけで驚くほどの長期的改善が共通して見られたという。やはり著名な精神科医で、パニックと不安を専門とするドナルド・クラインは、その数年後、二酸化炭素が脳内の化学受容器をリセットする役割を果たし、それによって患者は正常に呼吸し、正常に考えられるようになっているのではないかと指摘した。[17] 以来、この治療法を追究する研究者はほとんどいなくなっている（ファインスタインの推定によると、現在研究しているのは5名ほどだ）。ファインスタインはずっと思案してきた。初期の研究者たちは正しかったのか、この古来のガスは現在の病気の治療薬となるのか、と。

「心理学者として私はこう考える。自分にはどんな選択肢があるのか、こうした患者にとって最良の治療法は何か？」とファインスタインは言う。

彼に言わせると、錠剤は嘘の約束をするばかりか、大半の人にはほとんど効果がない。不安障害とうつ病は、米国で最もよく見られる精神障害で、国民の約半数が一生に一度はいずれかに苦しむ。[18]その対処法として、12歳を超えるアメリカ人の13パーセントが抗鬱薬を使用し、なかでも選択的セロトニン再取り込み阻害薬、略称SSRIが使われることが多い。[19]こうした薬は、とくに重度のうつなどの深刻な症状に苦しむ何百万人もの命を救ってきた。もっとも、服用した患者のうち、何らかの恩恵を受ける者は半分にも満たない。*「これがわれわれのできる最善なのか？」

「私は自問をつづけている」とファインスタインは言う。

＊《ランセット》誌に発表された2019年の英国の調査では、SSRIで治療したグループの6週間後のうつの症状は5パーセント減にとどまり、著者の言葉を借りると、SSRIの効果を示す「有力な証拠はひとつも」示されなかった。12週間後には13パーセントの減少が見られたが、研究者たちはこの調査結果を「説得力に乏しい」としている。[20]

ファインスタインはさまざまな非薬物療法を探求してきた。10年を費やしてマインドフルネス瞑想を学び、教えてきた。数多くの科学研究からわかるように、瞑想は脳の重要部位の構造と機能を変え、不安を軽減し、集中力や同情心を高めることができる。瞑想は驚くべき効果をもたらすが、そうした見返りを手にできる人がほとんどいないのは、瞑想を試みる人の大多数が途中で断念して、次に移ってしまうからだ。慢性的な不安を抱える人の場合、そのパーセンテージはさらに悪化する。「マインドフル療法は、型どおりに実践したところで、もはやわれわれが住むこの新しい世界には役立たない」とファインスタインは説明する。

もうひとつの選択肢である曝露療法は、患者を恐怖に繰り返しさらすことで恐怖を受け入れやすくするテクニックだ。[21] 非常に効果的だが、かなり時間がかかり、通常、数多くの長いセッションを数週間から数カ月にわたって受けることになる。それだけの時間を確保できる心理学者と、必要な資源を持った患者を見つけるのは難しい。

それにしても、誰もが呼吸をしていながら、いまや上手に呼吸できる者はほとんどいない。最悪の不安を抱えている人は、きまって最悪の呼吸習慣に苦しんでいる。

食欲不振やパニック、強迫性障害に悩む人は一様に二酸化炭素濃度が低く、息を止めることに非常に強い恐怖を感じる。[22,23] またパニックに襲われないよう、過度に呼吸し、ついには二酸化炭素に対して過敏になり、濃度の上昇を感知するとパニックに陥る。[24] 彼らが不安なのは過呼吸だから、過呼吸なのは不安だからだ。

ファインスタインは、サザンメソジスト大学の心理学者アリシア・ミューレによる刺激的な近年の研究を発見した。彼女は呼吸の速度を遅くして二酸化炭素を増やすことで患者の喘息の発作を緩和させていた。[25] このテクニックはパニック発作にも効果を発揮した。ランダム化対照実験で、彼女と研究グループはパニックに苦しむ20名の被験者にカプノメーターを与え、1日を通して呼吸中の二酸化炭素の量を記録した。[26] データを処理した結果、ミューレは次のことに気づいた。パニックは、喘息と同じく、通常は直前に呼吸の量と回数が増加し、二酸化炭素が減少する。そこで発作を未然に防ぐため、被験者たちは呼吸を遅くして減らし、二酸化炭素を増やしていた。この単純かつコストのかからないテクニックで、めまい、息切れ、窒息感が解消された。パニック発作が起こるまえに実質的に治療できたわけだ。「〝深呼吸をしなさい〟は助けになる指示ではない」とミューレは記している。息を止めるほうがはるかにいい。

ファインスタインの仕事場を出ると、入り組んだエレベーターと階段の迷路を抜け、やがて防音処理の施された両開きのドアの奥に入る。ここはファインスタインの隠れ家だ。

ドアから入って右手では、彼とチームが浮揚の研究を行なっている。暗い無音の部屋に置かれた塩水プールに横たわって行なう療法だ。[27] 入って左側にはファインスタインの最新プロジェクト、二酸化炭素治療実験室がある。それは窓のない小さな箱で、見た目からして一時はＨＶＡＣ（冷房・換気・空調）設備を収納していたのではないか。その空間に体を押し込むわれわれは電話ボックスにぎゅう詰めになる道化者たちのようだ。折り畳み式の机の上には、例によってモニター、コンピューター、コード、心電計、カプノメーターのほか、私がここ数年で装着に慣れてきた装置がずらりと並んでいる。実験室の隅に置かれているのは、冷戦時代のロシアのミサイルのような使い古された黄色いボンベだ。ファインスタインによると、そこには75ポンド（約34キロ）の二酸化炭素が入っているらしい。

この数カ月間、ファインスタインは国立衛生研究所の研究の一環として、不安やパニックに苦しむ患者をこの実験室に連れてきて、二酸化炭素を数回吸わせてきた。いまのところ結果は有望だという。もちろん、二酸化炭素は多くの患者にパニック発作を引き起こしたが、それもまた砲火の洗礼の一部だ。この最初の不快な状態のあとは、何時間も、ときには何日間もリラックスした気分になると報告する患者が多い。

私は自分の化学受容器をこのリングに送り出す覚悟を決めた。申し込み手続きをして、大量の二酸化炭素を何度か吸うと体と脳にどんな影響があるのか確かめるのだ。

ファインスタインが金属センサーのついた白いフォーム材の断片を私の中指と薬指に装着する。この装置はガルヴァニック皮膚コンダクタンス測定器といって、交感神経系のストレス状態時に出る少量の汗を計測するものだ。もう片方の手では、パルスオキシメーターが心拍数と酸素濃度を記録する。

私が吸入する混合物は35パーセントが二酸化炭素で、残りは室内の空気だ（かつて統合失調症患者の検査にほぼ同じ割合の二酸化炭素が、酸素はなしで使われていた）。ファインスタインがS・Mに同量の二酸化炭素を与えたところ、パニックを起こして吸入を嫌がった。彼はほかの患者にも早い段階でこの治療法を試したが、やはり重度のパニック発作に苦しんだ。取り乱して二度と吸おうとしない患者もいたため、現在ファインスタインは投与分を15パーセントに下げている。化学受容器にとってはいいワークアウトになる量だが、患者が二度とやりたくなくなるほどではない。私は少なくとも当面、パニック発作にも慢性的な不安にも悩まされていなかったので、ファインスタインは投与量をS・Mのレベルに上げ、どうなるか見てみようと提案した。

彼は穏やかな口調で、きょう3度目となる説明をする。たとえ窒息するように感じても、それは思い込みにすぎず、私の酸素濃度に変化はなく、私に危険が及ぶことはないと。私の恐怖を鎮めるためとはいえ、繰り返し言われるとかえって不安になる。

「いいかな？」と言いながら、ファインスタインがフェイスマスクにあるマジックテープのストラップを締める。私はうなずくと、最後に数回、爽やかな部屋の空気を吸って椅子に深く沈む。あと2分で離陸開始だ。

ファインスタインはコンピューターに歩み寄ると、ケーブルやチューブ、コードをいじりだす。座ったまま取り残された私は爪の甘皮を見つめ、しばし思い出にふける。私の心がさまよう先は昨年、初めてストックホルムにアンデシュ・オルソンを訪ねたときだ。

それはちょうどコワーキングスペースのロビーでのインタビューが終わったときで、オルソンに連れられて彼のオフィスに入ると、その小さな物置に研究論文、小冊子、フェイスマスクが所狭しと置かれていた。がらくたの中央に使い古された二酸化炭素タンクがあった。オルソンはDIYパルモノートのグループとともに過去2年間、二酸化炭素で独自の実験を行なっていることを話してくれた。彼らは癲癇《てんかん》や精神障害の治療に使われる大量投与には関心がなかった。オルソンも仲間も病人というわけではなかった。彼らの関心は炭酸ガスの予防効果とパフォーマンス上の利点を研究すること、化学受容器の柔軟性をさらに広げて、体をさらに押し進めることにあった。

彼らが見つけた最も効果的かつ安全な配合は、室内の空気と混ぜた約7パーセントの二酸化炭素を数回吸い込むことだった。これはブテイコが一流アスリートたちの呼気に見出した「超耐久」レベルだった。[28] この混合物を吸っても、幻覚やパニックを誘発する作用はまったくなかった。ほとんど気づくこともないまま、強い効能が発揮されていた。オルソンは現場のパルモノートたちからのレポートをいくつか見せてくれた。[29]

利用者その1：「それで私はいまトロントにいて、ローラーブレードをすることにしたんです。ローラーブレードが大好きで、この湖岸沿いのルートは何度も滑ったことがありました。なのに聞いてください。［どれだけ］強く押しても、ほとんど110パーセントの力をずっと出していたのに……一度も口をあけてぜいぜいあえがずに済んだんです！」

利用者その2：「ぼくは昨日、二酸化炭素治療を3回、一度につき約15分間受けた。そして今日、カヌーをしてからガールフレンドとセックスしたら……終わるころには彼女ははあはあ息をして疲れていたのに、ぼくはまったく息が切れなかった！　超人になった気分だ！」

利用者その3：「こいつはすごい！……息をしてたら……そのうちやたらとサイコーな気

分になってきた。多幸感と言ったっていい。自動的に息をしてる感じまでしてきた」

オルソンがタンクを取りつけ、私は勧められるまま数回吸ってみた。少しぼうっとなり、すぐに軽い頭痛がした。べつに感銘は受けなかった。

・・・

タルサに戻ると、ファインスタインがこれからまったくの別物を投与しようとしている。私が以前吸ったものの数倍、私の化学受容器が通常さらされる量の数千倍はある。[30]

彼は手を伸ばしてデスクの上の大きな赤いボタンを指す。これを押したら空気ホースは室内の空気から壁に掛かるホイルの袋に入った二酸化炭素に切り替わる。袋は用心のための装置だ。私はタンクから直接吸うのではなく、その袋から吸うことになる。システムか私の脳に異常があった場合に備えてのことだ。万が一、栓が開いたままになったり、私がいきなりパニックに陥ってどうしようもなくなっても、私は袋の中身しか吸えない。それは大きく3回ほど吸える量になる。

赤いボタンの隣にあるのはストレスを測るダイヤルだ。これは私が感知した不安を記録する。いまの設定は最低レベルの1。二酸化炭素を吸って不安を感じはじめたら、ダイヤルを極限のパニック状態を示す20まで上げることができる。

つづく20分のあいだに、私は大きく3回二酸化炭素を吸わなければならない。気分がよければ立てつづけに3回吸ってもいいし、そうでなければ合間に数分間待ってもいい。患者が待つ時間は、この体験の強烈さを理解する鍵となる。

くくりつけられて用意ができたので、私は心を落ち着けようと、コンピューターのモニターに随時表示される自分のバイタルを見る。私が息を吸うと心拍数は上がり、吐き出すたびに下がって画面をなだらかな正弦波が横切る。酸素は98パーセント前後で、吐き出される二酸化炭素は5・5パーセントで安定している。準備完了だ。

極秘ミッションに臨む戦闘機パイロットの心境だ。フェイスマスク越しにダース・ベイダー風の呼吸音をたて、手はミサイル発射ボタンの上に。私がメンタルヘルス治療から連想するような場面とは違う。だが、ファインスタインがめざすのは感情レベルで患者の気分を変えることではない。原始的な脳の根本にある機構をリセットすることだ。

化学受容器は、結局のところ、血流中の二酸化炭素が頸部圧迫、溺水、パニック、タルサの壁に掛かったホイルの袋のどれによって生成されようが気にしない。同じ警報ベルを作動させる。こうした発作を制御された環境下で経験すれば、それはもはや謎ではない。

発作が始まるまえの感覚を患者に教えておくことで、発作を未然に防げるようになる。二酸化炭素は、長きにわたって無意識の病とみなされていたものを抑える意識的な力をもたらし、私たちが苦しんでいる症状の多くは呼吸によって引き起こされ、そして制御できるのだと教えてくれる。

私はもう一度ゆっくり深く息を吸い、親指を立てて合図すると、目を閉じて肺から空気をすべて押し出す。赤いボタンを叩き、ホースがホイルの袋と連動する音がしたら、大量の息を吸い込む。

その空気は金属の味がする。じわじわと口にしみ込み、舌と歯茎にアルミのコップからオレンジジュースを飲んだときの感覚を走らせる。二酸化炭素はさらに奥へ押し進み、喉を下っていき、内臓が1枚のアルミホイルの膜で覆われたような気分にさせる。細気管支を突き進み、肺胞に入って、血流に入り込む。私は発作に備えて気を引き締める。

1秒。2秒。3。変化なし。気分は数秒前、数分前と何も変わらない。私はストレスダイヤルを1のままにしておく。

ファインスタインはこんなこともあると言った。数カ月前にヴィム・ホフ式の実践者に大量投与したところ、その男性はほとんど何も感じなかったそうだ。激しい呼吸や息止めをかなり大量に行なっただけに、この被験者の化学受容器はすでに大きく広がっていると、ファインスタインは仮説を立てた。一方、私は10日間の強制的な口呼吸につづいて、10日間の強制的な鼻呼吸を終えたところだ。安静時の二酸化炭素濃度は20パーセント上昇していた。私もまた無理のない範囲で化学受容器を柔軟にしているのだろう。

そんなことを考えていたら、喉が若干締めつけられる感じがする。ごくわずかに。私は室内の空気を吸い、押し出すように吐く。そうするのに少し労力がいる。赤いボタンはオフになっている。私はもう二酸化炭素の混合物を吸っていない。それなのに口に靴下を押し込まれたようだ。もう一度息を吸おうとするが、靴下はどんどん大きくなる。

なるほど、今度はこめかみがひどく痛い。目をあけてレベルを確かめようとするが、部屋がぼやけている。数秒後、私はひび割れた汚い双眼鏡のようなものから世界を眺めている。息ができない。あらゆる感覚が私の制御から切り離され、吸い取られたかのようだ。

おそらく10秒か20秒経過して靴下が縮み、首筋が涼しくなり、不安の渦が逆回転して浮き上がる。視界の色と鮮明さが波紋を広げ、まるで手で窓の曇りをふき取っているかのようだ。ファインスタインが数フィート先に立って、じっと見ている。すべてが息を吹き返す。私はまた呼吸ができる。

私はそこに数分間座って汗をかいている。泣いているようでもあり、笑っているようでもある。あと2回、この恐ろしい混合ガスをこれから15分のあいだに吸う覚悟を決めようとしている。息苦しいのはただの錯覚だ。リラックスするんだ。ほんの数分で終わる。精いっぱいの強がりはどれも役に立たない。

結局のところ、私がたったいま感じた恐怖と、また吸うことで感じる恐怖は、精神的なものではない。機械的に生じているのだ。そして化学受容器を調整して広げるには何セッションかが必要で、だからファインスタインの患者たちは数日たってからふたたび志願する。これは、根本的には曝露療法だ。炭酸ガスに身をさらせばさらすほど、負担がかかりすぎたときの回復力が増す。

そこで私は研究という名目に加え自分の化学受容器が今後柔軟になるように、赤いボタンを押して、立てつづけに2回吸い込む。

そしてパニックを繰り返すのだ。

第10章　速く、ゆっくり、一切しない

毎日、八〇万人もの通勤・通学者がパウリスタ通りを行き交っている。それはなかなかの見ものだ。車線は小型車や錆びついたスクーターで渋滞し、歩道を急ぐのは色鮮やかなドレスシャツ姿の男たちに、熱心にスピーカーフォンで話しつづける女性たち、そして女子生徒たち。彼女たちが着ているTシャツの文字はどう見ても親が英訳したわけではない。〈I Give Zero Fucks（何回ファックしてもゼロ）〉、〈PornFreak（ポルノフリーク）〉、〈I Got Zero Chill in Me（ムラムラが止まらない）〉。

数ブロックごとにニューススタンドがあり、なくてはならない《コスモポリタン》や《プレイボーイ》を売っているだけでなく、ニーチェやトロツキーの宣言、チャールズ・ブコウスキーのみだらな詩集やマルセル・プルーストの『失われた時を求めて』の105

6ページからなる第一篇も置いてある。またもクラクションが鳴り、車輪が軋んで、誰かが誰かに何かを怒鳴り、信号が青になって、われわれは広い交差点を渡り、鏡張りのビルの峡谷の奥へ進む。

私がここブラジルのサンパウロのダウンタウンに来ているのは、ヨガの基礎に関する有名な権威、ルイス・セルジオ・アウヴァレス・デロージという男性に会うためだ。デロージが学び、教えるヨガは古代の方式で、近所のスタジオのヨガとはかなり違っている。この古代式が発展したのは、ヨガがヨガと呼ばれるまえ、ヨガが一種のエアロビクスになるまえ、そしてスピリチュアルな意味合いを帯びるまえ……つまり、それが呼吸と思考の技術だったころのことだ。

デロージに会いにきたのは、ここまでリサーチし、長年にわたって読書や専門家への取材をしてきてもなお、疑問が残ったからにほかならない。

まず知りたかったのは、なぜツンモなどの〈呼吸+〉技術を実践すると体が温かくなるのか、ということだ。大量のストレスホルモンは寒さの苦痛を和らげることはできても、[1]皮膚や組織など、体の損傷は免れない。モーリス・ドーバールやヴィム・ホフ、彼らの信奉者たちが雪のなか裸で何時間も座っていても、どういうわけで低体温症や凍傷にならないのか誰にもわからない。[2]

もっと困惑させられるのはチベットのボン教と仏教の僧侶たちで、彼らはツンモを緩やかにしたかたちで行ない、正反対の生理反応を刺激する。僧侶たちは息を切らさない。それどころか、あぐらをかき、ゆっくりと少なめに呼吸することで、きわめてリラックスした穏やかな状態になり、代謝率を64パーセントも減らす——室内の実験で記録された最も低い数字だ。[3]普通なら僧侶は死んでいるか、少なくとも極度の低体温症になっておかしくない。だが、このまさにリラックスした状態で、氷点下のなか体温を10度以上上昇させ、何時間も体から湯気を立ち昇らせることができる。

もうひとつ、ずっと頭を悩ませてきた疑問がある。どうしてホロトロピック・ブレスワークのような激しい〈呼吸＋〉のテクニックは、超絶にシュールな幻覚を起こす作用があるのかということだ。意識的な呼吸過多を15分つづけると、脳は埋め合わせを始める。複数の研究で、最初の実行のあとは意識的な呼吸過多に伴う酸素の欠乏はないものと思われた。認知機能はすべて正常のはずだが、けっしてそうではない。[4]

米国とヨーロッパでの研究者たちは数十年にわたり、そうしたテクニックの背後に隠れたメカニズムを解明すべく人々にさまざまな検査を施してきた。[5]だが、そのメカニズムは突き止められず、いまだ説明がつかない。

そこで私は過去を振り返ることに決め、答えをインド人による古文書に求めた。この10

年間に私が研究して実践したあらゆる技術、コヒーレント・ブリージングからブティコ、スタウの呼息、そして息止めにいたる、本書で述べたあらゆるテクニックが最初に現れるのは、こういった古文書だった。執筆した博学な人たちは、呼吸がただ酸素を取り込み、二酸化炭素を吐き出し、神経系を鎮めるだけでないと明確に理解していた。われわれの息には目に見えないエネルギーがもうひとつ含まれている。それは西洋の科学で知られているどの分子よりも強力で大きな影響をおよぼすのだと。

デロージはおそらくそのことをよく知っている。彼はヨガと呼吸の最古の形式について30冊の本を書いた。ブラジルで考えられるあらゆる栄誉も授かった。たとえば、国会議員団名誉顧問勲章、サンパウロ騎士団上級士官勲章、ブラジル芸術・文化・歴史アカデミー顧問勲章など、数十とある。そういった勲章を授かるのは通常、政治家だった。デロージはそのすべてを手にし、東インドから功労勲章大頸飾なるものまで受け取っている。

そしていま、私はパウリスタ通りからベラ・シントラ通りに入り、ほんの数ブロック先に彼がいる。

・・・

ヨガに関する本やウェブサイト、新聞記事、インスタグラムのフィードを見ると、おそらく〝プラーナ〟という言葉を目にするはずだ。これは「生命力」とか「生命エネルギー」と訳される。プラーナは本来、古代の原子理論だ。あなたの私道のコンクリート、身につけた服、キッチンで皿の音をたてる配偶者。いずれも回転する原子の破片からできている。それがエネルギーだ。それがプラーナだ。

プラーナの概念が最初に文書化されたのはインドと中国でほぼ同じころ、およそ3000年前のことで、これが医術の基盤となった。[6]中国人はそれを〈氣《チー》〉と呼び、体にはプラーナの送電線のように機能するチャネルがあって、臓器と組織をつないでいると考えていた。[7]日本人はプラーナに〈気〉という独自の名前をつけた。ギリシャ人（〈プネウマ〉）、ヘブライ人（〈ルアー〉）、イロコイ族（〈オレンダ〉）などもしかりだ。名前は違っても前提は変わらない。プラーナを多く持つほど、生気にあふれる。このエネルギーの流れが遮断されれば、体は活動を停止して病気になるだろう。あまりに多くのプラーナを失い、基本的な体の機能を支えられなくなれば、われわれは死ぬ。

1000年にわたって、そういった文化はプラーナの途切れない流れを維持する数百、数千もの方法を発展させた。プラーナのチャネルを切り開くために鍼《はり》療法を、エネルギーを呼び覚まして振り分けるためにヨガのポーズを生み出した。香辛料の効いた食べ物はプラーナを多く含み、それもあってインドや中国の伝統的な食事はからいものが多い。
だが何より強力な方法はプラーナを吸い込むことだった。つまり息をすることだ。呼吸法はプラーナの根本に関わるものだったため、チーやルアーなど、エネルギーを指す古代の言葉は呼吸と同義になっている。われわれが呼吸をすると、われわれの生命力が広がる。中国人は意識的呼吸のシステムを〈氣功〉《チーゴン》と呼んだ。〈氣〉《チー》は「呼吸」、〈功〉《ゴン》は「仕事」を意味し、合わせて「呼吸仕事《ブレスワーク》（呼吸法）」ということになる。

医学が進歩してきた過去数世紀を通じて、西洋科学はプラーナに目を向けなかったし、[8]プラーナが存在することを確かめもしなかった。[9]だが1970年、物理学者のグループがプラーナの影響を測定しようと試みる。スワミ・ラーマという男が当時の米国で最大の精神医学トレーニングセンター、カンザス州トピーカにあるメニンガー・クリニックに足を踏み入れたときのことだ。[10]

ラーマはゆったりとした白い衣をまとい、マラビーズのネックレスをつけ、サンダル履きで、髪を肩の下まで垂らしていた。11の言語を話し、主に口にするのはナッツと果物、アップルジュースで、物はほとんど持っていないと言い張った。「身長6フィート1インチ（約185センチ）で体重170ポンド（約77キロ）、相当なエネルギーをもって議論や説得に臨む、恐ろしい人物だった」と、スタッフのメンバーは書いている。

ラーマは3歳にしてすでに、インド北部にある自宅でヨガと呼吸のテクニックを実践していた。[11] のちにヒマラヤの修道院へ移り、マハトマ・ガンジー、シュリー・オーロビンドら、東洋の指導者たちとともに秘密の実践法を学ぶ。20代で西へ向かい、オックスフォードをはじめとする大学に通ったのち、ついに世界をめぐる旅に出て、師から習った流儀を聞く耳をもつ者に教えるようになった。

1970年の春、ラーマはメニンガー・クリニックの狭い殺風景なオフィスで木製のデスクの前に座っていた。胸には心電計を、額には脳波のセンサーをつけていた。[12] エルマー・グリーン博士がそばに立ち、分厚い眼鏡越しに装置を念入りに調べた。元海軍の兵器物理学者であるグリーンは、随意制御プログラムを統括していた。それはいわゆる「精神生理学の自己制御」、のちに心身相関として知られるものを調べるクリニック内の実験だった。グリーンはインド人の瞑想家の類まれな能力について同僚から聞きおよび、ミネソタ州の退役軍人病院で収集されたラーマの最近の実験データを見ていた。[13] グリーンは最新の科学機器でその結果を確認したかった。プラーナの力を自分で観察したかったのだ。

ラーマは息を吐き、心を落ち着かせ、厚いまぶたを伏せると、呼吸を始め、空気が体から出たり入ったりするのを慎重にコントロールした。すると、表示された脳波の線が長くゆるやかになり、活動的なベータ波から心を落ち着かせる瞑想的なアルファ波に転じ、つづいて長く低いデルタ波となって、脳波は深い睡眠状態と一致した。ラーマは30分間、この昏睡状態を保ち、ある時点でとてもリラックスして、穏やかないびきをかきはじめた。「目を覚ました」とき、ラーマは脳波が深い睡眠を示していたあいだ、室内でどんな会話があったか、ざっと振り返ってみせた。ただし、ラーマはそれを深い睡眠と呼ばなかった。彼の呼び方では「ヨガの睡眠」、つまり「脳が眠っている」あいだ、心が活動している状態だった。

次の実験で、ラーマは脳から心臓へ焦点を移した。じっと座って何度か呼吸し、合図を受けると、60秒とたたないうちに心拍数を74回から52回に落とした。その後、心拍数を8秒以内に60回から82回に増やした。一時、ラーマの心拍数はゼロになり、そのまま30秒間とどまった。[14] グリーンはラーマが心臓を完全に遮断したかと思ったが、心電図を綿密に調べてみると、ラーマは心拍数を毎分300回になるように操っていたのがわかった。

心臓がこれほど速く脈打った場合、血液は心房を流れることができない。このため、心房粗動と呼ばれる現象は、たいてい心拍停止となって死に至る。ところが、ラーマは影響を受けなかったようだ。彼はこの状態を30分間維持できると主張した。実験の結果はのちに《ニューヨーク・タイムズ》で報じられた。[15]

次にラーマはプラーナ（あるいは血流か、その両方）を体のほかの部分へ移動させることに取りかかった。手の片側からもう片側へ思いどおりに動かすのだ。15分としないうちに、小指と親指の体温の差を11度にすることができた。[16] ラーマの両手はまったく動いていなかった。

酸素、二酸化炭素、pH値とストレスホルモンは、ラーマの能力に関与していなかった。知られているかぎりでは、彼の血液ガスと神経系はどの実験中も正常だったという。何かほかの不思議なプラーナの力が働き、より精妙なエネルギーをラーマは利用したのだ。グリーン博士とメニンガーのチームはその力が存在することを理解し、ラーマの体と脳に及ぼす影響を測定した。ただ、どの機械でもその力を算出することはかなわなかった。

1970年代前半、スワミ・ラーマは正真正銘、呼吸のスーパースターになり、濃い眉毛とレーザー光線のような鋭い目とともに、《タイム》、《プレイボーイ》、《エスクァイア》に登場し、のちには「フィル・ドナヒュー・ショー」のような昼間に放映されるトークショーに出演した。[17] 西洋世界ではこれまで誰も彼のようなものを見たことがなかった。

ところが、ラーマはそれほど特別ではないことが判明する。

フランス人のテレーズ・ブロスという心臓専門医が、ひとりのヨガ行者がラーマと同じことをするのを40年前に記録していた。[18] 要求に応じて自分の心臓を止めたり動かしたりしたのだ。M・A・ウェンガーという研究者がカリフォルニア大学ロサンゼルス校で実験を再現したところ、ヨガ行者たちは心臓の拍動や脈拍の強さをコントロールできるだけでなく、額の汗の流れや指先の温度も変えられるとわかった。スワミ・ラーマの「超人的」能力はまったく超人的でなかったのだ。何百世代ものインドのヨガ行者にとっては標準的な技法だった。

ラーマはプラーナをコントロールする秘訣の一部をグループレッスンや映像で明らかにした。彼はまず、生徒たちに呼吸を調和させることを勧めた。つまり、吸息と呼息の間《ま》を取り除き、すべての呼吸を終わりのない一本の線でつなげるのだ。この方法が心地よく感じたら、呼吸を引き延ばすように指示した。

1日に1回、横になって、短く息を吸い、6まで数えながら息を吐く。上達すると、4まで息を吸って8まで息を吐くことができるようになり、6カ月の実践後には30秒かけて息を吐くことを目標にする。[19] この30秒に達したら、「毒素はなくなり、病気にかかることはない」とラーマは生徒たちに請け合った。指導ビデオでは、自分の腕をそっとなでながら言う。「あなたの体は絹のごとく、滑らかな体に見えるようになる、わかりますね?」

プラーナを体に注入するのは簡単だ。息をするだけでいい。だが、このエネルギーをコントロールして方向づけるには時間がかかった。ラーマはどう考えてもヒマラヤでもっと強力なものを学んだはずだが、私の知るかぎり、著書でも数十本の指導ビデオでも詳しく述べていない。[20]

・・・

プラーナの「生命の本質」とは何か、それはどう作用するのかについて、私が見つけた最良の説明は、ヨガ行者ではなくハンガリーの科学者によるものだった。その人物は子供のころ成績不良で危うく退学しかけ、第一次世界大戦時には兵役を逃れるためにみずから腕を撃ち、のちにビタミンCについての革新的な業績によりノーベル賞を受賞した。

名前はアルベルト・セント＝ジェルジ、1940年代に渡米後、彼はやがて米国がん研究財団を率い、何年も細胞呼吸の役割を調査するようになる。[21]その財団でマサチューセッツ州ウッズホールの研究室に勤務していたとき、あらゆる生命や宇宙の万物を動かす精妙なエネルギーについての説明を提唱したのだ。

「あらゆる生物は同じ生命の樹の葉である」と彼は述べている。[22]「動植物の多種多様な機能や特殊化した臓器は同じ生命体の表れである」

セント＝ジェルジは呼吸のプロセスを理解したかったが、それは肉体的な意味でも精神的な意味でもなく、分子レベルでさえなかった。体内に取り込んだ息がどのように組織や臓器、筋肉と相互に作用しているかを、原子より小さいレベルで知りたかったのだ。そして生物がどのように大気からエネルギーを得ているかを知りたかった。

われわれのまわりにあるすべてのものは分子からなり、分子は原子からなっていて、原子はその構成要素である陽子《プロトン》（正の電荷を持つ）、中性子《ニュートロン》（無電荷）、電子《エレクトロン》（負電荷）からなる。すべての物質は、最も根本的なレベルでエネルギーなのだ。「生命と生物を分けることはできない」とセント＝ジェルジは書いている。「生物とその反応を研究することは、必然的に生命そのものを研究することになる」

岩などの無生物と、鳥やハチや木の葉を分かつものはエネルギーのレベル、あるいは物質の分子をつくる原子内の電子の「興奮性」だ。電子が分子のあいだを簡単かつ頻繁に移動するほど、物質は「不飽和」になり、活性化する。[23]

地球の最古の生命体を研究したセント＝ジェルジは、あらゆるものが「弱い電子受容体」からできていたため、生命体は電子の取り込みも放出も簡単にはできなかったのだと推定した。この物質はエネルギーが少ないため、進化する可能性が小さいと述べている。それは何百万年ものあいだ、これといってすることもなく、ただその場にとどまっていた。[24]

そうこうするうち、そうした泥の副産物である酸素が大気中に蓄積されていった。酸素は強力な電子受容体だった。新しい泥が酸素を消費するために進化すると、古い嫌気性の生命よりはるかに多くの電子を引き寄せて交換した。この余ったエネルギーによって、古代の生命体は比較的早く、植物や昆虫など、さまざまなものに進化した。「生きている状態とはそのような電子的に不飽和な状態だ」とセント＝ジェルジは書いている。[25]「自然は単純だが精妙である」[26]

この前提は今日の地球上の生物にも当てはまる。生物が酸素を消費するほど、電子は興奮性を増し、より活発になる。生命体は毛を逆立て、電子の吸収と移動を制御できれば、健康でいられる。細胞は電子を放出したり吸収したりする能力を失うと、壊れはじめる。[27]「電子を不可逆的に取り出すことは死を意味する」とセント＝ジェルジは記している。このような電子興奮性の機能停止は金属が錆びたり、木々の葉が茶色くなって枯れたりする原因になる。

人間も同様に「錆びる」。セント＝ジェルジによれば、われわれの体内の細胞が酸素を取り込む能力を失うにつれて、細胞内の電子は緩慢になり、ほかの細胞に自由に移るのをやめ、統制されない異常な増殖を招く。細胞の組織はほかの物質とほぼ同じように「錆び」はじめるだろう。だが、われわれはこれを「組織の錆」とは言わない。がんと呼ぶ。このことから、がんが低酸素の環境で発生して増殖する理由は説明がつく。[28]

体内の組織を健康に保つ最良の方法は、地上に現れた初期の好気性生物内で進化した反応をまねることだった。具体的には、つねに存在するあの「強力な電子受容体」、すなわち酸素で体を満たすことだ。ゆっくり、少ない量を鼻で呼吸すれば、体内の呼吸ガス量のバランスが保たれ、最大限の酸素を最大限の組織へ送り、細胞は電子反応性を最大限に高めることができる。

「われわれより以前の、あらゆる文化、あらゆる医学的伝統で、治療はエネルギーを動かすことでなされていた」とセント＝ジェルジは述べている。[29]電子エネルギーの移動によって、生き物は可能なかぎり長く生き、健康でいることができる。プラーナ、オレンダ、チー、ルアーと、名前は変わったかもしれないが、原理は不変だ。セント＝ジェルジはその助言に従ったのだろう。彼は１９８６年に、93歳で亡くなった。

・・・

ノックをすると扉が開き、おはよう《ボン・ジーア》と挨拶を交わしてから、私はデロージのスタジオ複合施設の受付ロビーで腰かける。木のフロアにはふかふかのソファが置かれ、白い壁には額に入れられた世界地図のポスターが掲げられている。部屋の中央にある標示には「立ち止まって呼吸せよ」と書いてある。

デロージ配下の講師と生徒たちがロビーの中央でくつろぎ、チャイティーを陶器のカップで飲みながら、ポルトガル語で談笑している。そのひとりがエドゥアン・ピニェイロ。しわひとつないシャツに白のパンツという格好で、1980年代の10代のシットコム・スターを思わせる。ピニェイロはデロージ・メソッドのスタジオ2軒を経営する多忙なスケジュールの合間を縫って、ここから北にあるスタジオへの案内役と通訳を買って出てくれていた。われわれは受付を通って、暗い階段を上がり、彼が「師匠」と呼ぶ男に会う。

小さなオフィスはメダルや銀の剣で飾られ、それぞれにドル紙幣の裏面や古い建物で見かけるフリーメーソンのピラミッドと眼が描かれている。「よくこういうものをもらうんですけどね、なぜだかわからない！」と言って、デロージは力強く握手する。体格はたくましく、白いあごひげはきれいに整えられ、大きな茶色い目をしている。背後の棚は、プラーナヤーマやカルマなど、古代ヨガの神秘に関する数百万部売れた著書でいっぱいだ。[30]

私は何冊か読んだが、驚きはなく、過去数年のあいだに知ることも試すこともなかった秘密の呼吸法は見当たらなかった。

それも驚くにはあたらない。ヨガと最古の呼吸テクニックの歴史は確立されて久しいからだ。だがいま、ようやくここまで来た私はデロージと情報を交換したくてたまらない。

プラーナや失われた呼吸の技術と科学について、私が知らなくて彼が知っていることを確かめたくてたまらない。

「始めましょうか？」とデロージが言う。

・・・

あなたが5000年ほど時をさかのぼり、現在のアフガニスタン、パキスタン、インド北西部にある国境地帯へ行くとしたら、目にするのは砂や岩山、土ぼこりにまみれた木々、赤色土、広々とした平原など、現在の中東の大半を占めるのと同じ風景だろう。[31]ただし、ほかにも見つかるものがある。焼成レンガ造りの家屋の並ぶ街に暮らす500万の人々、きちんと幾何学的パターンで建設された道路、銅や青銅、ブリキの玩具で遊ぶ子供たち。路地と路地のあいだには、水道のある公衆浴場や、複雑な下水設備に管でつながれたトイレ。市場《いちば》では、商人が分銅や標準化された物差しで品物を測り、彫刻家が石に精巧な像を刻み、陶芸家が壺や石板をつくるのが見られるだろう。

これがインダス＝サラスヴァティー文明で、その名は谷を流れる2本の川に由来している。インダス＝サラスヴァティーは地理的には最大の（およそ30万平方マイル［約77万平方キロメートル」）、きわめて進んだ古代文明だった。知られているかぎり、インダス川流域には、教会も寺院も神聖な空間もなかった。住民は祈禱用の彫像も図像もつくらなかった。宮殿、城、立派な役所の建物も存在しなかった。おそらく、神への信仰もなかっただろう。[32]

だが、この地の人々は呼吸の変化をもたらす力を信じていた。1920年代に遺跡から発掘された印章には、まぎれもないポーズをとった男が描かれている。[33]背筋を伸ばして座り、両腕を伸ばして両手の親指を膝の前に置く。両脚を曲げて足の裏を合わせ、つま先は下に向ける。腹は意識的に吸う空気で満たされている。ほかに出土したいくつかの人物像もこれと同じポーズだ。こうした遺物が人類史上初めて記録された「ヨガの」ポーズであるのは、合点がいく。インダス川流域はヨガの発祥地だった。[34]

この地域は万事順調かに思われたが、紀元前2000年ごろ、干魃《かんばつ》に見舞われ、結果として人口の大半が分散した。すると北西部からアーリア人が移住してきた。ナチスの伝説にある金髪碧眼の兵隊ではなく、イランから来た黒髪の野蛮人である。[35]アーリア人はインダス＝サラスヴァティーの文化を取り入れて成文化し、凝縮して母語のサンスクリットで書き直した。[36]われわれが神秘的な聖典であるヴェーダを手にできるのは、このサンスクリットへの翻訳からであり、ここには「ヨガ」という語の、知られているなかで最古の記録が含まれる。ヴェーダの教義に基づくふたつの文献、「ブリハッドアーラニヤカ・ウパニシャッド」と「チャーンドーギヤ・ウパニシャッド」[37]は、呼吸とプラーナの制御についての最古の教えだ。

つづく数千年にわたって、古代の呼吸法はインド、中国、その彼方にまで広がった。[38]紀元前500年までに、その技術はパタンジャリの「ヨガ・スートラ」に浸透して統合される。[39]ゆっくりとした呼吸、止息、横隔膜を使う深呼吸、吐く息を延ばすことはすべて、この古代の文献が初出だ。[40]「ヨガ・スートラ」2章51節を大まかに解釈すると次のようになる。

波が来ると、波はあなたに打ち寄せ、海辺を駆けあがる。それから波は向きを変え、あなたから引いて、海に戻っていく……これは呼吸のようだ。吐いて、切り替わり、吸って、切り替わり、そしてふたたびそのプロセスを始める。

「ヨガ・スートラ」にはポーズの移行はおろか、繰り返しにさえ言及がない。サンスクリットの〈アーサナ〉はもともと「座」と「姿勢」を意味していた。座るという行為と座る場所の両方を指していた。はっきり意味しなかったといえるのは、立ち上がって動きまわることだ。最古のヨガは静止した状態を保ち、呼吸を通してプラーナをつくる科学だった。

デロージがこのような古代ヨガに惹かれたのは1970年代、インドじゅうを旅してインダス川流域の最古の実践法を理解しようとしていたときのことだ。彼はヒマラヤ山麓の丘陵地帯にあるインドのリシケーシュで、あるクラスに出席していた。スタジオはとても簡素で、床は土間になっており、寒い日には暖を取ろうとする村人たちでいっぱいだった。

そのクラスは形式ばらないもので、生徒と教師はたがいに敬意を抱きつつも、陽気にふれあう関係だった。教師はエクササイズのあいだ生徒に冗談を言い、生徒も冗談を言い返した。「がんばれ！」と講師たちは荒々しい声で檄《げき》を飛ばす。[41]「もっとうまくできるはずだ！」と。このクラスになかったものといえば、「体操、アンチ体操、生体エネルギー療法、オカルティズム、降霊術、禅、ダンス、身体表現、マクロビオティック、シアツ」と、デロージは振り返る。一度ポーズを取ったら、耐えられないほど長い時間それを保った。長時間同じ姿勢をつづけることで、生徒はひたすら呼吸に集中することができる。クラスの内容は生易しいものではなく、終わるころには汗だくで体が痛くなった。

「現在のヨガとは違う」とデロージはデスクの向こうから言う。彼の話では、20世紀になってようやく、ヨガのポーズは「ヴィンヤサ・フロー」と呼ばれるエアロビックダンスのようなものとして組み合わされ、再現される。[42] いまジムやスタジオや教室で教えられているのは、この形式のヨガとほかのハイブリッド型テクニックだ。古代のヨガ、そしてプラーナと座位と呼吸に当てられていた焦点は、一種の有酸素運動《エアロビック・エクササイズ》へと変わってきている。

だからといって、現代のヨガが悪いわけではない。５０００年前の発祥当時とは異なるというだけだ。現在、推定20億人がこの現代の方式を実践しているのは、そうやってストレッチやエクササイズをしたほうが気分も見た目もよくて、体を柔軟に保てるからだ。[43] 何百もの研究でヴィンヤサ・フローやアーサナ、立位やその他のヒーリング効果は確認されてきた。

だが、われわれは何を失ったのか？[44]

デロージは20年をかけて、ブラジルからインドへ飛び、サンスクリットを習い、古代ヨガの文献の「何世紀ぶんもの破片を少しずつ」掘り起こしてきた、と書いている。彼は〝Yóga〟（〝ヨーーーガ〟と発音する）としての最初の修行の確証を見つけた。それは古代のニリッシュワラサーンキヤの系統から来る実践と哲学であり、現代の形式とは大きく異なるので、古代の名前で呼ばれるべきだとデロージは考えている。

ヨーガのプラクティスは病気を治すために考えられたのではない、と彼は私に言う。それは健康な人が次の段階の可能性へ上がるために生み出された。意識的な力をもたらすことで、思いのままに体を温め、意識を広げ、神経系と心臓をコントロールし、より長く、より活気に満ちた人生をおくるために。

長時間におよぶ会見も終わりに近づき、私はデロージに10年前にヴィクトリア調の館で体験したことを話す。「スダルシャン・クリヤ」という古代のプラーナヤーマの技術を実践し、たちまち打ちのめされたことについてだ。その反応がもっと穏やかなかたちで引きつづき私に、そしてほかにも数百万の人々に、伝統的なヨガの呼吸法を用いると必ず起こるのだと話す。

〈クリヤ〉の各方式は紀元前400年ごろから存在し、一部の説によると、クリシュナ、イエス・キリスト、聖ヨハネ、パタンジャリら、いろいろな人が用いていたらしい[45]。私が体験したクリヤは1980年代にシュリ・シュリ・ラビ・シャンカールという人物が発展させたもので、いまや世界じゅうの数千万人[46]がアート・オブ・リビング財団[47]を通して実践している。クリヤが果たす役割はツンモと重なる部分が多く、それというのも、デロージが言うには、どちらも同じ古代の修行から考案されたかららしい*。

スダルシャン・クリヤも楽なものではなかった。時間、やる気、意志の力を要した。中心的なメソッドは〝浄化呼吸〟と呼ばれ、40分以上の集中的な呼吸が必要とされる。息をあえがせ、呼吸数を毎分100回以上にし、数分間ゆっくりと呼吸して、それからほとんど呼吸をしない。この手順を繰り返す。

私はデロージにあの館での異常な発汗、完全な時間の消失、そのあと何日も感じた体の軽さについて話す。この10年間、納得のいく説明を探し、さまざまな実験を行ない、自分の血液ガスを分析して、脳のスキャンもしてきたのだと。

デロージは両手をきちんと重ねて穏やかに座っている。そういう話は何度も聞いてきた。そのようなデータや科学的測定に何も見つからなかったのは、見る場所を間違えていたからだと彼は言う。

肝心なのはエネルギー、つまりプラーナだ。私の身に起きたことは単純でよくあることだった。私は長時間の激しい呼吸でプラーナをつくりすぎていたが、まだそれに適応していなかった。これで噴き出した水と意識の変化の説明がつく。スダルシャンはふたつの単語に由来している。〝ス〟は「よい」という意味で、〝ダルシャン〟は「視覚《ヴィジョン》」という意味だ。私の場合は、とてもすばらしい景色が見えた。

古代のヨガ行者は数千年を費やしてプラーナヤーマの技術に磨きをかけた。とくにこのエネルギーを制御して全身に行きわたらせ、「すばらしいヴィジョン」を喚起するために。それも少し抑えぎみにだ。このプロセスの習得には数カ月から数年がかかるだろう。私のようなあくせく呼吸する現代人はこのプロセスをハックしてスピードアップを図るかもしれない。だが、きっと失敗する。幻覚、わめき声、衣服の汚れ。どれも起こらないはずだった。それはやりすぎたという兆候だ。

スダルシャン・クリヤやツンモなど、古代ヨガに起源のある呼吸法[48]への鍵は、忍耐強く、柔軟性を保ち、呼吸が差し出すものをゆっくり吸収するよう努めることだ。私のスダルシャン・クリヤ初体験は少し衝撃的だったかもしれないが、デロージが言うには、それは呼吸のもつ真の力を私に確信させることにもなった。

結局のところ、それが私をここに導いたわけだ。

さらに何度か質疑応答をするうち、出発の時間になる。デロージも荷造りしてニューヨ

＊　スダルシャンをはじめとするクリヤは、もともと病人の回復を助けるようにつくられたのではなかったかもしれないが、ともあれ実際はそうなっている。ハーヴァード大学メディカルスクールやコロンビア大学医学部、その他の機関で実施された七〇以上の独立した研究で、スダルシャン・クリヤは慢性ストレスから関節痛、自己免疫疾患にいたるまで、さまざまな病気に対するきわめて効果の高い治療法だと確認されている。

ークへ戻らなければならない。彼の仲間たちがトライベッカとグレニッチ・ヴィレッジで活気あるデロージ・メソッドのスタジオ2軒を経営しているのだ。私は17時間かかる帰国便に間に合わなくてはならない。

ありがとうと言葉を交わし、握手すると、私は通訳をしてくれたピニェイロのあとについて輝く剣と赤いリボンの前を通りすぎ、暗い影を落とす玄関ホールへ向かう。ところが私が発つまえに、ピニェイロはデロージを有名にした古代ヨーガの呼吸法の指導《オブリガード》を申し出てくれた。

われわれは3階まで上がって、靴を脱ぎ、スタジオに足を踏み入れる。部屋はこれまでに見たほかのヨガ・スタジオと何も変わらない。床には青色のマット、壁一面の鏡、本棚とサンスクリットのポスターがある。ピニェイロはあぐらをかいて窓と窓の中央に位置するように座り、ブッダ風の影を部屋に投げかける。私が座るのは彼の真向かいだ。1分後、われわれは呼吸を始める。

まずはジーヤ・プラーナヤーマで、舌を口の奥へ巻いて息を止める。つづいてバンダをいくつか通しで行なう。これは喉や腹部などの筋肉を引き締めて、プラーナの方向を変えたり体内にとどめたりするメソッドだ。それから私は彼の前で横になり、天井の白い防音タイルを見上げる。最後にやるエクササイズは、彼が言うには、体内にプラーナをつくり、心に焦点を合わせるのがねらいだ。

「ひとつの流れるような動きで吸って吐くことに集中してください」ピニェイロは言う。それはかつてスダルシャン・クリヤの授業で聞いた指示と同じで、何年かのちにアンデシュ・オルソンから学んだ指示とも、ヴィム・ホフ・メソッドのインストラクター、チャック・マギーの指示とも同じだ。いまならこのプロセスがわかる。こつがわかる。

私は喉をリラックスさせ、みぞおちにとても深く息を吸い込み、そして完全に吐く。ふたたび吸って、繰り返す。

「吸えるだけ吸って吐けるだけ吐く」とピニェイロが言う。「つづけて！　呼吸をつづけて！」

・・・

そう、これだ。私はまたここにやってきた。耳に鳴り響くあの音。胸を打つヘヴィメタルのダブルバスドラム。肩と顔に流れる暖かい静電気。波が来て、打ち寄せて駆け上がり、そして向きを変えて引いていき、海へ戻る。

いままで何度もこれを感じてきた。それはインダス川流域の古代の人々が５０００年前にきっと経験し、それから2000年後に古代の中国人が経験したのと同じものだ。アレクサンドラ・ダヴィッド＝ネールがヒマラヤ山脈の洞窟でそれを使って体を温め、スワミ・ラーマがそれを両手と心に集中させた。ブテイコが第一モスクワ病院の喘息病棟の窓辺でそれを再発見し、カール・スタウがニュージャージー州の退役軍人病院で瀕死の患者たちにそれを教えた。

呼吸を少し速め、少し深くすると同時に、この10年間に探ってきたあらゆるテクニックの名前が一気によみがえってくる。

プラーナヤーマ。ブテイコ。コヒーレント・ブリージング。低換気。呼吸協調。ホロトロピック・ブレスワーク。アダーマ。マディヤーマ。ウッタマ。ケーヴァラ。胚呼吸。調息。偉大な無為の師による呼吸。ツンモ。スダルシャン・クリヤ。

歳月がすぎるとともに名前は変わったかもしれないし、異なる時代の異なる文化で異なる理由からそれぞれの技法の目的や装いは新たになったかもしれないが、失われてはいなかった。いままでずっとわれわれの内にあり、出番を待っていたのだ。

呼吸法はわれわれに、肺を広げて体をまっすぐにし、血流を促進し、心と気分のバランスを取り、分子のなかの電子を活性化する手立てを与えてくれる。よく眠り、速く走り、深く泳ぎ、長く生き、さらに進化するために。

そしてもたらされる生命の神秘と魔法は新たに息をするたび少しずつ明らかになる。

エピローグ　あとひと息

この場所は何も変わっていなかった。すり切れたペルシア絨毯。風が吹くと揺れる塗装のはげた窓。ページ・ストリートを走るディーゼルトラックの騒音と、宙を舞うほこりを照らす黄ばんだ街灯。同じ顔もいくつか見える。囚人の目をした男、ジェリー・ルイスのような前髪の男、どこの国かはわからないが東欧なまりで話すブロンドの女。私は部屋の片隅にいつもの場所を見つけ、窓際に座る。

この部屋を訪れ、呼吸の可能性を感じてから10年が経過していた。旅と、調査と、自己実験に明け暮れた10年だ。その間に私は、呼吸がもたらす恩恵は絶大で、ときに計り知れないことを学んだ。だがそこには限界もある。

これについては、数カ月前にいやというほど思い知らされた。オレゴン州ポートランドで、本書の内容に基づいた講演を終えたときのことだ。演壇を降り、友人と話をしようとロビーを歩いていると、ひとりの女性が近づいてきた。その目は大きく見開かれ、指は震えている。彼女によると、母親が最近肺塞栓症になり、肺の血栓を取り除く呼吸術がどうしても必要なのだという。

数週間後、飛行機で隣になった女性が、私のラップトップに貼られた頭蓋骨の写真に気がついた。彼女は私に職業を尋ねた。私の返事を聞くと、友人が深刻な摂食障害、骨粗鬆症、がんに苦しんでいることを語った。どんな治療も効果はなかったという。私は彼女に、友人の健康を取り戻すための呼吸法を教えてもらえないだろうかと頼まれた。

私がこのふたりに説明したこと、そしてここで明確にしておきたいことは、ほかの治療法や投薬と同じで、呼吸ですべてを解決できるわけではないということだ。呼吸を速くしたり遅くしたり、息を止めたりしても塞栓症は消えないし、鼻から大きく息を吐いても神経筋の遺伝性疾患の発症は抑えられない。ステージ4のがんも呼吸では治らない。こうした深刻な問題には緊急の医療処置が必要だ。

私自身、抗生物質の投与や予防接種を受けなかったら、ぎりぎりで医者に駆け込んでリンパ節感染を退治していなかったら、生きていなかっただろう。ここ100年のあいだに開発された医療技術は数えきれないほどの命を救ってきたし、世界じゅうの生活の質《クオリティ・オブ・ライフ》を何倍にも高めてきた。

だが現代医学には、やはり限界がある。「私は歩く屍を相手にしている」と言ったのは、歯科医兼睡眠の専門家として30年間働いてきたマイケル・ゲルブ博士だ。同じことを私の義理の父で、呼吸器科医を40年務めてきたドン・ストーリー博士も語っていた。ハーヴァード大学やスタンフォード大学、その他機関の医師数十名も口をそろえた。現代医学は、彼らが言うには、緊急時に身体の一部を切除したり縫い合わせたりする際には驚くほど効率的だが、現代人の多くが抱える喘息、頭痛、ストレス、自己免疫の問題など、軽度で慢性的な全身性の疾患には残念ながら不向きである、と。

こうした医師たちは何度も言葉を尽くして説明してきたが、仕事のストレス、過敏性の大腸、うつ、ときおり生じる指のしびれを訴える中年男性が、腎不全の患者と同等の注目を集めることはない。男性は血圧の薬と抗鬱剤を処方されて帰される。現代の医師の役割は煙を吹き飛ばすのではなく、火を消すことだった。

この状況に満足している人はいなかった。医師たちは軽度の慢性疾患を予防、治療するための時間もサポートもないことに不満を抱き、一方の患者たちは自分の症例が、自分の求める注意を引けるほど切実ではないことを悟るのだった。

これもまた、多くの人が、そして多くの医療研究者が呼吸に目を向けた理由にちがいない。

東洋医学のように、呼吸法は予防策として用いるのが最適だ。つまり小さな問題が深刻な健康問題に発展しないよう、体のバランスを保つ手段とする。たとえバランスを崩すことがあっても、呼吸によって取り戻せる場合が多い。

「60年以上にわたる生体システム研究の結果、私たちの身体は延々と連なる軽度の疾患から示唆されるよりも、はるかに完璧に近いと確信した」とノーベル生理学・医学賞を受賞したアルベルト・セント＝ジェルジは書いている。[1]「身体の不調は生まれつきの欠陥というより、酷使した結果である」

セント＝ジェルジは私たちがみずからつくり出した病気について語っている。人類学者ロバート・コルッチーニの呼び方にならえば、「文明病」だ。糖尿病、心疾患、脳卒中など死因トップ10のうち9つは、私たちが口にする食べ物や水、私たちが暮らす家や働く職場が原因となっている。[2]すなわち人類がつくり出した病気なのだ。

遺伝的に何らかの病気にかかりやすい人はいるが、その病気になると決まっているわけではない。遺伝子はオンにできるのと同様に、オフにもできる。[3]そのスイッチを切り替えるのは環境からのインプットだ。食生活や運動の習慣を改善し、家庭や職場の毒素やストレス要因を取り除けば、現代における慢性疾患の大半の予防や治療に対して、著しい持続的な効果が得られるだろう。

呼吸は重要なインプットだ。この10年で学んだところによると、1日に肺を通過する30ポンド（約13キログラム）の空気[4]と、細胞が消費する1・7ポンド（約0・8キログラム）の酸素は食事の内容や運動の量と同じくらい重要だ。呼吸こそ健康に欠けている柱にほかならない。

「より健康的な生活に限定したアドバイスを求められたら、より適切な呼吸の仕方を覚えるよう言うだろう」と著名な医師アンドルー・ワイルは書いている。[5]

果てしなく広がるこの分野について、研究者はまだまだ多くを学ぶ必要があるものの、現時点で「より適切な呼吸」については充分なコンセンサスが得られている。

まとめると、私たちが学んだのはこういうことだ。

口を閉じる

スタンフォードでの実験終了の2カ月後、ジャヤカー・ナヤック博士の研究室からアンデシュ・オルソンと私宛に20日間の研究結果がメールで届いた。要点はわれわれもすでに知っていた。口呼吸はひどく悪い、と。

たった240時間口呼吸をつづけただけで、カテコールアミンやストレス関連ホルモンが急増し、私たちの体が物理的にも精神的にも無理を強いられていることがわかった。私の鼻腔にはジフテリア菌もはびこっていた。あと数日口呼吸をつづけていたら、本格的な副鼻腔炎を発症していたかもしれない。この間、血圧は限度を超えて上昇し、心拍変動は急降下した。オルソンのデータも私のものとそっくりだった。

夜は、加圧も濾過もされていない空気が開いた口から絶え間なく出入りし、そのせいで喉の軟部組織が破壊され、われわれは夜間に持続的な窒息を経験するようになった。いびきだ。数日後、睡眠時無呼吸の発作に見舞われ、みずから息を止めるようになる。もしも口呼吸をつづけていたら、おそらくふたりとも慢性的にいびきをかき、閉塞性睡眠時無呼吸に陥り、高血圧、代謝、認知の問題が生じただろう。

すべての数値が変わったわけではない。血糖値に影響はなかった。血中の細胞数とイオン化カルシウムは変わらず、大半の血液マーカーも同様だった。

いくつか驚きがあった。嫌気呼吸の指標である乳酸値が口呼吸で実際に減少したのだ。これは私が、より多くの酸素を燃焼する有酸素エネルギーを使っていたことを示唆している。フィットネス専門家は普通、逆の結果を予想するはずだ（オルソンの乳酸値はわずかに上昇した)。私の体重は約2ポンド(約1キロ)減り、これは呼気の水分量が減少したためだと思われる。ただし言っておくが、休暇明けの口呼吸ダイエットはおすすめしない。絶え間ない疲労、苛立ち、怒り、不安。ひどい口臭、つづけざまのトイレ休憩。頭がぼんやりし、一点を見つめ、腹痛に見舞われる。ひどい経験だった。

人体がふたとおりの方法で呼吸できるよう進化してきたのには理由がある。生存の確率を上げるためだ。鼻をふさがれたら、口が予備の換気システムとなる。ステフィン・カリーがダンクシュートを決めるまえの激しい呼吸、病気の子供が熱を出した際の苦しそうな息づかい、あなたが友人と笑い合うときの息継ぎ――こうした一時的な口呼吸は健康に長期的な影響を与えない。

慢性的な口呼吸となると話は別だ。人間の体は昼夜を問わず、生《なま》のままの空気を何時間も処理するようにはできていない。それは普通のことではないのだ。

鼻で呼吸をする

オルソンと私が鼻栓とテープをはずした日、血圧は下がり、二酸化炭素濃度は上がり、心拍数は正常になった。いびきは口呼吸のときと比べて30分の1になり、ひと晩数時間が数分に減少した。2日後には、ふたりともまったくいびきをかかなくなった。私の鼻腔の細菌感染もほどなく自然に治癒した。[6] オルソンと私は鼻呼吸で自分を治したのだ。

スタンフォード大学音声・嚥下センターの言語聴覚病理学の医師アン・カーニーは、私たちのデータと、鼻づまりと口呼吸を克服した彼女自身の変化に感銘を受け、本書を執筆している現時点で、500人の被験者を対象に、いびきや睡眠時無呼吸に対するスリープテープの効果を調査した2年分の研究をまとめている。

鼻呼吸の恩恵は寝室以外にも及んだ。私の場合、ステーショナリーバイクでのパフォーマンスが約10パーセント向上した（オルソンはやや控えめの約5パーセントだった）。スポーツトレーニングの専門家ジョン・ドゥーヤードが報告した結果に比べると見劣りするが、ライバルよりも10パーセント、いや1パーセントでも優位に立ちたいと思わないアスリートはいないだろう。

個人的な話になるが、10日間閉じられていた鼻での呼吸を再開した際、最初の数回はうれしさと興奮のあまり涙が出そうになった。私はエンプティノーズ症候群に苦しむ人々にインタビューしたときのことを思い出した。彼らは、どうかしている、文句を言わずに口で呼吸をすればいいと言われていたのだ。慢性的なアレルギーや鼻づまりは幼少期によくあることだと言われてきた子供たちのことや、毎晩喉が詰まるのは年をとったら自然なことだと自分に言い聞かせている大人たちのことも思い出された。

私は彼らの痛みを感じつつ、幸運にも息を吹き返すことができた。この経験を私は忘れないし、けっして繰り返すつもりはない。

息を吐く

カール・スタウは半世紀にわたり、体内からすべての息を吐き出し、より多くの空気を取り入れる方法を生徒たちに説いた。クライアントに息を長く吐き出すトレーニングを施し、その過程で、長いあいだ生物学的に不可能だと考えられてきたことをやってのけた。肺気腫患者は不治の状態からほぼ全快したと報告し、オペラ歌手は声の響きやトーンを向上させ、喘息患者は発作に襲われなくなり、短距離選手たちはオリンピックで金メダル獲得という成果を挙げた。

当たり前に思われるかもしれないが、完全に息を吐ききるという行為はほとんど行なわれていない。大半の人は一回の呼吸で全肺気量のほんの一部しか利用しておらず、労力のわりに得るものは少ない。健康的な呼吸の第一段階は、呼吸を引き延ばし、横隔膜をもう少し上下させて、息を吐き出してから新しい空気を取り入れることだ。

「連動したパターンで呼吸するのと、ばらばらなパターンで呼吸するのは、最高の効率で働くのと、それなりの効率で働くくらいの差がある」と、スタウは１９６０年代に書いている。[7]「エンジンは最高の状態でなくても働くが、最高の状態であればパフォーマンスはさらに向上する」

噛む

パリの採掘場にある何百万もの古代の骸骨と、モートン・コレクションの工業化時代以前の数百という頭蓋骨には３つの共通点がある。巨大な副鼻腔、強靭な顎、まっすぐな歯。３００年以上前に生まれた人間のほぼすべてにこうした特徴が見られるのは、よく噛んでいたからだ。

人間の顔の骨は体内のほかの骨とは異なり、20代で成長が止まることはない。70代、あるいはそれ以上になっても成長し、変わっていく。つまり、私たちは事実上何歳になってもロのサイズや形に影響を与え、呼吸の能力を改善することができるのだ。

そのためには、曾祖母が食べていたものを食べる、という食事のアドバイスに従ってはいけない。そのほとんどはすでに柔らかく、大いに加工されていたからだ。曾々々々々祖母が食べていたような、粗削りで、あまり火が入っておらず、栄養価の高い食事を摂らなくてはならない。[8] そういう食べ物なら1日、1時間から2時間しっかり嚙むことになるだろう。その間、上唇と下唇を合わせ、歯と歯を軽くふれさせ、舌は口蓋につけておくこと。

ときには多めに呼吸する

ネバダ山脈の道路わきの公園でチャック・マギーと会って以来、月曜の夜は世界じゅうから集まった何十人もの人とツンモの訓練を積んできた。その時間帯にマギーが「台風の目になりたい」人を対象に無料のオンラインセッションを主催しているのだ。

この数十年、過呼吸はいわれのない非難を浴びてきたが、それも当然だろう。必要以上に体内に空気を取りこむと、肺の細胞レベルにまで悪影響を及ぼす。今日、私たちの多くは、知らないうちに必要以上の呼吸をしている。

だが、短い時間に集中的に激しい呼吸をすると、治療に大きな効果をもたらすことがある。「混乱してはじめて正常に戻ることができる」とマギーは言う。これを実践しているのが、ツンモやスダルシャン・クリヤ、激しいプラーナヤーマなどのテクニックだ。わざと体にストレスを与え、そのストレスを解放すると、1日につき残り23時間半、体を正常に機能させることができる。激しい呼吸を意識的に行なうことで、自分は自律神経系や体の乗客ではなく、パイロットだと自覚させるのだ。

息を止める

二酸化炭素療法の実験から数カ月後、自宅で日曜版の新聞を読んでいた私は、死亡記事に目を通したところでドナルド・クライン博士が亡くなったことを知った。クラインは精神科医で、長年にわたって化学受容体の柔軟性と二酸化炭素、そして不安の関連性を研究していた。享年90歳。ジャスティン・ファインスタインが、タルサで国立衛生研究所（NIH）の資金提供を受けて実験を行なうきっかけとなったのがクラインの研究だった。

この訃報をファインスタインに書き送ると、彼はショックを受けた。「画期的な発見」になりそうな事柄について、近いうちにクラインに連絡しようと思っていたという。というのも、恐怖や感情を司《つかさど》る側頭部にあるねばねばした節、つまり扁桃体が呼吸も制御していたことがわかったのだ。癲癇患者の脳の当該領域に電極で刺激を与えると、たちまち呼吸が止まる。しかも当人はまったく気づかない様子で、呼吸が止まってからしばらくしても二酸化炭素濃度の上昇を感じないらしい。

化学受容体と扁桃体間の伝達は双方向で行なわれ、このふたつの構造は毎分毎秒、つねに情報を交換し、呼吸を調整している。もし伝達が途絶えれば、大混乱に陥る。

ファインスタインは、不安を抱える人はこの領域の接続に問題がある可能性が高く、そうとは気づかず終日にわたって息を止めているのではないかと考えている。二酸化炭素が体内に充満すると、ようやく化学受容体が作動し、ただちに次の呼吸を行なうよう脳に緊急信号が送られる。患者は反射的に呼吸をしようとあがく。パニックを起こしてしまうのだ。

そしてこのような不測の事態を避けるため、体はつねに警戒態勢を取り、二酸化炭素を極力抑えながら過呼吸をつづけることで順応していく。

「不安を感じている患者が経験していることはごく自然な反応で、これは体の緊急事態に反応している」とファインスタインは言う。「不安の根本にあるのは心理的な問題ではないのかもしれない」

このアプローチはそれこそ理論上のもので、厳密に調べる必要があるとファインスタインは警戒しており、実際これから数年かけて調査することになっている。それでも、これが事実であれば、パニックや不安など、恐怖に起因する症状にこれほど多くの薬が効かない理由も、ゆっくりと安定した呼吸法が効果を発揮する理由も説明がつく。

呼吸の仕方が肝心だ

スタンフォードの実験で大枚をはたいて以来、アンデシュ・オルソンと私は数週間に一度の割合で話をするようになった。話題が尽きることはない。「かつてないほどエネルギーと集中力が増している!」オルソンは50歳の誕生日を迎えた直後にそう言った。オルソンはまさしく本来の意味におけるパルモノートだ。独学でここにたどり着き、目の前にある何かを、基本的で本質的な真実を見失っているという感覚に突き動かされる。

これまで道のりと骨折りを通じたひとつの教訓、ひとつの方程式がある。これこそ健康、幸福、長寿のルーツにちがいない。これを理解するのに10年かかったと言うのは少々恥ずかしいし、ここに記したら、いかにも安っぽく映るとわかっている。だが忘れてはならない、自然はシンプルでいて精妙だ。

完璧な呼吸はこうだ。約5・5秒かけて息を吸い、5・5秒かけて吐く。つまり1分間に5・5回の呼吸を行ない、合計5・5リットルの空気を吸う。

この完璧な呼吸を数分でも、数時間でも練習してほしい。体内の最大効率がよくなりすぎて困ることはない。

オルソンによると、このペースで（ゆっくりと少なめに《スローリー・アンド・レス》）呼吸できるようにする装置をいくつか開発中で、呼気に含まれる一酸化炭素、二酸化炭素、アンモニア、その他の化学物質を測定する携帯機器〈BreathQI〉がまもなく完成するという。ほかにも、完璧な呼吸の効果を再現するための研究開発プロジェクトがあるらしい。二酸化炭素スーツや帽子や……

一方、グーグルは〝breathing exercise〟と検索すると自動で出てくるアプリをリリースした［日本語版は「深呼吸」を検索すると表示される］。これを使うと5・5秒ごとに息を吸ったり吐いたりする訓練ができる。私の家から通りを少し行った先にスパイア（Spire）というスタートアップ企業があって、この会社が呼吸数を記録し、呼吸が速くなったり不規則になったりするとユーザーに警告を発する装置を開発した。フィットネス業界では〈Expand-a-Lung（肺を拡張する）〉などといったトレーニング用マスクやマウスピースが流行している。

ゆっくりと少ない息を、鼻から吸って大きく吐き出すことも、ご多分にもれず、いつのまにか大きなビジネスになっていく。ただし、簡素なアプローチでも充分効果はある。バッテリーも、Ｗｉ－Ｆｉも、ヘッドギアも、スマートフォンもいらない。コストはかからず、ほんの少しの時間と労力で、いつでもどこでも必要なときに取り組める。それは私たちの遠い祖先が25億年前に汚泥を這い出てきたときから実践している機能であり、人類が数十万年の時を経て唇と鼻と肺だけで完成させた技術だ。

普段の私はこれをストレッチと同じように考えている。長時間座りっぱなしだったりストレスを感じたりしたあとに、自分を正常に戻すために行なうものだと。そしてとくにはずみが欲しいときは、ここ、ヘイト＝アシュベリーにあるヴィクトリア調の古い館を訪れ、10年前に出会ったスダルシャン・クリヤの呼吸仲間たちとともに、この音をたてる窓のそばに座るわけだ。

・
・
・

いま室内は満員で、20人の参加者が車座《くるまざ》になって首のねじれをほぐし、その膝にはフリースの毛布がかかっている。インストラクターが壁のスイッチをはじき、照明が暗くなって、長い影が通りから床に投げかけられる。暗闇のなか、講師は私たちが参加したことに礼を述べ、前髪をかきあげながら古いラジカセを準備して再生ボタンを押す。最初の息を吸い込む。ついで2回目。

波が打ち寄せ、全身を駆けめぐり、やがて背を向け、海へと引いていく。

謝辞

人間の体というのは複雑なテーマだ。その体はどのように空気を摂取し、処理し、エネルギーを引き出すのか、その空気はどんな影響を脳や骨、血液、膀胱、その他あらゆるものに与えるのか……ともあれ、そのすべてを理解し、それについて書くことは、まったく別の猛獣なのだと、私はここ数年で思い知った。

この不埒で不思議な旅の途中、私に時間と知恵、コーチングを授けてくれ、何度となく呼吸を整えてくれた医療界のパルモノートたちに深い恩義を感じている。スタンフォード大学耳鼻咽喉科・頭頸部外科センターのジャヤカー・ナヤック博士、10時間におよぶ脳外科手術の合間に内視鏡を私の鼻に押し込み、〈ヴィーノ・エノテカ〉でサラダを食べながら繊毛と蝶形骨と皮脂腺の微妙な違いを説明してくださって、ありがとう（そして、粘膜の狂乱にうまく対処してくれたナヤックの研究室アシスタント、ニコール・ボーシャードとサチ・ドラキアに大感謝を)。マリアンナ・エヴァンズ博士、悪しき進化《ディスエボリューション》についてご教示いただき、すてきな車でフィラデルフィアを案内してくださり、ありがとう。シオドア・ベルフォー博士とスコット・シモネッティ博士とは、何カ月のあいだに何回食事を共にし、咀嚼ストレスや一酸化窒素、イタリアワインについて何個の驚異を説明していただいたか知れない。ローリエット脳研究所のジャスティン・ファインスタイン博士は、NIH(国立衛生研究所)の仕事をサボって、脳科学や扁桃体、二酸化炭素のパニックを引き起こす力に関して難しい授業をしてくださった。

私は呼吸器系の反逆者たちが執筆した数十の解説本やインタビュー、科学論文から拝借させていただいた(注釈つきで、と断っておく)。マイケル・ゲルブ博士、マーク・バヘニ博士、スティーヴン・リン博士、ケヴィン・ボイド博士、アイラ・パックマン博士、カリフォルニア大学サンフランシスコ校、低酸素研究所のジョン・ファイナー博士、アルバート・アインシュタイン医科大学耳鼻咽喉科のスティーヴン・パーク博士、ベス・イスラエル・ディーコネス医療センター肺疾患、救命救急および睡眠医学科のアミット・アナンド博士、スタンフォード大学音声・嚥下センターの言語聴覚病理学の医師アン・カーニー、そしてもちろん、寛大で話好きなジョン・ミューとマイク・ミューの両博士。

DIYパルモノートの一団は私をその人生と肺に迎え入れ、現実世界に生きる現実の人々に変化をもたらす呼吸の効用を教えてくれた。アイスト・ヴァイキング・ブレスワークスのチャック・マギー3世、MDHブリージング・コーディネーションのリン・マーティン、ブリージング・センターのサーシャ・ヤコヴレーヴァ、デロージ・メソッドのルイス・セルジオ・アウヴァレス・デロージ、ジョン・コズウェイ・チーゼンホール、エドゥアン・ピニェイロ、マインドボディクライムのザック・フレッチャー、タッド・パンサー。大きな感謝《アン・グラン・メルシー》をモンパルナス墓地の地下深くに私を案内し、1000年前の人骨粉でジーンズを汚してくれた、いまだ名もない謎めいたカタフィール一門に。睡眠とフィットネスのモニタリング機器一式を用意してくれたボディメトリクスのマーク・コートリングと、まる1カ月間、パリの豪華な仮住まい《ピエタテール》を提供してくれたエリザベス・アッシュにも感謝を捧げる。

通り一遍にめったくそありがとう《タック・ソ・イェヴラ・ミュッケ》と書いても感謝しきれないのが、鼻に対する犯罪の相棒、アンデシュ・オルソンだ。このパルモノートは仕事熱心なあまりスウェーデンの輝かしい夏至祭《ミッドソンマル》を捨て、露に濡れたサンフランシスコで1カ月を、鼻にシリコンの栓を詰めて、指にパルスオキシメーターをつけ、唇にはテープを貼って過ごした。ありがとう、アンデシュ。でも、次回は耳に栓をするのはどうかな？

呼吸の失われた技術と科学をしらみつぶしにする当初の試みからは、言葉のがれきの山が築かれた。いまのは長い言い方だが、要するに、この本もほかの本と同様に時間がかかり、幾度となくシシュポス級の徒労に感じられたということだ。

リヴァーヘッド・ブックスで名人級の手並みを発揮する、たいがい陽気な編集者のコートニー・ヤングは、私の作品を27万語におよぶ長たらしい冗語の泥沼から、いまあなたが手にしている消化しやすいレンガに煮詰めてくれた。レヴァイン・グリーンバーク・ロスタン・リテラリー・エージェンシーの副操縦士もしくは文芸エージェント、ダニエル・スヴェットコヴは泣き言を言う私の電話にすぐ折り返してくれただけでなく（この業種では前代未聞だと思ってもらっていい）、彼女独自の冷酷かつ、すばらしい方法で動詞を彫刻し、研ぎ澄まし、磨きをかけてくれた（スヴェットコヴの絶えざるサポートに値段はつけられない、いや、最低でもあの15パーセントよりずっと価値がある）。アレックス・ハードは今回も顔をしかめながら、膨大な量になる各章の原稿を「短剣状の引用符」にいたるまで、だいたい読める筆記体を用いて削ぎ落としてくれた（何度も週末を台なしにしてすまない、アレックス）。ペンギンブックスUKのダニエル・クルーは最初から最後まで賢明なるアドバイスと励ましの言葉を与えてくれた。

本書の初期の稿に欠かせなかった編集上の批判や検討を担ってくれた読者たちには、マフィア並みの借りがある。気難しくて綿密なアダム・フィッシャー、詠嘆調のキャロ・ライン・ポール、詩的なマシュー・ザプルーダー、慎重なマイケル・シュリズペック、不屈のリチャード・ロウ、柔軟なロン・ペンナ、そして無情なジェイソン・ディーラン、ありがとう。あの死体をトランクから運びたいときは、いつでも電話してほしい。

私の類まれなリサーチ助手でファクトチェッカーのパトリシア・プルズルーカは、数百本におよぶ恐ろしい題名の科学論文（「術前自己血貯血の指標としての赤血球新生と血小板新生」や「訓練された呼吸誘発性酸素化は2型糖尿病および腎疾患患者の心血管自律神経機能障害を急性的に逆転させる」など）に目を通したうえ、そのうえだ、この複雑な文字群を最終稿でひとつずつ照合する屈辱を味わった。パトリシア、あなたの潔癖さと見事な文法力に感謝する。

最後に、まずは愛すべきわが妻、ケイティ・ストーリーに。彼女は私の小さな仕事場とあわただしい生活にいつも新鮮な、たいていユーカリの香りのする息を吹き込んでくれる。

Vi ĉiam spiras freŝan aeron, varma hundo.

本書は積み上げたワイマール期の美術本に挟まれながら、サンフランシスコのメカニックス・インスティテュート図書館やアメリカン・ライブラリー・イン・パリ、そして人口103人のカリフォルニア州ヴォルケーノの古いカトリック墓地のそば、赤いドアの小さな家のキッチンテーブルで書かれた。

付録　呼吸法

ここに挙げるテクニックの映像や音声による教材と詳細な情報は、www.mrjamesnestor.com/breath で確認できる。

第3章より　交互鼻孔呼吸（ナディ・ショーダナ）

この標準的なプラーナヤーマは、肺の機能を向上させ、心拍数を減らし、血圧を下げ、交感神経ストレスを低減させる。会議やイベント、就寝のまえに行なうと効果的な技法だ。

・手の位置（任意で）：右手の親指を右の鼻孔の上にそっと置き、同じ手の薬指を左の鼻孔に置く。人差し指と中指は眉間に置くといい。
・親指で右の鼻孔を閉じ、左の鼻孔からごくゆっくりと息を吸う。
・吸いきったら、少し息を止めて、両方の鼻孔を閉じ、つづいて親指だけを離して右の鼻孔から吐く。
・自然なかたちで吐ききったら、両方の鼻孔を少し閉じておき、つづいて右の鼻孔から吸う。
・左右の鼻孔を交互に開閉しながら、5回から10回呼吸をつづける。

第4章より　呼吸協調

この方法は横隔膜の動きを使って呼吸効率を高めるのに役立つ。無理に行なってはいけない。呼吸ごとにやわらかさや豊かさを感じたい。

・背筋を伸ばし、顎が体と垂直になるように座る。

・鼻からそっと息を吸い込む。吸いきったら、静かに声に出しながら1から10までを繰り返し数える（1、2、3、4、5、6、7、8、9、10、1、2、3、4、5、6、7、8、9、10）。
・自然なかたちで吐ききってからも数えつづけるが、ささやくような声で始め、その声を少しずつ小さくしていく。そして唇が動くだけになって、肺が完全に空になったと感じるまでつづける。
・ゆったり大きく息を吸い込み、同じことを繰り返す。
・これを10回から30回、あるいはもっとつづける。

座った状態でできるようになったら、ウォーキングやジョギング、その他の軽い運動をしながらトライしてみよう。教室や個人レッスンについては、http://www.breathingcoordination.ch/training にアクセスしてほしい。

第5章より　共鳴呼吸（コヒーレント・ブリージング）

心臓、肺、血行を整合性《コヒーレンス》の状態にするために鎮静をめざす呼吸法で、体のシステムが最高効率で機能するようになる。最も重要性の高い、基本的な技法だ。

- 背筋を伸ばして座り、肩と腹の力を抜き、息を吐く。
- 5・5秒かけて穏やかに息を吸い、肺の底に空気を満たしながら腹をふくらませる。
- 息を止めずに、5・5秒かけて静かに吐き、肺を空《から》にしながら腹をへこませる。それぞれの呼吸をひとつの円のように感じながら行なうといい。
- 少なくとも10回、できればさらに繰り返す。

タイマーや視覚的なガイドを提供するアプリが何種類かある。私が気に入っているのは*Paced Breathing*と*My Cardiac Coherence*で、いずれも無料だ。私はこの呼吸法をなるべく頻繁に行なうようにしている。

ブテイコ呼吸

ブテイコ呼吸のポイントは、体をトレーニングして代謝のニーズに合わせた呼吸ができるようにすることだ。大多数の人にとって、それは呼吸量を減らすことを意味する。ブテイコ呼吸にはさまざまな方法があり、そのほぼすべてが1回の呼吸にかける時間を引き延ばすことや息を止めることを基本としている。最も簡単な方法をいくつか挙げておく。

コントロール・ポーズ

全般的な呼吸器の健康状態と呼吸能力の進歩を測る診断ツール

- 秒針のある時計かストップウォッチ機能がある携帯電話を手元に用意する。
- 背筋を伸ばして座る。
- 片手の親指と人差し指で鼻をつまんで両方の鼻孔をふさぎ、口から静かに自然なかたちで息を吐ききる。
- ストップウォッチをスタートさせて息を止める。
- 息をしたいという強い欲求を最初に感じたところで時間を記録し、静かに吸い込む。

重要なのはコントロール・ポーズのあとの最初の呼吸が制御され、リラックスしたものになっているかどうかだ。苦しかったり息切れがするようなら、息を止めていた時間が長すぎたということだ。何分かおいて、もう一度やってみよう。この測定はリラックスして正常に呼吸できているときにのみ行ない、激しい運動のあとやストレスがあるときはけっして行なわないように。また、呼吸を制限するほかの方法と同じように、車の運転中や水中にいるときなど、めまいを起こしたらケガをするおそれのある状況で試すのは絶対に避けること。

ミニブレスホールド

ブテイコ呼吸の鍵となる要素は呼吸量を恒常的に減らすことで、この技法はそのために体をトレーニングするものだ。数千人を超えるブテイコ呼吸の実践者と何人かの医学研究者は、この技法が喘息や不安の発作の予防になると明言している。

・穏やかに息を吐き、コントロール・ポーズの半分の時間、息を止める（たとえば、コントロール・ポーズが40秒だったら、ミニブレスホールドは20秒とする）。

・1日100回から500回繰り返す。

1日を通して15分ごとくらいにタイマーをセットしておくと、便利なリマインダーになる。

鼻歌

一酸化窒素は毛細血管を広げて酸素供給を増やし、平滑筋を弛緩させる強力な分子だ。ハミングは鼻腔での一酸化窒素の放出を15倍に増加させる。この必要不可欠な気体を増やす何より効果的な、しかもシンプルな方法がある。

・普通に鼻で息をしながら、どんな歌でも音でもいいので、ハミングする。
・少なくとも1日5分、できればそれ以上行なう。

ばかげて聞こえたり、ばかばかしく思えたり、周囲の人をいらいらさせたりするかもしれないが、効果は絶大だ。

ウォーキング／ランニング

さほど極端ではない低換気運動には（ゴールデンゲート・パークでの私のみじめなジョギング体験は別として）、高地トレーニングと同じ利点がいろいろある。この方法は簡単で、どこにいても実践できる。

・普通に鼻で呼吸しながら、1分ほど歩く、または走る。
・同じペースを保ったまま、息を吐き、鼻をつまんで閉じる。
・空気が欲しくてたまらないと感じたら、鼻から指を離し、普段の半分くらいの感覚で、ごく穏やかに10秒から15秒ほど呼吸する。
・普段どおりに30秒呼吸する。
・これを10回ほど繰り返す。

鼻づまりを解消させる

・背筋を伸ばして座り、やわらかく息を吐いてから、鼻をつまんで両方の鼻孔を閉じる。
・息を止めていることを考えないようにしながら、頭を上下左右に振り、早足で歩いたり、ジャンプしたり走ったりする。

- どうしても空気が吸いたいと感じたら、ごくゆっくりと制御しながら鼻呼吸をする（まだ鼻が詰まっている場合は、口をすぼめて静かに呼吸する）。
- 制御された静かな呼吸を少なくとも30秒から1分つづける。
- 以上のステップを6回繰り返す。

パトリック・マキューンの著書『人生が変わる最高の呼吸法』には、呼吸の減らし方について詳しい解説とトレーニングプログラムが紹介されている。ブテイコ呼吸法の個別指導は、www.consciousbreathing.com、www.breathingcenter.com、www.buteykoclinic.comや、認定インストラクターから受けることができる。

第7章より　咀嚼

硬いものを噛んでいれば、顔に新たな骨が形成され、気道が開かれる。だが、ほとんどの人にとって1日数時間かけて咀嚼する（右の恩恵にあずかるために必要な時間と労力をかける）ことなど不可能だし、好ましくもない。このギャップを埋めてくれる器具や代用品がいくつかある。

ガム

どんなガムでも嚙めば顎が強くなって幹細胞の成長が促されるが、硬いガムのほうが激しいワークアウトになる。

・トルコのブランドである〈ファリム（Falim）〉は靴の革並みの硬さがあり、1枚で約1時間嚙みつづけることができる。私はシュガーレスミントがいちばん口に合う（炭酸塩、ミントグラスといったほかのフレーバーや砂糖入りのものは、やわらかくて味がくどくなりがちだ）。

・マスティックガムはギリシャの島々で何千年もまえから栽培されているピスタシア・レンチスクスという常緑低木の樹脂からつくられている。いくつかのブランドの商品がオンラインショップで入手可能だ。まずいと感じるかもしれないが、厳しい顎のワークアウトになる。

口腔内器具

本書の執筆中、テッド（シオドア）・ベルフォーと同僚のスコット・シモネッティが開発したＰＯＤ（予防的口腔内デバイス）という器具がＦＤＡ（米国食品医薬品局）の承認を受けた。下の歯列にフィットするように装着して咀嚼ストレスをシミュレートする小さなリテーナーだ。詳しくは、www.discoverthepod.com、www.drtheodorebelfore.com を参照のこと。

口蓋拡大

口蓋を拡大して気道を広げるためのデバイスは数十種あり、それぞれに長所と短所がある。まずは機能歯列矯正を専門とする歯科医に相談してみよう。

東海岸のマリアンナ・エヴァンズ博士の Infinity Dental Specialists（http://www.infinitydentalspecialists.com/）と、西海岸のウィリアム・ハング博士の Face Focused（https://facefocused.com）はともに米国で指折りの有名クリニックで、この方法を始めるのにふさわしい。海の向こうの英国の方はマイク・ミュー博士のクリニック（https://orthodontichealth.co.uk）に当たってみてもいいだろう。

第8章より　ツンモ

ツンモにはふたつの種類がある。ひとつは交感神経系を刺激するもの、もうひとつは副交感神経反応を引き起こすものだ。どちらにも効果はあるが、ヴィム・ホフによって広く知られるようになった前者のほうが、はるかにとっつきやすい。

もう一度断っておくが、このテクニックは、水辺や運転中、歩行中など、気を失った場合にけがをするおそれのある状況では絶対にやってはいけない。妊娠中の人や心臓病の人は医師に相談すること。

・静かな場所を探して頭の下に枕を置き、仰向けに横たわる。肩、胸、脚の力を抜く。

・みぞおちに30回、とても深く、とても速く息を吸い込み、それを吐き出す。できれば、呼吸は鼻でする。鼻が詰まっている場合は、すぼめた口で試してみよう。息を吸うごとに体の動きは波のように見えるといい。まず胃をふくらませ、それを静かに肺の上へと寄せていく。息を吐くときも同様の動きで、まずは胃、つづいて胸を空にしながら、鼻か、すぼめた口から空気を出す。

- 30回目の呼吸の終わりは、肺の空気が約4分の1になるまで「自然なかたちで吐ききる」。そしてできるだけ長く息を止める。
- 完全な息止めが限界に達したら、一度大きく息を吸って、そこで15秒間キープする。その新鮮な空気をなるべくそっと胸のまわりへ、さらに肩へ動かしてから息を吐き、次の激しい呼吸を始める。
- このパターン全体を少なくとも3回繰り返す。

ツンモはある程度の練習を要するもので、文字による指導では混乱が生じて習得が難しくなりやすい。ヴィム・ホフ方式のインストラクターであるチャック・マギーは、毎週月曜日の夜9時（太平洋時間）に無料のオンラインセッションを開催している。https://www.meetup.com/Wim-Hof-Method-Bay-Area でサインアップするか、Zoom のプラットフォームでログインしてほしい（https://tinyurl.com/y4qwl3pm）。マギーはカリフォルニア州の北部全域で個別指導も行なっている。（https://www.wimhofmethod.com/instructors/chuckmcgee-iii）。

穏やかなスタイルのツンモ瞑想のガイドは、www.thewayofmeditation.com.au/revealing

-the-secrets-of-tibetan-inner-fire-meditation で見つかる。

第9、10章より　スダルシャン・クリヤ

これは私が学んだなかで最も強力な技法であり、きわめて複雑で、やり通すのが難しい。スダルシャン・クリヤは4つの段階で構成される。〈オーム〉詠唱《チャント》、呼吸制限、ペース呼吸（4秒で吸い、4秒止めて、6秒で吐き、2秒止める）、そして最後が40分間の非常に激しい呼吸だ。

YouTube にもちらほらチュートリアル動画が見られるが、動作を正しくするためにより深い指導を受けることを強く推したい。〈アート・オブ・リビング〉では週末のワークショップで実践を通じて入門者を指導している。詳しくは www.artofliving.org を参照のこと。

・・・

以下に本書の本文に入れることができなかった呼吸法を挙げる。数百万人の人々と同じように、私も定期的に実践しているものだ。どの方法にも独自の価値と強みがある。

ヨガ呼吸（3部構成）

意欲的なプラーナヤーマの生徒のための標準テクニック

フェーズI

・椅子に腰かけるか床にあぐらをかいて座り、背筋を伸ばして肩の力を抜く。
・片手をへその上に置き、ゆっくり腹式呼吸をする。このとき、息を吸うと腹がふくらみ、吐くとへこむように感じたい。これを数回行なう。
・次に、手を数インチ上にずらして胸郭の底を覆う位置に置く。手のあるところに呼吸を集中させ、息を吸うと肋骨が広がり、吐くと引っ込むようにする。これを3回から5回ほど行なう。
・手を鎖骨のすぐ下に移す。この部分に深く息を吸い込み、胸が開閉することをイメージしながら吐き出す。これを数回行なう。

フェーズII

・以上の動作をすべて1回の呼吸につなげて、腹部、胸郭下部、胸部の順に息を吸い込む。

・その反対に、まず胸部、つづいて胸郭、腹部の順に息を吐き出す。手を自由に使って各部分を感じながら息を出し入れする。

・一連の動きを12回ほどつづける。

最初はとてもぎこちない動作に感じるだろうが、何度か呼吸すると楽にできるようになる。

ボックス呼吸

ネイビーシールズでは、緊迫した状況下で落ち着きと集中力を保つためにこのテクニックを用いている。シンプルな呼吸法だ。

・4カウントで吸い、4カウント止め、4カウントで吐き、4カウント止める。繰り返す。

吐く息を長くすると、より強い副交感神経反応が誘発される。体により深いリラックスをもたらすボックス呼吸の変種では以下のとおり。就寝前に行なうととくに効果が大きい。

・4カウントで吸い、4カウント止め、6カウントで吐き、2カウント止める。繰り返す。

最低6回、必要ならさらにつづけてみよう。

息止めウォーキング

アンデシュ・オルソンはこのテクニックを使って二酸化炭素を増やし、そうすることで血行を促進させる。さほど楽しいものではないが、オルソンが言うには、多くのメリットがある。

・公園の芝生広場やビーチなど、地面がやわらかいところへ行く。
・息をすべて吐き出してから、歩数を数えながらゆっくり歩く。

・息が吸いたくてたまらなくなったら、数えるのをやめて、歩きながら、できるだけ穏やかな鼻呼吸を何度か行なう。少なくとも1分間、普通に呼吸してから、一連の手順を繰り返す。

この方法はやればやるほど、数えられる歩数が大きくなる。オルソンの記録は130歩。私はその3分の1ほどだ。

4‐7‐8呼吸

アンドルー・ワイル博士によって有名になったこの技法は、体に深い弛緩状態をもたらす。私は長時間のフライトで眠りにつくときに役立てている。

・息を吸い、口からシューという音とともに吐く。
・口を閉じ、頭のなかで4つ数えながら、鼻から静かに息を吸う。
・息を止めて、7つ数える。
・すべての息を、8つ数えながら、シューという音とともに口から吐き出す。
・これを少なくとも4回繰り返す。

ワイルがYouTubeで公開している段階的な説明は、４００万回以上視聴されている。

https://www.youtube.com/watch?v=gz4G31LGyog.

訳者あとがき

本書は*Breath: The New Science of a Lost Art*（Riverhead Books, 2020）の全訳である。

冒頭、著者は映画『悪魔の棲む家』で描かれたアミティヴィルの町（ニューヨーク州ロングアイランド）を連想させる館を訪れる。その不気味な屋敷では、眉毛の濃い女性インストラクターを中心に、奇妙な人々があぐらをかいて座っていた。まるで映画『ロング・グッドバイ』や『インヒアレント・ヴァイス』に登場しそうな、カリフォルニアのヒッピーカルチャーやカルト集団を思わせる場面だが、まず著者は私立探偵ではない。肺炎を患い、心身ともに疲れ果てたジャーナリストだった。それに、ここは医師に勧められてやってきた呼吸教室にすぎない。

ところが、この不穏な導入部につづき、著者は涼しい部屋でひとり大量の汗をかくという不思議な体験をする。しかも気分は穏やかになり、肩と首の張りもなくなっていた。いったい何が起きたのか？　何がこれほど大きな反応を引き起こしたのか？

その答えを求め、著者は人類１００万年の歴史をさかのぼり、人間が正しく呼吸する能力を失って、数々の病気に苦しむようになった原因の解明に乗り出す。いびき、睡眠時無呼吸症候群、喘息、自己免疫疾患、アレルギー、脊柱側弯症。そうした病気の症状も、正しい呼吸法を取り戻せば治せるのではないか。それを突き止めるためなら、みずからスタンフォード大学で20日間にわたり実験台となることもいとわない。古い頭蓋骨の口の研究や、口腔を拡張する保定装置の開発に取り組む歯科医たちを訪ね、オランダの〝アイスマン〟ヴィム・ホフやパトリック・マキューンら、呼吸法のエキスパートたちに意見を求めながら、米国内はもちろん、スウェーデン、ラトビア、英国、ブラジルと世界各地をめぐり、呼吸の謎に迫っていく。

だが、答えが見つかったのは呼吸器学の研究室ではなかった。パリのじめついた古い地下墓所や、旧ソ連の極秘施設、ニュージャージーの聖歌隊学校、スモッグに覆われたサンパウロの街だった。そうして著者は数千年の歴史がある医学書をひもとき、最先端の呼吸器学や心理学、生化学、人体生理学の知見に裏づけを得て、きわめて根本的な生物機能をめぐる事実を明らかにする。たとえば、健康的な呼吸法とは何よりもまず鼻呼吸であり、口呼吸はさまざまな病気を招くこと。産業革命以降、食品の工業化が進み、咀嚼のストレスが減って顔や口の発育が妨げられ、気道が閉塞しやすくなっていること。現代人は酸素過多、二酸化炭素不足の状態にあるため、深呼吸ではなく、むしろ、ゆっくりと、少ない量を呼吸すべきであること。

さらに、著者は10年にわたる綿密なリサーチや体当たり取材の過程で、いつしか秘伝の呼吸術に習熟していた。そんな呼吸の力を増幅させる古今東西の技法を〈呼吸+〉として第三部にまとめている。プラーナヤーマ、スダルシャン・クリヤ、共鳴呼吸（コヒーレント・ブリージング）、ツンモ、ブテイコ呼吸法などだ。

巻末の付録にはそうした呼吸法が簡潔に紹介されているので、せっかちな方には先にそちらを参照いただいてもいいのかもしれない。そうでない方には、ゆっくりと、息を調え、遊び心のある本篇（や謝辞）を楽しみながら読み進めていただけたらと思う。

本国アメリカでは、本書は発売後18週にわたって《ニューヨーク・タイムズ》ベストセラーリストにとどまり、《ウォール・ストリート・ジャーナル》、《ロサンゼルス・タイムズ》、《サンデー・タイムズ》（英国）でトップ10入りを果たした。スペイン、ドイツ、クロアチア、イタリアなど各国でベストセラーとなり、35以上の言語に翻訳されている。そして全米ジャーナリスト・作家協会選出の2020年ベスト一般ノンフィクションブックに輝いたほか、英国王立協会の2021年ベストサイエンスブックの最終候補に残った。「体と心に対する考え方を一変させる力のある一冊」（ジョシュア・フォア）、「10年にわたる個人的な調査をもとに、魅力あるコメディ風の語り口で心を釘付けにする。ページターナー小説のように読めるセルフヘルプ本など想像できるだろうか？　巻を措く能わず」（スティーヴン・R・ガンドリー）と、各方面からも賛辞が寄せられている。

著者ジェームズ・ネスターは、バンド活動ののち英文学修士号を取得し、コピーライターとの兼業を経て専業フルタイムの作家、ジャーナリストとなった。《サイエンティフィック・アメリカン》《アウトサイド》《ニューヨーク・タイムズ》《アトランティック》《サンフランシスコ・クロニクル》《サーファーズ・ジャーナル》などに寄稿しつつ、上梓した著書第一作は*DEEP: Freediving, Renegade Science, and What the Ocean Tells Us about Ourselves* (Houghton Mifflin Harcourt, 2014)。フリーダイビングの選手や冒険家、科学者を追いかけ、驚くべき発見を通じて海洋や人間に関する理解を刷新する快著だ。BBCのブック・オブ・ザ・ウィーク、PENアメリカン・センターのベスト・スポーツ・ブック・オブ・ザ・イヤー・ファイナリストほか、さまざまな栄誉を受けている。その1章をもとに共同制作されたVR短篇ドキュメンタリー"The Click Effect"は、100万回以上視聴され、2017年9月にエミー賞ベストVR体験部門にノミネートされた。さらに、海洋生物学者のデイヴィッド・グルーバーとのプロジェクトCETI（クジラ語翻訳イニシアティブ）では、機械学習やAI技術による異種間コミュニケーションの可能性を探り、2020年にはTEDの The Audacious Project に認定されるなど、多彩な活動に取り組んでいる。

地元サンフランシスコ界隈では1978年式メルセデス・ベンツ300Dを廃食油で走らせ、米国初の電気自動車CitiCarを乗りこなすという著者から、当分目が離せそうにない。

2022年5月

（単行本より再録）

解　説

名古屋大学 総合保健体育科学センター
石田浩司

本書は、主人公が少し変わった船頭たち（呼吸器行士《パルモノート》）の案内で、様々な不思議な海賊船（呼吸法）に乗って世界中を巡り、宝（健康）を手に入れる冒険物語、「ネスターインワンダーランド」である。

私は大学に勤める研究者で、専門は運動生理学の「運動と呼吸」である。この文庫本の元となる日本語版単行本『BREATH 呼吸の科学』が刊行（２０２２年６月）される前の２０２１年10月、私は講談社ブルーバックスから、『呼吸の科学』と題する本を上梓している。同じようなタイトルで紛らわしいが、内容的にもよく似ている。本書は学術論文にない詳細な人物描写など、小説を読んでいるようでつい引き込まれてしまうが、医学的説明が不足している箇所もある。私の役目は、その不足部分について、医学的知見をもとに補足説明することである（科学的詳細は拙著参照）。

本書をまとめると、「鼻から呼吸する」のは健康によく、呼気を非常に長くしたり、速く大きく呼吸したり、息を止めたり、「たまに呼吸の仕方を変えてみる（呼吸＋）」こともありだが、基本は、「ゆっくり呼吸する」のがよい、となる（「噛む」ことは専門外なので、ここでは省略）。これら3点について検証する。

「鼻から呼吸する」

鼻から吸うメリットは、鼻毛や鼻粘膜で細菌等の異物の流入を防げることと、鼻腔内で適度な温度と湿度が加わり呼吸しやすくなることである。その他、影響力は少ないが、脳の近くを空気が通るので空冷効果があることや、血管拡張作用を持つ一酸化窒素が副鼻腔で産出されるという利点もある。一方、鼻呼吸の欠点は、鼻の穴が小さく、鼻腔も複雑な構造をしているため、空気の出し入れに少し抵抗がかかり、同じ量を呼吸するのに口呼吸より少し時間がかかることである。ただし、後で述べるように、遅い呼吸の方が効率がよく健康にもいいので、量が少ない安静時や中強度の運動までは、鼻呼吸がお勧めである。

本書の鼻呼吸で運動パフォーマンスが上がったという話は、中強度以下と思われるが、それ以上に強度を上げていくと、乳酸が急激に蓄積し始め、後述する化学受容器反射で呼吸が急増し始める時点（無酸素性作業閾値）がある。鼻呼吸では量的に間に合わなくなり、口が開いてくる。口呼吸はのどに空気がストレートに入り、口を大きく開けば短時間でたくさん呼吸できる利点がある。しかし、口呼吸は呼吸が速くなりがちで、口内が乾燥し、口臭、虫歯、さらには感染症の発症リスクが高まる。鼻から吸う方が病気を予防でき、本書で述べているように、健康や運動に好影響を与えるのは間違いない。ただし病気の症状を緩和させることは可能だが、完治させるものではない。なお、吐く時は、鼻から吸えば鼻から吐いた方が、口を開け閉めせずに済んで自然である。

「呼吸の仕方を変えてみる（呼吸＋）」

呼吸の仕方は呼吸の深さと速さで決まる。呼吸の深さは、一回の呼吸で口や鼻から出入りする量（一回換気量：４００～５００㎖）で示され、大きいと深い呼吸となる。吸気量と呼気量があり、両者はほぼ等しくなる。著者は「息を吐く／吐ききる」ことを実践しているが、吐ききることを繰り返すと、後述する過換気と同じ症状になる。しっかり吐けば次に深く吸え、大きくゆっくりした呼吸が可能になるので、吐くことも意識しよう、という理解で十分である。

一方、呼吸の速さは、吸気開始から呼気終了までの1回の呼吸時間（安静で3～5秒）

か、その一呼吸を1分間に換算すると何回呼吸したことになるか（60÷呼吸時間）という呼吸数（安静で12〜20回／分）で示される。1分間の呼吸の回数を数えるのと同じである。呼吸数が多い／呼吸時間が短いと、呼吸が速いことになる。

量的な大小を考える場合、単位時間（1分間）当たりにどれだけの量の空気を呼吸するかが重要で、毎分換気量とよび、呼吸数×一回換気量で求まる。例えば、呼吸数10回／分で一回換気量600mlの呼吸と、20回／分で300mlの呼吸は、掛け合わせた毎分換気量が同じになる（6ℓ／分）が、効率が違ってくる。吸気が肺胞に届いて初めて酸素を有効に使えるが、吸気終了時点で、口・鼻から肺胞直前までの気道にある空気／酸素は、肺胞まで届かず次の呼気で外に排出され、ムダになる。これは死腔と呼ばれ、その量（死腔量＝気道の容積）は約150mlある。呼吸数が多いと、1分間当たり、呼吸数×死腔量だけムダに呼吸していることになる。逆に呼吸数が少なくゆっくりした呼吸は、口元で吸う量を減らしても、肺胞には単位時間当たり十分に酸素を送れることになり、本書にあるように「呼吸を減らす」（毎分換気量を減らす）ことに貢献し、呼吸筋も休めて効率がいい。

呼吸の仕方は2つの経路で調節されている。一つは延髄にある呼吸中枢で自発的／自動的に一定間隔の呼吸リズム／パターン信号が発生し、その信号が神経を通って、呼吸筋を一定リズムで収縮させる不随意呼吸である。呼吸中枢には様々な入力があり、それらが呼吸リズムを変える。例えば、息こらえや運動で血中の二酸化炭素濃度が上がったり、乳酸が蓄積して水素イオン濃度が上がると、延髄と頸動脈の2か所にある血液の化学センサー（化学受容器）が濃度変化を感受し、呼吸中枢を刺激して呼吸が速くなり、毎分換気量が増える。また、頸動脈の化学受容器は低酸素にも反応し、高所に行くとやはり呼吸が増える。呼吸が増えると、酸素が体内に入り、二酸化炭素が出ていくので（水素イオンも緩衝作用で二酸化炭素に合成され排出）、体が元の状態に戻る。これが化学受容器反射で、呼吸で一番重要な反応である。この反射は二酸化炭素の変化により大きく反応する（＝感受性が高い）。息を止めたり制限すると苦しくなるのは、二酸化炭素増加による化学受容器反射を意志で無理に抑える矛盾が、脳内に生じるからである。この感受性は人によって差があり、感受性が高い人はすぐ息が荒くなる。著者がトライした「二酸化炭素療法」や息を止めることを繰り返すと、トレーニング効果で二酸化炭素の感受性が低下し、不随意呼吸がゆっくりになる可能性があるが、今のところ、エビデンスがあるとは言えないようである。

一方、パニックなどで速く大きく呼吸しすぎると（一回換気量と呼吸数の両方増加＝毎分換気量急増）、二酸化炭素や水素イオンがどんどん体外に出ていく過換気となり、弱アルカリ性の血液がよりアルカリ性に傾き、痙攣、めまい、動悸、失神などが起こる。この時も化学受容器反射が呼吸を抑制するように働くが、興奮や強い意志はそれを凌駕してしまう。著者が苦労した、「ときには多めに呼吸する」ツンモやスダルシャン・クリヤなどは、長時間の過換気によるストレスで、交感神経が異常に興奮している状態が続くことがミソである。過換気をやめると、体を正常に戻そうと副交感神経がよく働くようになるリバウンド作用を利用した、一種のショック療法である。本書曰く、「混乱してはじめて正常に戻ることができる」。ただし、過換気を続けると脳の血流が低下して低酸素状態になり、中枢神経系に影響して幻覚を生じたりするので、興味本位で試すことは、本書でも勧めていない。呼吸と交感神経活動が高まり、脳血流も増える「運動」で代用できる。

もう一つの調節経路は、通常の運動と同じく、大脳の連合野でプログラミングされた運動指令が大脳の運動野から発せられ、運動神経を通って呼吸筋を収縮させる、随意呼吸である。様々な呼吸法はこの経路を使っている。運動野からの指令は呼吸中枢を通らないため、不随意呼吸とは別物である。随意呼吸を続けても、不随意呼吸の自発的呼吸リズムは影響を受けないため、様々な呼吸法を実施しても、やめると不随意呼吸に戻ってしまう。本書にあるように、多少の努力とトレーニングで普段の呼吸（不随意呼吸）の仕方を変えることは、なかなか難しい。いずれにしても、本書の過激な「呼吸＋」は一時的に体に大きなインパクトを与え、人によっては「人生が根本から変わる」かもしれないが、効かない人もおり、危険なこともあるので、筆者と同じように、指導者（パルモノート）のもとで実践すべきである。

「ゆっくり呼吸する」

古くから行われているヨガの呼吸や、巷で流行っている○○呼吸の多くは、鼻から大きく吸い込み、吐くときは鼻から、または口をすぼめて、呼気を長めにゆっくり呼吸する形になっている。深くゆっくり呼吸することで、ストレスや不安が解消し、リラックスできて気分が安定し、腰痛などの慢性痛が和らぐというエビデンスは多い。これらは安静時の呼吸が、休息・リラックス時に働き、心拍や血圧を抑える副交感神経と密接に関係することで起こる。ストレスのない安静時、交感神経はほとんど働いておらず、副交感神経が優位であるが、ずっと働いていると神経も疲れるので、休むことも必要になる。実はこれが呼吸の相（呼気と吸気）に一致して起こる。呼気時は副交感神経のスイッチが入って心拍を抑制して心拍数が低下し、吸気時は副交感神経のスイッチがオフになって心拍抑制がなくなり、心拍数が上がる。一呼吸の間で、5〜20拍／分も心拍数が変動する。これが本書にもある「心拍変動」である。緊張やストレスで交感神経が働くと、心拍変動は消える。人によって多この心拍変動が大きいほど、副交感神経が効果的に働いていることになる。人によって多少異なるが、呼吸時間が10秒付近（呼吸数6回／分）で吸気と呼気の比率が約1：2（例：3・3秒吸気＋6・6秒呼気）の時に、心拍変動が一番大きいという報告がある。本書では、5・5秒吸気＋5・5秒呼気の11秒の呼吸（呼吸数5・5回／分）を勧めている。また、本書にあるように、宗教のお祈り時は約12秒で1回の呼吸になるらしい。つまり10〜12秒で1回のゆっくり呼吸、できれば呼気長めの呼吸をすれば、副交感神経がよく働き、精神が安定し、リラックスできる。痛みや悩みも和らぐ。また、副交感神経が優位になると免疫力が高まり、病気を予防する方向に向かう。

鼻から深く吸って呼気長めの約10秒のゆっくり呼吸は、気軽にタダで心身の健康増進が図れる。ただし、悩みや痛みは呼吸法を止めるとぶり返す。呼吸は万能の治療薬ではない。症状を一時的に和らげる標準治療の補完薬、または予防薬に過ぎない。本書でも述べているように、「呼吸法は予防策として用いるのが最適である」。

「呼吸は軽んじられているが重要である」という点で私と著者は意見が一致している。そして何より、「呼吸ですべてを解決できるわけではない」というのも全く同感である。

二〇二五年一月

注

最新の詳細な註釈つき完全版参考文献リストについては、mrjamesnestor.com/breath-biblio をご覧いただきたい。

1. *Primordial Breath: An Ancient Chinese Way of Prolonging Life through Breath Control,* vol. 1, *Seven Treatises from the Taoist Canon, the Tao Tsang, on the Esoteric Practice of Embryonic Breathing,* trans. Jane Huang and Michael Wurmbrand, 1st ed. (Original Books, 1987), 3.

イントロダクション

1. フリーダイビングや人間の海とのつながりについては最初の著書 *Deep* (New York: Houghton Mifflin Harcourt, 2014) に記した。
2. *The Primordial Breath: An Ancient Chinese Way of Prolonging Life through Breath Control,* vol. 1, *Seven Treatises from the Taoist Canon, the Tao Tsang, on the Esoteric Practice of Embryonic Breathing,* trans. Jane Huang and Michael Wurmbrand, 1st ed. (Original Books, 1987); Christophe André, "Proper Breathing Brings Better Health," *Scientific American,* Jan. 15, 2019; Bryan Gandevia, "The Breath of Life: An Essay on the Earliest History of Respiration: Part II," *Australian Journal of Physiotherapy* 16, no. 2 (June 1970): 57–69.
3. *The Primordial Breath,* 8.
4. *The New Republic* 1998年12月号で、*New England Journal of Medicine* の編集長は健康が呼吸の仕方を決定するのであって、呼吸の仕方は健康状態に何の影響も及ぼさないと論じている。テリーサ・ヘイル(Teresa Hale)の著書 *Breathing Free: The Revolutionary 5-Day Program to Heal Asthma, Emphysema, Bronchitis, and Other Respiratory Ailments* (New York: Harmony, 1999) に寄せた序文では、アメリカ栄養学会およびアメリカ内科医師会の特別会員、レオ・ギ

ャランド博士（Dr. Leo Galland）がまさしく呼吸の仕方がいかにして健康に直接影響を与えるかを語っていた。ギャランドの説明をはじめとして、いくつかの証言が本書のための初期リサーチやその後の教授や医師など医療畑の人々との会話で見つかっている。

第１章　動物界一の呼吸下手

1. Karina Camillo Carrascoza et al., "Consequences of Bottle-Feeding to the Oral Facial Development of Initially Breastfed Children," *Jornal de Pediatria* 82, no. 5 (Sept.–Oct. 2006): 395–97.
2. 7300人以上の成人を対象とした遡及的レビューでは、歯を１本失うごとに閉塞性睡眠時無呼吸のリスクが2パーセントずつ高くなると関連づけられた。５～８本の歯を失った場合、その割合は25パーセント増となり、９～31本では36パーセントの増加が見られた。すべての歯を抜いた患者は睡眠時無呼吸になる確率が60パーセント高くなった。Anne E. Sanders et al., "Tooth Loss and Obstructive Sleep Apnea Signs and Symptoms in the US Population," *Sleep Breath* 20, no. 3 (Sept. 2016): 1095–102. 関連研究：Derya Germeç-Çakan et al., "Uvulo-Glossopharyngeal Dimensions in Non-Extraction, Extraction with Minimum Anchorage, and Extraction with Maximum Anchorage," *European Journal of Orthodontics* 33, no. 5 (Oct. 2011): 515–20; Yu Chen et al., "Effect of Large Incisor Retraction on Upper Airway Morphology in Adult Bimaxillary Protrusion Patients: Three-Dimensional Multislice Computed Tomography Registration Evaluation," *The Angle Orthodontist* 82, no. 6 (Nov. 2012): 964–70.
3. Simon Worrall, "The Air You Breathe Is Full of Surprises," *National Geographic,* Aug. 13, 2012, https://www.nationalgeographic.com/news/2017/08/air-gas-caesar-last-breath-sam-kean.
4. 口呼吸の推定値は明確ではなく、5から75パーセントまでばらつきがある。ブラジルで実施されたふたつの独立した研究で、50パーセントを超える子供が口呼吸をしていると示されたが、実情はもっと多いかもしれない。Valdenice Aparecida de Menezes et al., "Prevalence and Factors Related to Mouth Breathing in School

Children at the Santo Amaro Project—Recife, 2005," *Brazilian Journal of Otorhinolaryngology* 72, no. 3 (May–June 2006): 394–98; Rubens Rafael Abreu et al., "Prevalence of Mouth Breathing among Children," *Jornal de Pediatria* 84, no. 5 (Sept.–Oct. 2008): 467–70; Michael Stewart et al., "Epidemiology and Burden of Nasal Congestion," *International Journal of General Medicine* 3 (2010): 37–45; David W. Hsu and Jeffrey D. Suh, "Anatomy and Physiology of Nasal Obstruction," *Otolaryngologic Clinics of North America* 51, no. 5 (Oct. 2018): 853–65.

5. "Symptoms: Nasal Congestion," Mayo Clinic, https://www.mayoclinic.org/symptoms/nasal-congestion/basics/causes/sym-20050644.
6. Michael Friedman, ed., *Sleep Apnea and Snoring: Surgical and Non-Surgical Therapy,* 1st ed. (Philadelphia: Saunders/Elsevier, 2009), 6.
7. Keith Cooper, "Looking for LUCA, the Last Universal Common Ancestor," Astrobiology at NASA: Life in the Universe, Mar. 17, 2017, https://astrobiology.nasa.gov/news/looking-for-luca-the-last-universal-common-ancestor/.
8. "New Evidence for the Oldest Oxygen-Breathing Life on Land," ScienceDaily, Oct. 21, 2011, https://www.sciencedaily.com/releases/2011/10/111019181210.htm.
9. S. E. Gould, "The Origin of Breathing: How Bacteria Learnt to Use Oxygen," *Scientific American*, July 29, 2012, https://blogs.scientificamerican.com/lab-rat/the-origin-of-breathing-how-bacteria-learnt-to-use-oxygen.
10. すべての頭蓋骨に歯が残っているわけではない。だがエヴァンズとボイドには顎や虫歯の形状から歯並びがまっすぐだったとわかった。
11. ダニエル・リーバーマン（Daniel Lieberman）はディスエボリューション（悪しき進化）をこう定義する。「ミスマッチ病の原因に対処せず、その病を引き起こす環境要因をそのまま次世代に伝え、病が普及したり悪化したりするのにまかせることで、いくつもの世代にわたって生じる有害なフィードバックループ」。「ミスマッチ

病」の発端となるのは「私たちの身体が環境の変化に十分に適応していないため（中略）、進化的ミスマッチの病気や怪我に襲われること」だ。ディスエボリューションについて詳しくはリーバーマンの著書を読むといい。*The Story of the Human Body: Evolution, Health, and Disease* (New York: Pantheon, 2013)（ダニエル・E・リーバーマン『人体六〇〇万年史：科学が明かす進化・健康・疾病』上・下、塩原通緒訳、早川書房〈ハヤカワ文庫NF511、512〉、2017年）、引用は176ページ（日本語版上巻290-291ページ）より。以下も参照のこと。Jeff Wheelwright, "From Diabetes to Athlete's Foot, Our Bodies Are Maladapted for Modern Life," *Discover*, Apr. 2, 2015, http://discovermagazine.com/2015/may/16-days-of-dysevolution.

12. Briana Pobiner, "The First Butchers," *Sapiens*, Feb. 23, 2016, https://www.sapiens.org/evolution/homo-sapiens-and-tool-making.
13. Daniel E. Lieberman, *The Evolution of the Human Head* (Cambridge, MA: Belknap Press of Harvard University Press, 2011), 255–81.
14. たとえば、動物は生の卵からは50から60パーセントの栄養しか摂れないが、加熱した卵からなら90パーセントを超える。同じことが多くの調理した植物や野菜、肉に当てはまる。Steven Lin, *The Dental Diet: The Surprising Link between Your Teeth, Real Food, and Life-Changing Natural Health* (Carlsbad, CA: Hay House, 2018), 35.
15. おそらくもっと昔から。ケニアの考古学遺跡クービフォラでは、研究者たちが160万年前に意図的に焚かれた火の痕跡を見つけた。Amber Dance, "Quest for Clues to Humanity's First Fires," *Scientific American*, June 19, 2017, https://www.scientificamerican.com/article/quest-for-clues-to-humanitys-first-fires; Kenneth Miller, "Archaeologists Find Earliest Evidence of Humans Cooking with Fire," *Discover*, Dec. 17, 2013, http://discovermagazine.com/2013/may/09-archaeologists-find-earliest-evidence-of-humans-cooking-with-fire.
16. 内臓が小さくなって、われわれはどれだけの脳を獲得できたのか？　確かなことは知りようがないが、その意義は大きい。網羅的な外観を以下で参照できる。Leslie C. Aiello, "Brains and Guts in

Human Evolution: The Expensive Tissue Hypothesis," Mar. 1997, http://www.scielo.br/scielo.php?script=sci_arttext&pid=S0100-84551997000100023.

17. ハーヴァード大学の生物人類学者、リチャード・ランガム(Richard Wrangham) は古代人類の食生活を徹底調査している。ほかにもいろいろな視点から読んでみよう。Rachel Moeller, "Cooking Up Bigger Brains," *Scientific American*, Jan. 1, 2008, https://www.scientificamerican.com/article/cooking-up-bigger-brains.

18. "Did Cooking Give Humans an Evolutionary Edge?," NPR, Aug. 28, 2009, https://www.npr.org/templates/story/story.php?storyId=112334465.

19. Colin Barras, "The Evolution of the Nose: Why Is the Human Hooter So Big?," *New Scientist*, Mar. 24, 2016, https://www.newscientist.com/article/2082274-the-evolution-of-the-nose-why-is-the-human-hooter-so-big/; "Mosaic Evolution of Anatomical Foundations of Speech," Systematics & Phylogeny Section, Primate Research Institute, Kyoto University. Nishimura Lab, https://www.pri.kyoto-u.ac.jp/shinka/keitou/nishimura-HP/tn_res-e.html.

20. 「彼らの鼻腔の表面積は概算値の約半分で、容積にいたっては予測の半分にすぎない……人間の鼻腔の容積は予想より90パーセントほど小さいということだ」David Zwickler, "Physical and Geometric Constraints Shape the Labyrinth-like Nasal Cavity," *Proceedings of the National Academy of Sciences*, Jan. 26, 2018.

21. Colin Barras, "Ice Age Fashion Showdown: Neanderthal Capes Versus Human Hoodies," *New Scientist*, Aug. 8, 2016, https://www.newscientist.com/article/2100322-ice-age-fashion-showdown-neanderthal-capes-versus-human-hoodies/.

22. "Homo Naledi," Smithsonian National Museum of Natural History, http://humanorigins.si.edu/evidence/human-fossils/species/homo-naledi.

23. Ben Panko, "How Climate Helped Shape Your Nose," Smithsonian.com, Mar. 16, 2017, https://www.smithsonianmag.com/science-

nature/how-climate-changed-shape-your-nose-180962567.

24. Joan Raymond, "The Shape of a Nose," *Scientific American*, Sept. 1, 2011, https://www.scientificamerican.com/article/the-shape-of-a-nose.

25. 発話できるようになったことが原因であれ、幸運な副産物であれ、なんらかの理由でホモ・サピエンスの喉頭は下がった。Asif A. Ghazanfar and Drew Rendall, "Evolution of Human Vocal Production," *Current Biology* 18, no. 11 (2008): R457–60, https://www.cell.com/current-biology/pdf/S0960-9822(08)00371-0.pdf; Kathleen Masterson, "From Grunting to Gabbing: Why Humans Can Talk," NPR, Aug. 11, 2010, https://www.npr.org/templates/story/story.php?storyId=129083762.

26. この下がった咽頭が初期の人類の複雑な口頭言語の発達にどれだけ寄与したかについて、白熱した議論が繰り広げられている。確かなことを知る者はいないが、人類学者たちは意見を開陳するのもやぶさかではないようだ。Ghazanfar and Rendall, "Evolution"; Lieberman, *Story of the Human Body*, 171–72（『人体六〇〇万年史』）.

27. 食べ物による窒息は米国第4位の事故死の原因だ。「私たちはよりはっきりと話すために重い代償を払ってきた」とダニエル・リーバーマン（Daniel Lieberman）は書いている。*Story of the Human Body*, 144（『人体六〇〇万年史』）.

28. Terry Young et al., the University of Wisconsin Sleep and Respiratory Research Group, "Nasal Obstruction as a Risk Factor for Sleep-Disordered Breathing," *Journal of Allergy and Clinical Immunology* 99, no. 2 (Feb. 1997): S757–62; Mahmoud I. Awad and Ashutosh Kacker, "Nasal Obstruction Considerations in Sleep Apnea," *Otolaryngologic Clinics of North America* 51, no. 5 (Oct. 2018): 1003–1009.

第2章　口呼吸

1. このブログエントリーは43の科学的文献を参照しながら徹底解説している："The Nose Knows: A Case for Nasal Breathing During

High Intensity Exercise," Adam Cap website, https://adamcap.com/2013/11/29/the-nose-knows/.

2. エクササイズ中の鼻呼吸の重要性についてのドゥーヤード(Douillard)による詳細な説明: "Ayurvedic Fitness," John Douillard, PTonthenet, Jan. 3, 2007, https://www.ptonthenet.com/articles/Ayurvedic-Fitness-2783.
3. 無酸素性および有酸素性エネルギーの簡潔明瞭な説明：Andrea Boldt, "What Is the Difference Between Lactic Acid & Lactate?," https://www.livestrong.com/article/470283-what-is-the-difference-between-lactic-acid-lactate/.
4. Stephen M. Roth, "Why Does Lactic Acid Build Up in Muscles? And Why Does It Cause Soreness?," *Scientific American*, Jan. 23, 2006, https://www.scientificamerican.com/article/why-does-lactic-acid-buil/.
5. 無酸素性疲労や関連の乳酸性アシドーシスはかならずしも激しいエクササイズに引き起こされるものではない。肝疾患、アルコール依存症、重度の心的外傷など、体の好気性機能に必要な酸素を奪う状態が原因となることもある。Lana Barhum, "What to Know About Lactic Acidosis," *Medical News Today*, https://www.medicalnewstoday.com/articles/320863.php.
6. 人間の筋繊維は好気性と嫌気性の繊維が織り混ぜられているが、ニワトリなど、ほかの動物は全筋肉系が好気性か嫌気性のいずれかで構成される。調理された鶏肉の色が濃いのは、その筋肉が好気性エネルギーを供給するために使われ、酸素を含んだ血液で満たされているからだ。白身の肉は嫌気性のため、赤い色素がない。Phillip Maffetone, *The Maffetone Method: The Holistic, Low-Stress, No-Pain Way to Exceptional Fitness* (Camden, ME: Ragged Mountain Press/McGraw-Hill, 1999), 21.
7. 南カリフォルニア大学デイヴィス・スクール・オブ・ジェロントロジー長寿研究所所長、ヴァルター・ロンゴ博士（Dr. Valter Longo）が興味深い視点を提案している：https://www.bluezones.com/2018/01/what-exercise-best-happy-healthy-life/.

8. Eva Bianconi et al., "An Estimation of the Number of Cells in the Human Body," *Annals of Human Biology* 40, no. 6 (Nov. 2013): 463–71.
9. 実際の数字は無酸素性エネルギーはグルコース1分子あたりATP（アデノシン3リン酸）2分子、有酸素性エネルギーはグルコース1分子あたりATP 38分子となる。このため、ほとんどの教科書に有酸素性エネルギーは無酸素性エネルギーの19倍になると書かれている。ただし、ほとんどの教科書で説明されていないが、ATP生成プロセスは非効率で無駄が生じ、通常はATP約8分子が失われる。したがって、控えめに見積もるなら、好気性呼吸で生成されるATPは30～32分子ほど、嫌気性呼吸の約16倍のエネルギーとなるわけだ。Peter R. Rich, "The Molecular Machinery of Keilin's Respiratory Chain," *Biochemical Society Transactions* 31, no. 6 (Dec. 2003): 1095–105.
10. 念のため、マフェトンはたまに無酸素運動をすることにまで異を唱えたわけではない。ボート漕ぎ、ウェイトリフティング、ランニングはいずれも筋力や持久力の面で大きな効果をもたらす。ただし、その効果を発揮するには、より大きなトレーニングと関連させる必要があり、有酸素運動よりも優先させてはいけない。高強度のインターバルトレーニングが効果的なのも、大半の時間をゆっくりとした穏やかな有酸素運動に費やすように設計されたプログラムであればこそだ。著述家でフィットネストレーナーのブライアン・マッケンジー（Brian MacKenzie）は、有酸素運動と無酸素運動を効果的に組み合わせることが高度なパフォーマンスフィットネスへの鍵だと主張している。*The Maffetone Method*, 56; Brian MacKenzie with Glen Cordoza, *Power Speed Endurance: A Skill-Based Approach to Endurance Training* (Las Vegas: Victory Belt, 2012), Kindle locations 462–70; Alexandra Patillo, "You're Probably Doing Cardio All Wrong: 2 Experts Reveal How to Train Smarter," *Inverse*, Aug. 7, 2019, https://www.inverse.com/article/58370-truth-about-cardio?refresh=39.
11. 心疾患などの持病がある人はマフェトンの方程式から10を引くといい。喘息やアレルギーがある人や、これまで運動をしてこなかっ

た人は、5を引く。2年以上トレーニングをつづけている競技アスリートは、5を加える。この結果が最大能力の約80パーセントに相当する。無酸素状態に達するのは通常80パーセント。これは完全な文で話すことが困難になる段階だ。"Know Your Target Heart Rates for Exercise, Losing Weight and Health," Heart.org, https://www.heart.org/en/healthy-living/fitness/fitness-basics/target-heart-rates; Wendy Bumgardner, "How to Reach the Anaerobic Zone during Exercise," VeryWellFit, Aug. 30, 2019, https://www.verywellfit.com/anaerobic-zone-3436576.

12. 2000年前、中国の外科医、華佗は患者に適度な運動のみを勧め、こう忠告していた。「体は運動をする必要があるが、疲れるまでやってはならない。運動は体内の悪い空気を排出し、血液の循環を促進して、病気を予防するからである」。マフェトンは最も効果の得られる最も効率的な運動状態が最大能力の60パーセント前後かそれ以下であることを突き止めた。50年にわたって身体活動と慢性疾患との関連性を調査してきた研究財団、クーパー・インスティテュートは、50パーセントの強度で運動すると有酸素性フィットネスの大幅な向上や、血圧の改善、さまざまな疾患の予防につながることを発見している。過去数十年にわたり、ほかにも複数の研究でこのことは確認されてきた。一方、60パーセントを超える過度の運動をすると、無酸素ゾーンに接近し、ストレス状態を招いて、コルチゾール、アドレナリン、酸化ストレスが増大することが判明している。Charles M. Tipton, "The History of 'Exercise Is Medicine' in Ancient Civilizations," *Advances in Physiology Education*, June 2014, 109–17; Helen Thompson, "Walk, Don't Run," *Texas Monthly*, June 1995, https://www.texasmonthly.com/articles/walk-dont-run; Douillard, *Body, Mind, and Sport*, 205; Chris E. Cooper et al., "Exercise, Free Radicals and Oxidative Stress," *Biochemical Society Transactions* 30, part 2 (May 2002): 280–85.

13. Peter A. Shapiro, "Effects of Nasal Obstruction on Facial Development," *Journal of Allergy and Clinical Immunology* 81, no. 5, part 2 (May 1988): 968; Egil P. Harvold et al., "Primate Experiments

on Oral Sensation and Dental Malocclusions," *American Journal of Orthodontics & Dentofacial Orthopedics* 63, no. 5 (May 1973): 494–508; Egil P. Harvold et al., "Primate Experiments on Oral Respiration," *American Journal of Orthodontics* 79, no. 4 (Apr. 1981): 359–72; Britta S. Tomer and E. P. Harvold, "Primate Experiments on Mandibular Growth Direction," *American Journal of Orthodontics* 82, no. 2 (Aug. 1982): 114–19; Michael L. Gelb, "Airway Centric TMJ Philosophy," *Journal of the California Dental Association* 42, no. 8 (Aug. 2014): 551–62; Karin Vargervik et al., "Morphologic Response to Changes in Neuromuscular Patterns Experimentally Induced by Altered Modes of Respiration," *American Journal of Orthodontics* 85, no. 2 (Feb. 1984): 115–24.

14. Yu-Shu Huang and Christian Guilleminault, "Pediatric Obstructive Sleep Apnea and the Critical Role of Oral-Facial Growth: Evidences," *Frontiers in Neurology* 3, no. 184 (2012), https://www.frontiersin.org/articles/10.3389/fneur.2012.00184/full; Anderson Capistrano et al., "Facial Morphology and Obstructive Sleep Apnea," *Dental Press Journal of Orthodontics* 20, no. 6 (Nov.–Dec. 2015): 60–67.

15. 優れた研究をいくつか挙げておく。Cristina Grippaudo et al., "Association between Oral Habits, Mouth Breathing and Malocclusion," *Acta Otorhinolaryngologica Italica* 36, no. 5 (Oct. 2016): 386–94; Yosh Jefferson, "Mouth Breathing: Adverse Effects on Facial Growth, Health, Academics, and Behavior," *General Dentistry* 58, no. 1 (Jan.–Feb. 2010): 18–25; Doron Harari et al., "The Effect of Mouth Breathing versus Nasal Breathing on Dentofacial and Craniofacial Development in Orthodontic Patients," *Laryngoscope* 120, no. 10 (Oct. 2010): 2089–93; Valdenice Aparecida de Menezes, "Prevalence and Factors Related to Mouth Breathing in School Children at the Santo Amaro Project—Recife, 2005," *Brazilian Journal of Otorhinolaryngology* 72, no. 3 (May–June 2006): 394–98.

16. Patrick McKeown and Martha Macaluso, "Mouth Breathing: Physical, Mental and Emotional Consequences," Central Jersey

Dental Sleep Medicine, Mar. 9, 2017, https://sleep-apnea-dentist-nj.info/mouth-breathing-physical-mental-and-emotional-consequences/.

17. W. T. McNicholas, "The Nose and OSA: Variable Nasal Obstruction May Be More Important in Pathophysiology Than Fixed Obstruction," *European Respiratory* Journal 32 (2008): 5, https://erj.ersjournals.com/content/32/1/3; C. R. Canova et al., "Increased Prevalence of Perennial Allergic Rhinitis in Patients with Obstructive Sleep Apnea," *Respiration* 71 (Mar.–Apr. 2004): 138–43; Carlos Torre and Christian Guilleminault, "Establishment of Nasal Breathing Should Be the Ultimate Goal to Secure Adequate Craniofacial and Airway Development in Children," *Jornal de Pediatria* 94, no. 2 (Mar.–Apr. 2018): 101–3.

18. 睡眠時無呼吸といびきは寝床をともにすることが多い。いびきの頻度や音の大きさが増すと、気道はダメージを受け、睡眠時無呼吸に陥りやすくなる。Farhan Shah et al., "Desmin and Dystrophin Abnormalities in Upper Airway Muscles of Snorers and Patients with Sleep Apnea," *Respiratory Research* 20, no. 1 (Dec. 2019): 31.

19. Levinus Lemnius, *The Secret Miracles of Nature: In Four Books* (London, 1658), 132–33, https://archive.org/details/b30326084/page/n7; Melissa Grafe, "Secret Miracles of Nature," Yale University, Harvey Cushing/John Hay Whitney Medical Library, Dec. 12, 2013, https://library.medicine.yale.edu/content/secret-miracles-nature.

20. Sophie Svensson et al., "Increased Net Water Loss by Oral Compared to Nasal Expiration in Healthy Subjects," *Rhinology* 44, no. 1 (Mar. 2006): 74–77.

21. Mark Burhenne, *The 8-Hour Sleep Paradox: How We Are Sleeping Our Way to Fatigue, Disease and Unhappiness* (Sunnyvale, CA: Ask the Dentist, 2015), 45.

22. Andrew Bennett Hellman, "Why the Body Isn't Thirsty at Night," *Nature News*, Feb. 28, 2010, https://www.nature.com/news/2010/100228/full/news.2010.95.html.

23. 2001年、ピッツバーグ大学の研究者たちが数百人を対象に調査し

たところ、不眠症の人の半数が閉塞性睡眠時無呼吸を患っていることが判明した。つづいて、閉塞性睡眠時無呼吸症候群の患者を調査し、半数が不眠症であることを突き止めた。数年後、*Mayo Clinic Proceedings* に発表された慢性不眠症患者1200人の研究で、抗鬱剤を含む何らかの睡眠薬を処方された900人の患者全員が「薬物治療不能」であることがわかった。処方薬を服用している700人以上の患者が、最も深刻な不眠症を訴えていた。こうした薬剤は服用している患者に効果がないだけでなく、かえって睡眠の質を悪化させることがある。多くの人にとって不眠症は心理的な問題ではなく、呼吸の問題だからだ。Barry Krakow et al., "Pharmacotherapeutic Failure in a Large Cohort of Patients with Insomnia Presenting to a Sleep Medicine Center and Laboratory: Subjective Pretest Predictions and Objective Diagnoses," *Mayo Clinic Proceedings* 89, no. 12 (Dec. 2014): 1608–20; "Pharmacotherapy Failure in Chronic Insomnia Patients," *Mayo Clinic Proceedings*, YouTube, https://youtube.com/watch?v=vdm1kTFJCK4.

24. Thomas M. Heffron, "Insomnia Awareness Day Facts and Stats," Sleep Education, Mar. 10, 2014, http://sleepeducation.org/news/2014/03/10/insomnia-awareness-day-facts-and-stats.

25. ギルミノーは特定の要因に目を向けすぎると、いびきや睡眠時無呼吸という大きな問題がぼやけると論じている。睡眠中の呼吸の乱れは、無呼吸やいびき、あえぎ、あるいはわずかな喉の収縮であっても、体に重大なダメージを与えかねない。Christian Guilleminault and Ji Hyun Lee, "Does Benign 'Primary Snoring' Ever Exist in Children?," *Chest Journal* 126, no. 5 (Nov. 2004): 1396–98; Guilleminault et al., "Pediatric Obstructive Sleep Apnea Syndrome," *Archives of Pediatrics and Adolescent Medicine* 159, no. 8 (Aug. 2005): 775–85.

26. Noriko Tsubamoto-Sano et al., "Influences of Mouth Breathing on Memory and Learning Ability in Growing Rats," *Journal of Oral Science* 61, no. 1 (2019): 119–24; Masahiro Sano et al., "Increased Oxygen Load in the Prefrontal Cortex from Mouth Breathing: A

Vector-Based Near-Infrared Spectroscopy Study," *Neuroreport* 24, no. 17 (Dec. 2013): 935–40; Malia Wollan, "How to Be a Nose Breather," *The New York Times Magazine*, Apr. 23, 2019.

27. *The Primordial Breath: An Ancient Chinese Way of Prolonging Life through Breath Control,* vol. 2, trans. Jane Huang and Michael Wurmbrand (Original Books, 1990), 31.

28. 不正咬合の統計値にはばらつきがある。小児歯科医のケヴィン・ボイド（Kevin Boyd）と、医師で睡眠の専門家デアリアス・ログマニー（Darius Loghmanee）によれば、「6歳から11歳までの子供の75パーセント、12歳から17歳までの若者の89パーセントがある程度の不正咬合を抱えている」。また、成人の推定65パーセントにはある程度の不正咬合が見られ、この集団にはすでに歯列矯正を受けた成人も含まれる。これを考えると、もし治療を受けていなければ、こうした成人の実数は90パーセントに近づくだろう。子供の数値がもっと高い試算も目にした。いずれにしても、かなりの数だと言っておく。不正咬合についてのスライドプレゼンテーション（参考資料あり）と詳細なインタビューを以下に：Kevin L. Boyd and Darius Loghmanee, "Inattention, Hyperactivity, Snoring and Restless Sleep: My Child's Dentist Can Help?!," presentation at 3rd Annual Autism, Behavior, and Complex Medical Needs Conference; Kevin Boyd interview by Shirley Gutkowski, Cross Link Radio, 2017; "Malocclusion," Boston Children's Hospital, http://www.childrenshospital.org/conditions-and-treatments/conditions/m/malocclusion.

29. "Snoring," Columbia University Department of Neurology, http://www.columbianeurology.org/neurology/staywell/document.php?id=42066.

30. "Rising Prevalence of Sleep Apnea in U.S. Threatens Public Health," press release, American Academy of Sleep Medicine, Sept. 29, 2014.

31. Steven Y. Park, MD, *Sleep, Interrupted: A Physician Reveals the #1 Reason Why So Many of Us Are Sick and Tired* (New York: Jodev Press, 2008), 26.

32. 年代ごとの世界人口推計インデックス：https://tinyurl.com/rrhvcjh.
33. 人間における同様の回復を示した研究結果は複数ある。1990年代、カナダの研究者たちは慢性的なアデノイド肥大の子供38人の顔と口の大きさを測定した。アデノイドは口蓋にある腺で、感染症を防ぐ働きがある。アデノイドが腫れたために子供たちは鼻呼吸がほとんどできず、全員が口呼吸をし、それに伴って顎が長く、ゆるくなって、顔が狭くなっていた。外科医が半数の子供のアデノイドを取り除き、顔の寸法の変化を観察した。ゆっくりと、確実に、子供たちの顔は本来の位置に戻っていく。口部が前に移り、上顎が張り出した。Donald C. Woodside et al., "Mandibular and Maxillary Growth after Changed Mode of Breathing," *American Journal of Orthodontics and Dentofacial Orthopedics* 100, no. 1 (July 1991): 1–18; Shapiro, "Effects of Nasal Obstruction on Facial Development," 967–68.

第3章　鼻

1. Interview with Dolores Malaspina, MD, professor of clinical psychiatry at Columbia University in New York; Nancie George, "10 Incredible Facts about Your Sense of Smell," EveryDay Health, https://www.everydayhealth.com/news/incredible-facts-about-your-sense-smell/.
2. Artin Arshamian et al., "Respiration Modulates Olfactory Memory Consolidation in Humans," *Journal of Neuroscience* 38, no. 48 (Nov. 2018): 10286–94; Christina Zelano et al., "Nasal Respiration Entrains Human Limbic Oscillations and Modulates Cognitive Function," *Journal of Neuroscience* 36, no. 49 (Dec. 2016): 12448–67.
3. A. B. Ozturk et al., "Does Nasal Hair (Vibrissae) Density Affect the Risk of Developing Asthma in Patients with Seasonal Rhinitis?," *International Archives of Allergy and Immunology* 156, no. 1 (Mar. 2011): 75–80.
4. Ananda Balayogi Bhavanani, "A Study of the Pattern of Nasal Dominance with Reference to Different Phases of the Lunar Cycle,"

Yoga Life 35 (June 2004): 19–24.

5.「ウルトラディアンリズム」とも呼ばれる。サーカディアンリズム（24時間周期）よりも短い周期という意味だ。

6. 鼻サイクルの包括的な解説は以下に見られる。Alfonso Luca Pendolino et al., "The Nasal Cycle: A Comprehensive Review," *Rhinology Online* 1 (June 2018): 67–76; R. Kayser, "Die exacte Messung der Luftdurchgängigkeit der Nase," *Archives of Laryngology* 3 (1895): 101–20.

7. これは推定値だ。鼻サイクルは30分から2時間半で変動すると示した研究もあれば、4時間に及ぶとする研究もある。Roni Kahana-Zweig et al., "Measuring and Characterizing the Human Nasal Cycle," *PloS One* 11, no. 10 (Oct. 2016): e0162918; Rauf Tahamiler et al., "Detection of the Nasal Cycle in Daily Activity by Remote Evaluation of Nasal Sound," *Archives of Otolaryngology–Head and Neck Surgery* 129, no. 9 (Feb. 2009):137–42.

8. "Sneezing 'Can Be Sign of Arousal,'" BBC News, Dec. 19, 2008, http://news.bbc.co.uk/2/hi/health/7792102.stm; Andrea Mazzatenta et al., "Swelling of Erectile Nasal Tissue Induced by Human Sexual Pheromone," *Advances in Experimental Medicine and Biology* 885 (2016): 25–30.

9. Kahana-Zweig et al., "Measuring"; Marc Oliver Scheithauer, "Surgery of the Turbinates and 'Empty Nose' Syndrome," *GMS Current Topics in Otorhinolaryngology–Head and Neck Surgery* 9 (2010): Doc3.

10. また、鼻サイクルは深い睡眠の持続時間に関連していると見られる。A. T. Atanasov and P. D. Dimov, "Nasal and Sleep Cycle—Possible Synchronization during Night Sleep," *Medical Hypotheses* 61, no. 2 (Aug. 2003): 275–77; Akihira Kimura et al., "Phase of Nasal Cycle During Sleep Tends to Be Associated with Sleep Stage," *The Laryngoscope* 123, no. 6 (Aug. 2013): 1050–55.

11. Pendolino et al., "The Nasal Cycle."

12. 鼻サイクルが遅れることは一部の文化で病気の前兆とみなされた。8時間を超える鼻づまりは深刻な病気が差し迫っていることを意味

した。片方の鼻孔での呼吸が1日以上つづくと死が予期された。だが、なぜなのか？　Ronald Eccles, "A Role for the Nasal Cycle in Respiratory Defense," *European Respiratory Journal* 9, no. 2 (Feb. 1996): 371–76; Eccles et al., "Changes in the Amplitude of the Nasal Cycle Associated with Symptoms of Acute Upper Respiratory Tract Infection," *Acta Otolaryngologica* 116, no. 1 (Jan. 1996): 77–81.

13. Kahana-Zweig et al.; Shirley Telles et al., "Alternate-Nostril Yoga Breathing Reduced Blood Pressure While Increasing Performance in a Vigilance Test," *Medical Science Monitor Basic Research* 23 (Dec. 2017): 392–98; Karamjit Singh et al., "Effect of Uninostril Yoga Breathing on Brain Hemodynamics: A Functional Near-Infrared Spectroscopy Study," *International Journal of Yoga* 9, no. 1 (June 2016): 12–19; Gopal Krushna Pal et al., "Slow Yogic Breathing Through Right and Left Nostril Influences Sympathovagal Balance, Heart Rate Variability, and Cardiovascular Risks in Young Adults," *North American Journal of Medical Sciences* 6, no. 3 (Mar. 2014): 145–51.
14. P. Raghuraj and Shirley Telles, "Immediate Effect of Specific Nostril Manipulating Yoga Breathing Practices on Autonomic and Respiratory Variables," *Applied Psychophysiology and Biofeedback* 33, no. 2 (June 2008): 65–75. S. Kalaivani, M. J. Kumari, and G. K. Pal, "Effect of Alternate Nostril Breathing Exercise on Blood Pressure, Heart Rate, and Rate Pressure Product among Patients with Hypertension in JIPMER, Puducherry," *Journal of Education and Health Promotion* 8, no. 145 (July 2019).
15. 神経解剖学者のジル・ボルト・テイラー（Jill Bolte Taylor）は2008年のTEDトーク「ジル・ボルト・テイラーのパワフルな洞察の発作」（"My Stroke of Insight"）で右脳と左脳の機能について感動的な驚くべき手ほどきをしている。執筆時現在、このトークの再生回数は2600万回以上だ。視聴はこちらから：https://www.ted.com/talks/jill_bolte_taylor_my_stroke_of_insight
16. David Shannahoff-Khalsa and Shahrokh Golshan, "Nasal Cycle

Dominance and Hallucinations in an Adult Schizophrenic Female," *Psychiatry Research* 226, no. 1 (Mar. 2015): 289–94.

17. 各地の研究所で実施され、*International Journal of Neuroscience, Frontiers in Neural Circuits, Journal of Laryngology and Otology* などに発表された複数の研究で、左右の鼻孔と特定の生物学的・精神的機能に明確な関連性があることが示されてきた。ここで数十件の研究が見つかる：https://www.ncbi.nlm.nih.gov/pubmed/?term=alternate+nostril+breathing.

18. ヨガ行者は食事を終えると、左側を下にして横になり、主に右の鼻孔から呼吸をするようにする。右鼻孔呼吸による血流と熱の増加が消化を助けるというのが彼らの考えだ。数年前、フィラデルフィアにあるジェファソン医科大学の研究者たちがこの主張を検証すべく、20人の健康な被験者に高脂肪食を別々の日に与え、右か左のどちらかを下にして寝てもらった。左側を下にして寝るよう指示された（主に右の鼻孔で呼吸する）被験者は、右側を下にした被験者に比べて胸焼けが著しく少なく、喉の酸味もかなり低い測定値となった。この研究は繰り返し同じ結果が得られている。右鼻孔呼吸によって生じた体内の余分な熱が、消化の速度と効率に影響を与えたと思われるが、重力が助けになったのも確かだ。胃や膵臓は体の左側を下にしたほうが自然にぶら下がるため、食べ物が大腸を通りやすくなる。つまり、そのほうが心地よく、消化の効率もいい。L. C. Katz et al., "Body Position Affects Recumbent Postprandial Reflux," *Journal of Clinical Gastroenterology* 18, no. 4 (June 1994): 280–83; Anahad O'Connor, "The Claim: Lying on Your Left Side Eases Heartburn," *The New York Times*, Oct. 25, 2010, https://www.nytimes.com/2010/10/26/health/26really.html; R. M. Khoury et al., "Influence of Spontaneous Sleep Positions on Nighttime Recumbent Reflux in Patients with Gastroesophageal Reflux Disease," *American Journal of Gastroenterology* 94, no. 8 (Aug. 1999): 2069–73.

19. 成人男性の鼻腔と4つの副鼻腔は平均約6.43立方インチ（105.4cc）、女性はそれより1立方インチ（約16cc）小さい。Inge Elly Kiemle Trindade, "Volumes Nasais de Adultos Aferidos por Rinometria

Acústica," *Revista Brasileira de Otorrinolaringologia* 73, no. 1 (Jan./Feb. 2007).

20. 世界じゅうの浜辺にはおよそ2.5～10セクスティリオン（セクスティリオンは10の21乗＝10垓《がい》）個の砂がある。一方、いまあなたが吸った空気には約25セクスティリオン（250垓）個の分子が含まれている。Fraser Cain, "Are There More Grains of Sand Than Stars?," Universe Today, Nov. 25, 2013, https://www.universetoday.com/106725/are-there-more-grains-of-sand-than-stars/.
21. 銅とカドミウムもだ。A. Z. Aris, F. A. Ismail, H. Y. Ng, and S. M. Praveena, "An Experimental and Modelling Study of Selected Heavy Metals Removal from Aqueous Solution Using Scylla serrata as Biosorbent," *Pertanika Journal of Science and Technology* 22, no. 2 (Jan. 2014): 553–66.
22. "Mucus: The First Line of Defense," ScienceDaily, Nov. 6, 2015, https://www.sciencedaily.com/releases/2015/11/151106062716.htm; Sara G. Miller, "Where Does All My Snot Come From?," Live Science, May 13, 2016, https://www.livescience.com/54745-why-do-i-have-so-much-snot.html; B. M. Yergin et al., "A Roentgenographic Method for Measuring Nasal Mucous Velocity," *Journal of Applied Physiology: Respiratory, Environmental and Exercise Physiology* 44, no. 6 (June 1978): 964–68.
23. Maria Carolina Romanelli et al., "Nasal Ciliary Motility: A New Tool in Estimating the Time of Death," *International Journal of Legal Medicine* 126, no. 3 (May 2012): 427–33; Fuad M. Baroody, "How Nasal Function Influences the Eyes, Ears, Sinuses, and Lungs," *Proceedings of the American Thoracic Society* 8, no. 1 (Mar. 2011): 53–61; Irina Ozerskaya et al., "Ciliary Motility of Nasal Epithelium in Children with Asthma and Allergic Rhinitis," *European Respiratory Journal* 50, suppl. 61 (2017).
24. 温度が高いほど、繊毛は速く動く。J. Yager et al., "Measurement of Frequency of Ciliary Beats of Human Respiratory Epithelium," *Chest* 73, no. 5 (May 1978): 627–33; James Gray, "The Mechanism of

Ciliary Movement. VI. Photographic and Stroboscopic Analysis of Ciliary Movement," *Proceedings of the Royal Society B: Biological Sciences* 107, no. 751 (Dec. 1930): 313–32.

25. 泣くと涙が鼻に流れ込み、粘液と混ざって薄く水っぽい液体になる。繊毛は粘液をとどめておけなくなり、粘液は重力の流れに乗って垂れはじめる。鼻水だ。濃い粘液はさらに始末が悪い。乳製品の摂りすぎ、アレルギー、でんぷん質の食品などは、粘液の重量と密度を増大させる。繊毛は動きが鈍くなり、押さえつけられ、やがて停止する。こうして鼻づまりが起きるわけだ。鼻が詰まっている時間が長くなればなるほど、微生物が増殖し、ときに鼻の感染症（副鼻腔炎）や風邪の原因になる。 Olga V. Plotnikova et al., "Primary Cilia and the Cell Cycle," *Methods in Cell Biology* 94 (2009): 137–60; Achim G. Beule, "Physiology and Pathophysiology of Respiratory Mucosa of the Nose and the Paranasal Sinuses," *GMS Current Topics in Otorhinolaryngology–Head and Neck Surgery* 9 (2010): Doc07.

26. Scheithauer, "Surgery of the Turbinates," 18; Swami Rama, Rudolph Ballentine, and Alan Hymes, *Science of Breath: A Practical Guide* (Honesdale, PA: Himalayan Institute Press, 1979, 1998), 45.

27. Bryan Gandevia, "The Breath of Life: An Essay on the Earliest History of Respiration: Part I," *Australian Journal of Physiotherapy* 16, no. 1 (Mar. 1970): 5–11, https://www.sciencedirect.com/science/article/pii/S0004951414610850; Gandevia, "The Breath of Life: An Essay on the Earliest History of Respiration: Part II," *Australian Journal of Physiotherapy* 16, no. 2 (June 1970): 57–69, https://www.sciencedirect.com/science/article/pii/S0004951414610898?via%3Dihub.

28. このあとのジョージ・カトリンに関する詳細や引用、記述は以下の書籍や著作を出典とする。George Catlin, *North American Indians*, ed. Peter Matthiessen (New York: Penguin, 2004); Catlin, *The Breath of Life*, 4th ed., retitled *Shut Your Mouth and Save Your Life* (London: N. Truebner, 1870). この1870年版 *Shut Your Mouth* は以下で閲覧・ダウンロードが無料でできる。https://buteykoclinic.com/wp-

content/uploads/2019/04/Shut-your-mouth-Catlin.pdf.
29. Catlin, *Letters and Notes on the Manners, Customs, and Condition of the North American Indians* (New York: Wiley and Putnam, 1841), vol. 1, 206.
30. Peter Matthiessen, introduction to Catlin, *North American Indians*, vi.
31. のちに人類学者のリチャード・ステッケル（Richard Steckel）は、カトリンの記述を裏づけるように、1800年代後半の平原部族が当時の地球で最も背の高い人々だったと主張した。Devon Abbot Mihesuah, *Recovering Our Ancestors' Gardens* (Lincoln: University of Nebraska Press, 2005), 47.
32. *Shut Your Mouth*, 2, 18, 27, 41, 43, 51.
33. Reviewed in *Littell's Living Age* 72 (Jan.–Mar. 1862): 334–35.
34. 1900年代になるころには、カトリンはほぼ忘れ去られていた。彼の師である偉大な平原インディアンはほぼ全滅した。天然痘で多くの命が奪われ、銃撃を受け、強姦され、奴隷にされたのだ。残る少数の人々はアルコールに頼りがちとなった。銀髪のマンダン族、肩幅の広いポーニー族、温和なミナトゥリー族。みんないなくなった。そして彼らとともに消えたのが、呼吸の技術と科学の知識だった。
35. 口呼吸と鼻呼吸に関するカトリンの論文から数十年後、ヴァージニア州セーレムにあったマウント・レジス・サナトリウムの責任医師、E・E・ワトソンという人物がヴァージニア州医師会の年次総会で、口呼吸こそ結核が蔓延する主な原因であると発表した。「異論のない結核性喉頭の症例の75パーセントは口呼吸をする者に発生しているといっても過言ではない」とも述べている。呼吸器疾患は集団を無作為に冒すものではなく、遺伝的なものでもなかった。ワトソンがここで言っているのは、要するに、一部の疾患は選択の余地があるということだ。健康か病気かは、彼の患者が口から息をするか鼻から息をするかに大きく左右されていた。E. E. Watson, "Mouth-Breathing," *Virginia Medical Monthly* 47, no. 9 (Dec. 1920): 407–8.
36. Mark Burhenne, *The 8-Hour Sleep Paradox: How We Are Sleeping*

Our Way to Fatigue, Disease and Unhappiness (Sunnyvale, CA: Ask the Dentist, 2015).

37. J. E. Choi et al., "Intraoral pH and Temperature during Sleep with and without Mouth Breathing," *Journal of Oral Rehabilitation* 43, no. 5 (Dec. 2015): 356–63; Shirley Gutkowski, "Mouth Breathing for Dummies," *RDH Magazine*, Feb. 13, 2015, https://www.rdhmag.com/patient-care/article/16405394/mouth-breathing-for-dummies.
38. "Breathing through the Mouth a Cause of Decay of the Teeth," *American Journal of Dental Science* 24, no. 3 (July 1890): 142–43, https://www.ncbi.nlm.nih.gov/pmc/articles/PMC6063589/?page=1.
39. M. F. Fitzpatrick et al., "Effect of Nasal or Oral Breathing Route on Upper Airway Resistance During Sleep," *European Respiratory Journal* 22, no. 5 (Nov. 2003): 827–32.
40. 多くの研究者にとって、一酸化窒素は酸素や二酸化炭素に劣らず体に不可欠なものだ。Catharine Paddock, "Study Shows Blood Cells Need Nitric Oxide to Deliver Oxygen," *Medical News Today*, Apr. 13, 2015, https://www.medicalnewstoday.com/articles/292292.php; J. Lundberg and E. Weitzberg, "Nasal Nitric Oxide in Man," *Thorax* 54, no. 10 (Oct. 1999): 947–52.
41. J. Lundberg, "Nasal and Oral Contribution to Inhaled and Exhaled Nitric Oxide: A Study in Tracheotomized Patients," *European Respiratory Journal* 19, no. 5 (2002): 859–64; Mark Burhenne, "Mouth Taping: End Mouth Breathing for Better Sleep and a Healthier Mouth," Ask the Dentist (includes several study references), https://askthedentist.com/mouth-tape-better-sleep/. さらに、鼻呼吸で空気抵抗が大きくなると肺の真空度が高まるため、口呼吸よりも20パーセント多く酸素を取り込みやすい。Caroline Williams, "How to Breathe Your Way to Better Memory and Sleep," *New Scientist*, Jan. 8, 2020.
42. スリープテープには批判的な人もいる。2019年7月の《ガーディアン》紙の記事は、スリープテープは危険であり、「嘔吐が始まったら窒息する可能性が高い」と訴えていた。この主張は、バヘニと

カーニーから聞いたところでは、事実無根で調査不足であると同時にばかげているとのことだ。“Buteyko: The Dangerous Truth about the New Celebrity Breathing Sensation,” *The Guardian*, https://www.theguardian.com/lifeandstyle/shortcuts/2019/jul/15/buteyko-the-dangerous-truth-about-the-new-celebrity-breathing-sensation.

第4章　息を吐く

1. Publisher's introduction to Peter Kelder, *Ancient Secret of the Fountain of Youth*, Book 2 (New York: Doubleday, 1998), xvi.（ハーバー・プレス編『実践版5つのチベット体操：若さの泉 詳細マニュアル』佐藤素子訳、河出書房新社、2010年、13ページ）
2. 私が従った指示はWikipediaの“Five Tibetan Rites”に載っているものだ。心臓病専門医のジョエル・カーンは古代チベット人と同じように各儀式を21回行なうことを勧めている。初心者は全部で1日10分程度のエクササイズから始めるといいだろう。
3. 半世紀後、ケルダーの小冊子は*Ancient Secret of the Fountain of Youth*として復刊された（ピーター・ケルダー『5つのチベット体操：若さの泉 決定版』渡辺昭子訳、河出書房新社、2004年）。この本は国際的に評判を呼び、売り上げは200万部を超えた。5つのチベット体操による心肺機能面の効用はジョエル・カーン博士の記事で一部紹介されている。Dr. Joel Kahn, “A Cardiologist's Favorite Yoga Sequence for Boosting Heart Health,” MindBodyGreen, Sept. 10, 2019.
4. W. B. Kannel et al., “Vital Capacity as a Predictor of Cardiovascular Disease: The Framingham Study,” *American Heart Journal* 105, no. 2 (Feb. 1983): 311–15; William B. Kannel and Helen Hubert, “Vital Capacity as a Biomarker of Aging,” in *Biological Markers of Aging*, ed. Mitchell E. Reff and Edward L. Schneider, NIH Publication no. 82-2221, Apr. 1982, 145–60.
5. バッファロー大学での追跡調査を指揮した研究者のホルガー・シューネマン（Holger Schünemann）はこう報告している。「最重度の肺機能障害をもつ参加者だけでなく、中程度の参加者でも死亡のリ

スクが大きくなったのは特筆に値する。このことから示唆されるように、リスクの増大は重度の肺機能障害を持つ人口の一部に限られたものではない」Lois Baker, "Lung Function May Predict Long Life or Early Death," University at Buffalo News Center, Sept. 12, 2000, http://www.buffalo.edu/news/releases/2000/09/4857.html.

6. 肺のサイズという基準は肺移植を受けた人にも当てはまる。2013年、ジョンズ・ホプキンズ大学の研究者たちが肺移植を受けた数千人の患者を比較したところ、特大の肺を移植された患者は術後1年後の生存率が30パーセント高いことが判明した。"For lung transplant, researchers surprised to learn bigger appears to be better," ScienceDaily, Aug. 1, 2013, https://www.sciencedaily.com/releases/2013/08/130801095507.htm; Michael Eberlein et al., "Lung Size Mismatch and Survival After Single and Bilateral Lung Transplantation," *Annals of Thoracic Surgery* 96, no. 2 (Aug. 2013): 457–63.

7. Brian Palmer, "How Long Can You Hold Your Breath?," *Slate*, Nov. 18, 2013, https://slate.com/technology/2013/11/nicholas-mevoli-freediving-death-what-happens-to-people-who-practice-holding-their-breath.html; https://www.sciencedaily.com/releases/2013/08/130801095507.htm; "Natural Lung Function Decline vs. Lung Function Decline with COPD," *Exhale*, the official blog of the Lung Institute, Apr. 27, 2016, https://lunginstitute.com/blog/natural-lung-function-decline-vs-lung-function-decline-with-copd/.

8. ここ数年、複数の音楽家から管楽器を演奏すると肺活量が増えるのかという質問を受けた。結論が異なる研究も一部あるが、コンセンサスとしては管楽器が肺活量を増大させることはない。さらにいえば、肺の内部で空気がたえず加圧されることで慢性的な上気道症状や肺がんのリスクを高めると思われる。Evangelos Bouros et al., "Respiratory Function in Wind Instrument Players," *Mater Sociomedica* 30, no. 3 (Oct. 2018): 204–8; E. Zuskin et al., "Respiratory Function in Wind Instrument Players," *La Medicina del Lavoro*, Mar. 2009; 100(2); 133–141; A. Ruano-Ravina et al., "Musicians Playing

Wind Instruments and Risk of Lung Cancer: Is There an Association?," *Occupational and Environmental Medicine* 60, no. 2 (Feb. 2003); "How to Increase Lung Capacity in 5 Easy Steps," *Exhale*, July 27, 2016.

9. シュロートと彼女の業績に関する説明や詳細は以下を典拠としている。Hans-Rudolf Weiss, "The Method of Katharina Schroth—History, Principles and Current Development," *Scoliosis and Spinal Disorders* 6, no. 1 (Aug. 2011): 17.

10. カール・スタウとその手法に関する記述、引用、その他の情報は以下を出典としている。リース・スタウ（Reece Stough）を共著者とする1970年の自叙伝、*Dr. Breath: The Story of Breathing Coordination* (New York: William Morrow, 1970), 17, 19, 38, 42, 66, 71, 83, 86, 93, 101, 111, 113, 117, 156, 173。略歴 "Carl Stough," at www.breathingcoordination.ch/en/method/carl-stough。ローレンス・A・カソ作のドキュメンタリー映画 *Breathing: The Source of Life*, Stough Institute, 1997.

11. これは統合失調症や行動障害のある人にスタウが見出すのと同じ「胸式」呼吸だった。彼らはみな胸と胸郭が張っていて、自由に動くことができず、呼吸も忙しなく数回つづけてする方式以外は無理だった。結果として、二酸化炭素の豊富に含んだ「古い」空気が肺によどみ、「死腔」ができる。

12. 私たちは息を吐くたびに、約3500種類の化合物を排出する。その大半は有機系（水蒸気、二酸化炭素、その他のガス）だが、汚染物質も吐き出す。農薬、化学物質、エンジンの排気。息を完全に吐ききらないと、こうした毒素が肺にたまって化膿し、感染症などの問題の原因となる。Todor A. Popov, "Human Exhaled Breath Analysis," *Annals of Allergy, Asthma & Immunology* 106, no. 6 (June 2011): 451–56; Joachim D. Pleil, "Breath Biomarkers in Toxicology," *Archives of Toxicology* 90, no. 11 (Nov. 2016): 2669–82; Jamie Eske, "Natural Ways to Cleanse Your Lungs," *Medical News Today*, Feb. 18, 2019, https://www.medicalnewstoday.com/articles/324483.php.

13. "How Quickly Does a Blood Cell Circulate?," The Naked Scientists,

Apr. 29, 2012, https://www.thenakedscientists.com/articles/questions/how-quickly-does-blood-cell-circulate.

14. "How the Lungs Get the Job Done," American Lung Association, July 20, 2017, https://www.lung.org/about-us/blog/2017/07/how-your-lungs-work.html.

15. 胸郭ポンプに関するスティーヴン・エリオットの理論と見解の概要が以下にある。Stephen Elliot, "Diaphragm Mediates Action of Autonomic and Enteric Nervous Systems," *BMED Reports*, Jan. 8, 2010, https://www.bmedreport.com/archives/8309。Breathing Coordination に要約された "Principles of Breathing Coordination" も参照のこと。http://www.breathingcoordination.com/Principles.html.

16. Caso, *Breathing: The Source of Life*, 17:12.

17. そして喘息が、今度は心血管の健康に影響をおよぼすおそれもある。"Adults Who Develop Asthma May Have Higher Risk of Heart Disease, Stroke," *American Heart Association News*, Aug. 24, 2016, https://newsarchive.heart.org/adults-who-develop-asthma-may-have-higher-risk-of-heart-disease-stroke; A. Chaouat et al., "Pulmonary Hypertension in COPD," *European Respiratory Journal* 32, no. 5 (Nov. 2008): 1371–85.

18. 体内の筋肉が緊張すると、その部位のほかの筋肉が負担の軽減に乗り出す。たとえば、左足首を痛めたら、右足首に体重がかかるようにするだろう。ところが横隔膜にはその選択肢がない。ほかの筋肉では機能を果たせないためで、横隔膜はなんとしても働きつづける。さもないと、すぐに空気がなくなって死に至るからだ。そうこうするうち、体はどうすれば埋め合わせができるかを学び、胸の呼吸「補助」筋を動かして肺への空気の出入りを助けるようになる。この胸部を中心とした呼吸が習慣となるのだ。

19. Caso, *Breathing: The Source of Life*, 11:18.

20. Bob Burns, *The Track in the Forest: The Creation of a Legendary 1968 US Olympic Team* (Chicago: Chicago Review Press, 2018); Richard Rothschild, "Focus Falls Again on '68 Olympic Track Team,"

Chicago Tribune, June 19, 1998.

21. この本の取材をする旅の途中、私はコロラド州デンヴァーにある優れた呼吸器科病院・研究センター、ナショナル・ジューイッシュ・ヘルスに呼吸器内科医のJ・トッド・オーリン博士（Dr. J. Tod Olin）を訪ねた。オーリンは過去数年にわたり、運動誘発性喉頭閉塞症（EILO）と呼ばれる症状を専門としていた。これは高強度の運動中に声帯や周囲の構造によって気道をふさがれる症状だ。思春期人口の5〜10パーセントがこの症状に悩まされ、そのほとんどは喘息と誤診されるため、治療しても効果が得られない。オーリンは自身の手法に、オーリンEILOBI（運動誘発性喉頭閉塞二相性吸気法。Exercise-Induced Laryngeal Obstruction Biphasic Inspiration Techniques）と工夫のない名前をつけたが、これは60年前にコンスタンティン・ブテイコが、そしてある程度ながらスタウが開発した、制限のある口すぼめ呼吸を用いたものだ。唯一の違いはオーリンのテクニックが口に重点を置いていたことで、オーリン本人によると、これはアスリートが高強度の運動中に鼻では充分な速さで息を吸えないためらしい。もし鼻から充分な速さで吸える者がいたら、どうなっていただろう。Sarah Graham et al., "The Fortuitous Discovery of the Olin EILOBI Breathing Techniques: A Case Study," *Journal of Voice* 32, no. 6 (Nov. 2018): 695–97.

22. "Chronic Obstructive Pulmonary Disease (COPD)," Centers for Disease Control and Prevention, National Health Interview Survey, 2018, https://www.cdc.gov/nchs/fastats/copd.htm; "Emphysema: Diagnosis and Treatment," Mayo Clinic, Apr. 28, 2017, https://www.mayoclinic.org/diseases-conditions/emphysema/diagnosis-treatment/drc-20355561.

第5章　ゆっくりと

1. John N. Maina, "Comparative Respiratory Physiology: The Fundamental Mechanisms and the Functional Designs of the Gas Exchangers," *Open Access Animal Physiology* 2014, no. 6 (Dec. 2014): 53–66, https://www.dovepress.com/comparative-respiratory-

physiology-the-fundamental-mechanisms-and-the--peer-reviewed-fulltext-article-OAAP.

2. Richard Petersham; Campbell, *The Respiratory Muscles and the Mechanics of Breathing.*
3. "How Your Lungs Get the Job Done," American Lung Association, July 2017, https://www.lung.org/about-us/blog/2017/07/how-your-lungs-work.html.
4. 各血球は酸素の約25パーセントだけを降ろし、残りの75パーセントはそのまま肺に引き返す。この降ろされない酸素は予備機構とみなされるが、ヘモグロビンが肺で新たな酸素を乗せなければ、約3回の循環後にはほぼ完全に酸素はなくなる。かかる時間は約3分だ。
5. "Why Do Many Think Human Blood Is Sometimes Blue?," NPR, Feb. 3, 2017, https://www.npr.org/sections/13.7/2017/02/03/513003105/why-do-many-think-human-blood-is-sometimes-blue.
6. Ruben Meerman and Andrew J. Brown, "When Somebody Loses Weight, Where Does the Fat Go?," *British Medical Journal* 349 (Dec. 2014): g7257; Rachel Feltman and Sarah Kaplan, "Dear Science: When You Lose Weight, Where Does It Actually Go?," *The Washington Post*, June 6, 2016.
7. この姓に聞き覚えがあるとしたら、それもそのはず。クリスティアン・ボーアは、名高い量子物理学者でノーベル賞を受賞したニールス・ボーアの父親だ。
8. L. I. Irzhak, "Christian Bohr (On the Occasion of the 150th Anniversary of His Birth)," *Human Physiology* 31, no. 3 (May 2005): 366–68; Paulo Almeida, *Proteins: Concepts in Biochemistry* (New York: Garland Science, 2016), 289.
9. Albert Gjedde, "Diffusive Insights: On the Disagreement of Christian Bohr and August Krogh at the Centennial of the Seven Little Devils," *Advances in Physiology Education* 34, no. 4 (Dec. 2010): 174–85.
10. 酸素分圧とヘモグロビンの酸素飽和度の関係を表すグラフ、酸素ヘモグロビン解離曲線の変化についてはいうまでもない。
11. HTML版は以下で参照可能。https://www1.udel.edu/chem/white/

C342/Bohr(1904).html.

12. John B. West, "Yandell Henderson," in *Biographical Memoirs*, vol. 74 (Washington, DC: National Academies Press, 1998), 144–59, https://www.nap.edu/read/6201/chapter/9.

13. Yandell Henderson, "Carbon Dioxide," *Cyclopedia of Medicine*, vol. 3 (Philadelphia: F. A. Davis, 1940).（刊行年に1940年と1934年の両方を挙げる資料もある。この記事はどちらの版にも掲載されたのだろう）Lewis S. Coleman, "Four Forgotten Giants of Anesthesia History," *Journal of Anesthesia and Surgery* 3, no. 2 (Jan. 2016): 1–17; Henderson, "Physiological Regulation of the Acid-Base Balance of the Blood and Some Related Functions," *Physiological Reviews* 5, no. 2 (Apr. 1925): 131–60.

14. 以下の記事はこの分野の研究者たちの発言を引用し、うまくまとめている。John A. Daller, MD, "Oxygen Bars: Is a Breath of Fresh Air Worth It?," *On Health*, June 22, 2017, https://www.onhealth.com/content/1/oxygen_bars_-_is_a_breath_of_fresh_air_worth_it. さらに補足的な文脈が次の大著に見出せる：Nick Lane, *Oxygen: The Molecule That Made the World* (New York: Oxford University Press), 11.（ニック・レーン『生と死の自然史：進化を統べる酸素』西田睦監訳、遠藤圭子訳、東海大学出版会、2006年）

15. Yandell Henderson, "Acapnia and Shock. I. Carbon-Dioxid [*sic*] as a Factor in the Regulation of the Heart-Rate," *American Journal of Physiology* 21, no. 1 (Feb. 1908): 126–56.

16. John Douillard, *Body, Mind, and Sport: The Mind-Body Guide to Lifelong Health, Fitness, and Your Personal Best*, rev. ed. (New York: Three Rivers Press, 2001), 153, 156, 211.

17. 口呼吸からゆっくりとした鼻呼吸に切り替えた初日は、パフォーマンスが低下したことに留意しておきたい。1週間前の口呼吸時のベストパフォーマンスに比べ、0.44マイル距離が落ちた。これは予想された事態だった。一定のゆっくりとした鼻呼吸ができるように体を調整するには時間がかかる。ドゥーヤードは選手たちに、初めて鼻呼吸に切り替えたあとはパフォーマンスが50パーセント低下

することを覚悟したほうがいいと忠告した。一部のアスリートは数カ月待たないと効果が表れず、それが一因で彼らの多くやほかの非アスリートがあきらめて口呼吸に逆戻りする。きわめて強度の高い運動ではこうした長い呼吸が役に立たず、可能ですらないことは要注意だ。たとえば、400メートルを走ると、代謝に必要な酸素の量は格段に増える。一部のエリートアスリートの呼吸は極度のストレス下では1分あたり200リットルに達してもおかしくない。正常な安静時相当量の20倍だ。だが、バイクやジョギングといった中程度の運動であれば、長い呼吸のほうがはるかに効率がいい。

18. Meryl Davids Landau, "This Breathing Exercise Can Calm You Down in a Few Minutes," Vice, Mar. 16, 2018; Christophe André, "Proper Breathing Brings Better Health," *Scientific American*, Jan. 15, 2019.

19. Luciano Bernardi et al., "Effect of Rosary Prayer and Yoga Mantras on Autonomic Cardiovascular Rhythms: Comparative Study," *British Medical Journal* 323, no. 7327 (Dec. 2001): 144649; T. M. Srinivasan, "Entrainment and Coherence in Biology," *International Journal of Yoga* 8, no. 1 (June 2015): 1–2.

20. コヒーレンス（整合性・可干渉性）はふたつの信号の調和を表す指標だ。ふたつの信号の位相が一致して増減しているとき、その信号はコヒーレンス、すなわちピーク効率の状態にある。コヒーレンスおよび1分間に5.5回、5.5秒で吸って5.5秒で吐く呼吸の利点については以下に詳しい。Stephen B. Elliott, *The New Science of Breath* (Coherence, 2005); Stephen Elliott and Dee Edmonson, *Coherent Breathing: The Definitive Method* (Coherence, 2008); I. M. Lin, L. Y. Tai, and S. Y. Fan, "Breathing at a Rate of 5.5 Breaths per Minute with Equal Inhalation-to-Exhalation Ratio Increases Heart Rate Variability," *International Journal of Psychophysiolology* 91 (2014): 206–11.

21. この種のゆっくりとした「整合性のある《コヒーレント》」呼吸法の、医師による優れた概略。Arlin Cuncic, "An Overview of Coherent Breathing," VeryWellMind, June 25, 2019, https://www.verywellmind.com/an-overview-of-coherent-breathing-4178943.

22. 厳密には1分間5.4545回の呼吸。
23. Richard P. Brown and Patricia L. Gerbarg, *The Healing Power of the Breath: Simple Techniques to Reduce Stress and Anxiety, Enhance Concentration, and Balance Your Emotions* (Boston: Shambhala, 2012), Kindle locations 244–47, 1091–96; Lesley Alderman, "Breathe. Exhale. Repeat: The Benefits of Controlled Breathing," *The New York Times*, Nov. 9, 2016.
24. 2012年、イタリアの研究者たちは1分間に6回の呼吸が標高1万7000フィート（約5182メートル）で強力な効果を発揮することを確認した。この方法は血圧を大幅に下げるだけでなく、血中酸素飽和度を高めたのだった。Grzegorz Bilo et al., "Effects of Slow Deep Breathing at High Altitude on Oxygen Saturation, Pulmonary and Systemic Hemodynamics," *PLoS One* 7, no. 11 (Nov. 2012): e49074.
25. Landau, "This Breathing Exercise Can Calm You Down."
26. Marc A. Russo et al., "The Physiological Effects of Slow Breathing in the Healthy Human," *Breathe* 13, no. 4 (Dec. 2017): 298–309.

第6章　減らす

1. "Obesity and Overweight," Centers for Disease Control and Prevention, https://www.cdc.gov/nchs/fastats/obesity-overweight.htm; "Obesity Increase," *Health & Medicine*, Mar. 18, 2013; "Calculate Your Body Mass Index," National Heart, Lung, and Blood Institute, https://www.nhlbi.nih.gov/health/educational/lose_wt/BMI/bmicalc.htm?source=quickfitnesssolutions.
2. 平均的な男性の呼吸数は、1930年代の研究によると、1分間に約13回で、吸う空気の量は計5.25リットルだった。1940年代には、これが1分間に10回強、計8リットルになっていた。1980年代、そして1990年代には、複数の研究で平均呼吸数は1分間に10〜12回、総量は場合によっては9リットル以上になるとされる。このことについてドン・ストーリー博士と話してみた。この分野で40年以上活動していた著名な呼吸器専門医（で私の義理の父）である。彼が駆け出しのころは、通常の呼吸数は1分間に8〜12回程度だったと

いう。その呼吸数の上限は現在、倍に近い。単なる逸話ベースにとどまらず、数十の研究で私たちは実際に昔よりも多く呼吸している可能性が示唆されている。大半の研究は呼吸器系疾患のある被験者と健康な対照群を比較しており、今回の評価ではその健康な対照群のデータを使用した。いくつかの研究はArtour Rakhimovの *Breathing Slower and Less: The Greatest Health Discovery Ever* (self-published, 2014) で見つけたものだ。そこには独立した検証が可能な研究が収録されていた。今後もこの分野の研究を集めて、私のウェブサイトmrjamesnestor.com/breathに投稿していく。差し当たって、ここで何点か紹介しておこう。N. W. Shock and M. H. Soley, "Average Values for Basal Respiratory Functions in Adolescents and Adults," *Journal of Nutrition* 18 (1939): 143–53; Harl W. Matheson and John S. Gray, "Ventilatory Function Tests. III. Resting Ventilation, Metabolism, and Derived Measures," *Journal of Clinical Investigation* 29, no. 6 (1950): 688–92; John Kassabian et al., "Respiratory Center Output and Ventilatory Timing in Patients with Acute Airway (Asthma) and Alveolar (Pneumonia) Disease," *Chest* 81, no. 5 (May 1982): 536–43; J. E. Clague et al., "Respiratory Effort Perception at Rest and during Carbon Dioxide Rebreathing in Patients with Dystrophia Myotonica," *Thorax* 49, no. 3 (Mar. 1994): 240–44; A. Dahan et al., "Halothane Affects Ventilatory after Discharge in Humans," *British Journal of Anaesthesia* 74, no. 5 (May 1995): 544–48; N. E. L. Meessen et al., "Breathing Pattern during Bronchial Challenge in Humans," *European Respiratory Journal* 10, no. 5 (May 1997): 1059–63.

3. Mary Birch, *Breathe: The 4-Week Breathing Retraining Plan to Relieve Stress, Anxiety and Panic* (Sydney: Hachette Australia, 2019), Kindle locations 228–31. 私たちの呼吸の下手さ加減については以下で概観されている。Richard Boulding et al., "Dysfunctional Breathing: A Review of the Literature and Proposal for Classification," *European Respiratory Review* 25, no. 141 (Sept. 2016): 287–94.
4. Bryan Gandevia, "The Breath of Life: An Essay on the Earliest

History of Respiration: Part I," *Australian Journal of Physiotherapy* 16, no. 1 (Mar. 1970): 5–11.

5. ちなみに、初期のヒンドゥー教徒は正常な呼吸数を1日2万2636回とはるかに高く算出していた。
6. こうした長い呼吸はきわめて強度の高い運動では不可能だ。たとえば、400メートルを走ると、代謝に必要な酸素の量が大幅に増える（持久系のアスリートは極度のストレスがかかる状況で1分間に200リットルの呼吸をしてもおかしくない——正常な安静時の相当量の20倍だ）。だが、このような安定した中程度の運動の場合は、長い呼吸のほうがはるかに効率がいい。Maurizio Bussotti et al., "Respiratory Disorders in Endurance Athletes—How Much Do They Really Have to Endure?," *Open Access Journal of Sports Medicine* 2, no. 5 (Apr. 2014): 49.
7. インドネシアのムハマディア大学スラカルタ校健康科学部で行なわれ、2017年12月に第3回科学・技術・人類に関する国際会議（ISETH）で発表された実験で、「ゆっくりとした少ない」呼吸法を用いた被験者は、対照群に比べて有意なVO_2maxの増加を示した。Dani Fahrizal and Totok Budi Santoso, "The Effect of Buteyko Breathing Technique in Improving Cardiorespiratory Endurance," *2017 ISETH Proceeding Book* (UMS publications), https://pdfs.semanticscholar.org/c2ee/b2d1c0230a76fccdad94e7d97b11b882d217.pdf; さらに、いくつかの研究の概要を以下で参照できる。Patrick McKeown, "Oxygen Advantage," https://oxygenadvantage.com/improved-swimming-coordination.
8. K. P. Buteyko, ed., *Buteyko Method: Its Application in Medical Practice* (Odessa, Ukraine: Titul, 1991).
9. こうした経歴の詳細は以下の複数の資料を典拠とする。"The Life of Konstantin Pavlovich Buteyko," Buteyko Clinic, https://buteykoclinic.com/about-dr-buteyko; "Doctor Konstantin Buteyko," Buteyko.com, http://www.buteyko.com/method/buteyko/index_buteyko.html; "The History of Professor K. P. Buteyko," LearnButeyko.org, http://www.learnbuteyko.org/the-history-of-

professor-kp-buteyko; Sergey Altukhov, *Doctor Buteyko's Discovery* (TheBreathingMan, 2009), Kindle locations 570, 572, 617; Buteyko interview, 1988, YouTube, https://www.youtube.com/watch?v=yv5unZd7okw.

10. "The Original Silicon Valley," *The Guardian*, Jan. 5, 2016, https://www.theguardian.com/artanddesign/gallery/2016/jan/05/akademgorodok-academy-town-siberia-science-russia-in-pictures.
11. この研究所の驚くべき写真をご参照あれ : https://images.app.goo.gl/gAHupjGqjBtEiKab9.
12. ブテイコの二酸化炭素チャートのコピーはこちら : https://tinyurl.com/yy3fvrh7.
13. ブテイコの論文や考察はパトリック・マキューン（Patrick McKeown）のウェブサイトで無料ダウンロードできる : https://tinyurl.com/y3lbfhx2.
14. 低換気トレーニングについてさらに詳しい情報は以下で得られる。ザヴィエ・ヴォーロン博士（Dr. Xavier Woorons）のウェブサイト : http://www.hypoventilation-training.com/index.html; "Emil Zatopek Biography," Biography Online, May 1, 2010, https://www.biographyonline.net/sport/athletics/emile-zatopek.html; Adam B. Ellick, "Emil Zatopek," *Runner's World*, Mar. 1, 2001, https://www.runnersworld.com/advanced/a20841849/emil-zatopek. ちなみに、ザトペックの身長はちょっとした謎で、6フィート（約183センチ）と明言する資料もあるが、ESPNなど、5フィート6インチ（約168センチ）とするものもある。大方の意見は、*Runner's World*によれば、およそ5フィート8インチ（約173センチ）だったとのことだ。
15. Timothy Noakes, *Lore of Running*, 4th ed. (Champaign, IL: Human Kinetics, 2002), 382.（ティム・ノックス『ランニング事典』日本ランニング学会訳、大修館書店、1994年）
16. "Emil Zátopek," Running Past, http://www.runningpast.com/emil_zatopek.htm; Frank Litsky, "Emil Zatopek, 78, Ungainly Running Star, Dies," *The New York Times*, Nov. 23, 2000, https://www.nytimes.com/2000/11/23/sports/emil-zatopek-78-ungainly-running-star-dies.

html.
17. Joe Hunsaker, "Doc Counsilman: As I Knew Him," *SwimSwam*, Jan. 12, 2015, https://swimswam.com/doc-counsilman-knew/.
18. 若年層の選手のトレーニングに潜むカウンシルマン（Counsilman）のアプローチの危険性に関して水泳コーチのマイク・ルウェリン（Mike Lewellyn）が記した興味深い背景事情：https://swimisca.org/coach-mike-lewellyn-on-breath-holding-shallow-water-blackout/. ロブ・オア博士（Dr. Rob Orr）による別の見解は以下で見つかる："Hypoxic Work in the Pool," PTontheNet, Feb. 14, 2006, https://www.ptonthenet.com/articles/Hypoxic-Work-in-the-Pool-2577. このほかいくつかの記事と合わせて推測するに、低酸素トレーニングは効果こそあるものの、万能な訓練法として採用すべきではない。ほぼすべてのトレーニング方法がそうであるように、生理的、心理的、そして多数の身体構造的要素をすべて考慮する必要がある。さらに、水中トレーニングのご多分にもれず、低酸素トレーニングもつねに専門家の綿密な監督下で行なわなくてはならない。
19. "ISHOF Honorees," International Swimming Hall of Fame, https://ishof.org/dr.-james-e.–doc–counsilman-(usa).html; "A Short History: From Zátopek to Now," Hypoventilation Training.com, http://www.hypoventilation-training.com/historical.html.
20. Braden Keith, "Which Was the Greatest US Men's Olympic Team Ever?," *SwimSwam*, Sept. 7, 2010, https://swimswam.com/which-was-the-greatest-us-mens-olympic-team-ever; Jean-Claude Chatard, ed., *Biomechanics and Medicine in Swimming IX* (Saint-Étienne, France: University of Saint-Étienne Publications, 2003).
21. 念のため、ヴォーロン（Woorons）の研究は競争で優位に立ちたいエリートアスリートを対象としたものだ。体にたえず高度な無酸素状態を強いるとどんな長期的影響があるかは不明だが、複数の研究者の指摘によれば、継続的な無酸素ワークアウトが原因で体をこわしたり、有害な酸化ストレスが発生したりする可能性はある。一方、オルソン式の軽めの穏やかなトレーニングを数週間つづけただけで、何人ものクライアントが赤血球数の大幅な増加を記録した。

赤血球が増えると、より多くの酸素がより多くの組織に供給されることになる。失墜したサイクリスト、ランス・アームストロングが処分を受けたのは、アドレナリンやステロイドを摂取したからではなく、自分の血液を注射して赤血球数を増やしたためだ。結果としてより多くの酸素を運べるようになる。アームストロングがやっていたのは要するに、手っ取り早い呼吸制限トレーニングだった。

22. Xavier Woorons et al., "Prolonged Expiration down to Residual Volume Leads to Severe Arterial Hypoxemia in Athletes during Submaximal Exercise," *Respiratory Physiology & Neurobiology* 158, no. 1 (Aug. 2007): 75–82; Alex Hutchinson, "Holding Your Breath during Training Can Improve Performance," *The Globe and Mail*, Feb. 23, 2018, https://www.theglobeandmail.com/life/health-and-fitness/fitness/holding-your-breath-during-training-can-improve-performance/article38089753/.

23. E. Dudnik et al., "Intermittent Hypoxia-Hyperoxia Conditioning Improves Cardiorespiratory Fitness in Older Comorbid Cardiac Outpatients without Hematological Changes: A Randomized Controlled Trial," *High Altitude Medical Biology* 19, no. 4 (Dec. 2018): 339–43. ほかにもいろいろある。30人のラグビー選手を対象とした英国の研究では、酸素濃度13パーセント（高度1万2000フィート［約3660メートル］に相当）の「常圧」レベルでトレーニングした選手は、通常の海面レベルの空気中でトレーニングした選手に比べ、わずか4週間で「2倍の改善」が見られた。肥満女性86名を対象としたヨーロッパの研究では、低酸素トレーニングの結果、対照群に比べて「ウェスト周囲径の有意な減少」と脂肪の有意な削減が認められた（細胞内で利用可能な酸素が増えたことで、より多くの脂肪をより効率的に燃焼できた）。さらに糖尿病にも効果が！ 1型糖尿病を患う成人28名は、低酸素トレーニングによってグルコース濃度が低下し、対照群よりも正常なレベルに保たれた。このシンプルな方法は「糖尿病の心血管合併症を有意に予防する可能性がある」と研究者たちは書いている。こうした研究の資料などについて、mrjamesnestor.com/breath で参照されたい。

24. レース中のサーニャ・リチャーズ＝ロス（Sanya Richards-Ross）をとらえた写真はこちら：https://tinyurl.com/yyf8tj7m.
25. ジョギング中、オルソンと私は〈リラクセーター（Relaxator）〉を使用した。オルソン考案の、息を吐く際に空気の流れを制限して肺にかかる陽圧を高め、肺を膨張させてガス交換用のスペースを広げやすくする装置だ。リラクセーターのような呼吸抵抗装置は、安定した空気の流れの監視や抵抗の量の測定に役立つが、その機能は必ずしも使わなくていい。低換気トレーニングで最も効果的なテクニックは、吐く息を伸ばし、肺を半分満たした状態でできるだけ長く息を止める、というのを繰り返すことだ。これはどこでも、いつでもできる。「空気飢餓」状態をつくり出せば出すほど、腎臓からEPO（エリスロポエチン）が放出され、骨髄から赤血球が放出され、体内に酸素が積み込まれ、体の回復力が高まり、より遠くへ、より速く、より高く進めるようになる。1990年代、ロンドンの生理学者で呼吸トレーニングの第一人者であるアリソン・マコーネル博士が、自転車競技の選手に息を吸う際に圧力がかかる抵抗装置を使用させた。その結果、ほんの4週間で持久力がなんと33パーセントも向上することが判明した。このトレーニングを5分間行なうだけで、血圧を12ポイント下げることができる。有酸素運動の約2倍に相当する効果だ。Alison McConnell, *Breathe Strong, Perform Better* (Champaign, IL: Human Kinetics, 2011), 59, 61; Lisa Marshall, "Novel 5-Minute Workout Improves Blood Pressure, May Boost Brain Function," Medical Xpress, Apr. 8, 2019, https://medicalxpress.com/news/2019-04-minute-workout-blood-pressure-boost.html; Sarah Sloat, "A New Way of Working Out Takes 5 Minutes and Is as Easy as Breathing," Inverse, Apr. 9, 2019, https://www.inverse.com/article/54740-imst-training-blood-pressure-health.
26. ブテイコの研究やその他のリサーチについては、英語版とロシア語版を含めた網羅的なリストをBreathe Well Clinic（アイルランド、ダブリン）やButeyko Clinic Internationalが提供する以下のリンクから入手できる:http://breathing.ie/clinical-studies-in-russian/; http://breathing.ie/clinical-evidence-for-buteyko/:, https://

buteykoclinic.com/wp-content/uploads/2019/04/Dr-Buteykos-Book.pdf.〔2025年1月現在、上記3サイトはリンク切れだが、リストの一部は、https://www.mrjamesnestor.com/bibliography に転載されている〕

27. Stephen C. Redd, "Asthma in the United States: Burden and Current Theories," *Environmental Health Perspectives* 110, suppl. 4 (Aug. 2002): 557–60; "Asthma Facts and Figures," Asthma and Allergy Foundation of America, https://www.aafa.org/asthma-facts; "Childhood Asthma," Mayo Clinic, https://www.mayoclinic.org/diseases-conditions/childhood-asthma/symptoms-causes/syc-20351507.
28. Paul Hannaway, *What to Do When the Doctor Says It's Asthma* (Gloucester, MA: Fair Winds, 2004).
29. "Childhood Asthma," Mayo Clinic, https://www.mayoclinic.org/diseases-conditions/childhood-asthma/symptoms-causes/syc-20351507.
30. Duncan Keeley and Liesl Osman, "Dysfunctional Breathing and Asthma," *British Medical Journal* 322 (May 2001): 1075; "Exercise-Induced Asthma," Mayo Clinic, https://www.mayoclinic.org/diseases-conditions/exercise-induced-asthma/symptoms-causes/syc-20372300.
31. R. Khajotia, "Exercise-Induced Asthma: Fresh Insights and an Overview," *Malaysian Family Physician* 3, no. 2 (Apr. 2008): 21–24.
32. "Distribution of Global Respiratory Therapy Market by Condition in 2017–2018 (in Billion U.S. Dollars)," Statista, https://www.statista.com/statistics/312329/worldwide-respiratory-therapy-market-by-condition/.
33. 医師、教授、統計学者からなるあるグループは、医療や手術が実際に患者にどのような影響を与えるのかを知ろうとしたとき、WebMDのレビューを調べはしなかった。多くの研究が民間の製薬会社から資金提供を受けており、その結果はごまかされているか、甚だしい誤解を招くかのいずれかだと気づいたのだ。そこで研究者たちは数十種類の治療法の研究を集めてデータを再分析し、薬や療

法の影響を正確に測定することにした。薬剤や治療法の効果の実態がつかめるように、研究者たちの結論では、ひとりの人間に効果をもたらすために何人の患者の治療が必要なのか、その数字が推定されている。彼らの組織はNNTと名づけられた。単純な統計学の概念、「Number Needed to Treat（治療必要数）」の略だ。2010年の創設以来、NNT（https://www.thennt.com）が調査してきた薬剤や治療法は275を超え、その分野は循環器系から内分泌系、皮膚科系まで多岐にわたっている。こうした薬剤や治療法をNNTは評価によって色分けした。緑（その治療法や薬剤は明らかに有益である）、黄色（有益かどうか不明）、赤（無益）、黒（その治療は患者にとって有益というよりも有害である）と。そして彼らが数万人の被験者を含む臨床試験48件をレビューしたのが、標準的な喘息治療法だった。つまり、長時間作用性β2刺激薬（LABA）と副腎皮質コステロイドの吸入併用療法、商品名Advair〔日本ではアドエア〕やSymbicort（シムビコート）で、これは気道の平滑筋をつねにリラックスさせることを意図している。ここで取り上げられた48件の治験のうち、44件は併用される2剤のひとつである長時間作用性β2刺激薬のメーカーがスポンサーとなっていた。この薬は承認されているだけでなく、毎年数百万人の喘息患者に使用されている。NNTは数字を処理し、LABAとステロイド吸入剤の併用はまったく効果がないばかりか、有害であることを突き止めた。この薬を使用した喘息患者のうち、軽度から中等度の喘息発作の可能性を減少させたのは、73人中わずかにひとり。その一方、この薬は140人にひとりの割合で重度の喘息発作を誘発していたのだ。NNTによると、この薬は1400人につきひとりの喘息患者に「喘息関連死をもたらしたと思われる」。LABAはさらに、小児に対しても同様に効果がなかった。このテーマに関する詳しい状況はこちら：Vassilis Vassilious and Christos S. Zipitis, "Long-Acting Bronchodilators: Time for a Re-think," *Journal of the Royal Society of Medicine* 99, no. 8 (Aug. 2006): 382–83.

34. Jane E. Brody, "A Breathing Technique Offers Help for People with Asthma," *The New York Times*, Nov. 2, 2009, https://www.nytimes.

com/2009/11/03/health/03brod.html; "Almost As If I No Longer Have Asthma After Natural Solution," Breathing Center, Apr. 2009, https://www.breathingcenter.com/now-living-almost-as-if-i-no-longer-have-asthma.

35. Sasha Yakovleva, K. Buteyko, et al., *Breathe to Heal: Break Free from Asthma (Breathing Normalization)* (Breathing Center, 2016), 246; "Buteyko Breathing for Improved Athletic Performance," Buteyko Toronto, http://www.buteykotoronto.com/buteyko-and-fitness.
36. "Buteyko and Fitness," Buteyko Toronto, http://www.buteykotoronto.com/buteyko-and-fitness.
37. Thomas Ritz et al., "Controlling Asthma by Training of Capnometry-Assisted Hypoventilation (CATCH) Versus Slow Breathing: A Randomized Controlled Trial," *Chest* 146, no. 5 (Aug. 2014): 1237–47.
38. "Asthma Patients Reduce Symptoms, Improve Lung Function with Shallow Breaths, More Carbon Dioxide," ScienceDaily, Nov. 4, 2014, https://www.sciencedaily.com/releases/2014/11/141104111631.htm.
39. "Effectiveness of a Buteyko-Based Breathing Technique for Asthma Patients," ARCIM Institute—Academic Research in Complementary and Integrative Medicine, 2017, https://clinicaltrials.gov/ct2/show/NCT03098849.
40. 呼吸過多になると血液中のカルシウム濃度が低下し、しびれや疼き、筋痙攣、こむら返り、ひきつりが起きることもあるので要注意だ。
41. 体が重炭酸塩（炭酸水素塩）の排出による補正をたえず強いられると、このアルカリ化合物の濃度が下がりはじめ、pHは機能上最適な7.4からずれていく。John G. Laffey and Brian P. Kavanagh, "Hypocapnia," *New England Journal of Medicine* 347 (July 2002): 46; G. M. Woerlee, "The Magic of Hyperventilation," Anesthesia Problems & Answers, http://www.anesthesiaweb.org/hyperventilation.php.
42. Jacob Green and Charles R. Kleeman, "Role of Bone in Regulation of Systemic Acid-Base Balance," *Kidney International* 39, no. 1 (Jan.

1991): 9–26.

43. "Magnesium Supplements May Benefit People with Asthma," NIH National Center for Complementary and Integrative Health, Feb. 1, 2010.

44. Andrew Holecek, *Preparing to Die: Practical Advice and Spiritual Wisdom from the Tibetan Buddhist Tradition* (Boston: Snow Lion, 2013). Animal metrics were taken from these studies: "Animal Heartbeats," Every Second, https://everysecond.io/animal-heartbeats; "The Heart Project," Public Science Lab, http://robdunnlab.com/projects/beats-per-life/; Yogi Cameron Alborzian, "Breathe Less, Live Longer," *The Huffington Post*, Jan. 14, 2010, https://www.huffpost.com/entry/breathe-less-live-longer_b_422923; Mike McRae, "Do We Really Only Get a Certain Number of Heartbeats in a Lifetime? Here's What Science Says," ScienceAlert, Apr. 14, 2018, https://www.sciencealert.com/relationship-between-heart-beat-and-life-expectancy.

第7章 噛 む

1. "Malocclusion and Dental Crowding Arose 12,000 Years Ago with Earliest Farmers, Study Shows," University College Dublin News, http://www.ucd.ie/news/2015/02FEB15/050215-Malocclusion-and-dental-crowding-arose-12000-years-ago-with-earliest-farmers-study-shows.html; Ron Pinhasi et al., "Incongruity between Affinity Patterns Based on Mandibular and Lower Dental Dimensions following the Transition to Agriculture in the Near East, Anatolia and Europe," *PLoS One* 10, no. 2 (Feb. 2015): e0117301.

2. Jared Diamond, "The Worst Mistake in the History of the Human Race," *Discover*, May 1987, http://discovermagazine.com/1987/may/02-the-worst-mistake-in-the-history-of-the-human-race; Jared Diamond, *The Third Chimpanzee: The Evolution and Future of the Human Animal* (New York: HarperCollins, 1992).（ジャレド・ダイアモンド『第三のチンパンジー 完全版：人類進化の栄光と翳り』

上・下、長谷川眞理子、長谷川寿一訳、日経BP日本経済新聞出版、2022年）

3. Natasha Geiling, "Beneath Paris's City Streets, There's an Empire of Death Waiting for Tourists," Smithsonian.com, Mar. 28, 2014, https://www.smithsonianmag.com/travel/paris-catacombs-180950160; "Catacombes de Paris," Atlas Obscura, https://www.atlasobscura.com/places/catacombes-de-paris.
4. 地球最大の墓地はイラクのワディ＝ウス＝サラームで、数千万体の遺体が納められている。
5. Gregori Galofré-Vilà, et al., "Heights across the Last 2000 Years in England," University of Oxford, Discussion Papers in Economic and Social History, no. 151, Jan. 2017, 32, https://www.economics.ox.ac.uk/materials/working_papers/2830/151-final.pdf. C.W., "Did Living Standards Improve during the Industrial Revolution?," *The Economist*, https://www.economist.com/free-exchange/2013/09/13/did-living-standards-improve-during-the-industrial-revolution.
6. 国民保健サービス（NHS）の役人によると、1990年代半ばまで、イングランド北東部を中心とした地域では女性が16歳または18歳の誕生日を迎えるまえにすべての歯を抜くためのクーポン券が配布されることが一般的だったらしい。Letters, *London Review of Books* 39, no. 14 (July 2017), https://www.lrb.co.uk/v39/n14/letters.
7. Review of J. Sim Wallace, *The Physiology of Oral Hygiene and Recent Research, with Special Reference to Accessory Food Factors and the Incidence of Dental Caries* (London: Ballière, Tindall and Cox, 1929), in *Journal of the American Medical Association* 95, no. 11 (Sept. 1930): 819.
8. ここで私が言っているのはエドワード・メランビー（Edward Mellanby）のことだ。英国の研究者で、のちに功績を認められてナイト爵を授かった彼は、私たちの顔が小さくなっているのは現代の食生活にビタミンDが不足しているからだと述べている。アメリカのパーシー・ハウ（Percy Howe）という歯科医は、歯並びが悪いのはビタミンCの不足が原因だと考えていた。

9. Earnest A. Hooton, foreword to Weston A. Price, *Nutrition and Physical Degeneration* (New York: Paul B. Hoeber, 1939)（W・A・プライス『食生活と身体の退化　先住民の伝統食と近代食その身体への驚くべき影響』片山恒夫、恒志会訳、恒志会、2010年）.「歯ブラシや歯磨き粉が靴ブラシや靴磨き粉よりも重要であるかのようなふりをするのはやめよう。既製の食品のせいでわれわれは既製の歯を入れるはめになったのだ」とフートンは以下の自著に書いている。*Apes, Men, and Morons* (New York: G. P. Putnam's Sons, 1937).
10. のちにプライスがクリーヴランドの研究室でレッチェンタール村のパンとチーズのサンプルを調べたところ、含まれているビタミンAとDの量が当時の典型的な現代アメリカ人の食事に使われる全食品の10倍だと判明した。プライスは死者についても研究している。ペルーでは、数百年前から数千年前までの1276個の頭蓋骨を丹念に分析した。歯列弓が変形している頭蓋骨はひとつもなく、顔の形が変わったり崩れたりしているものもなかったという。Weston A. Price, *Nutrition and Physical Degeneration*, 8th ed. (Lemon Grove, CA: Price-Pottenger Nutrition Foundation, 2009)（W・A・プライス『食生活と身体の退化　先住民の伝統食と近代食その身体への驚くべき影響』片山恒夫、恒志会訳、恒志会、2010年）.
11. カナダ北部でプライスが訪ねたネイティブ・アメリカンは長い冬のあいだ、果物や野菜を入手するすべがなく、ビタミンCを摂取できなかった。全員が壊血病で体調をくずすか死んでしまってもおかしくないのに、元気そうに見えたとプライスは記している。長老のひとりがプライスに語ったところによると、その部族ではときどきヘラジカを殺して背中を切り開き、腎臓のすぐ上にある小さな脂肪の塊ふたつを取り出すという。その塊を切り分けて家族に配るのだ。のちにプライスはこの塊が副腎であることを発見した。動物や植物の組織のなかで最も豊富なビタミンCの供給源である。
12. "Nutrition and Physical Degeneration: A Comparison of Primitive and Modern Diets and Their Effects," *Journal of the American Medical Association* 114, no. 26 (June 1940): 2589, https://jamanetwork.com/journals/jama/article-abstract/1160631?redirect=true.

13. ナヤックはこの患者たちは厳選されたコホート（同一属性の集団）であり、その後1年間はほかの処置が不要なのだと念を押した。バルーン副鼻腔形成術はそうした患者には効果があるが、すべての人に有効なわけではないとのことだった。
14. Jukka Tikanto and Tapio Pirilä, "Effects of the Cottle's Maneuver on the Nasal Valve as Assessed by Acoustic Rhinometry," *American Journal of Rhinology* 21, no. 4 (July 2007): 456–59.
15. Shawn Bishop, "If Symptoms Aren't Bothersome, Deviated Septum Usually Doesn't Require Treatment," Mayo Clinic News Network, July 8, 2011, https://newsnetwork.mayoclinic.org/discussion/if-symptoms-arent-bothersome-deviated-septum-usually-doesnt-require-treatment/.
16. Sanford M. Archer and Arlen D. Meyers, "Turbinate Dysfunction," Medscape, Feb. 13, 2019.
17. ピーターの話にはひどく胸が痛んだ。手術後、彼は医師から抗鬱剤を処方され、単に年齢的な問題だと言われた。つづく3年をかけてピーターはX線写真から精巧な3次元モデルを作成することを学び、それを使って「数値流体力学」と呼ばれる手法で数値解析をするようになる。この術前術後のモデルとデータから、過去の鼻甲介手術による気流の速度、分布、温度、圧力、抵抗、湿度の変化を正確に把握することができた。彼の鼻腔は全体として、正常もしくは健康的とされる状態の4倍の大きさだった。鼻は空気を適度に温める機能を失い、空気は本来の2倍の速さで鼻の内部を通過していた。ピーターが言うには、いまだに医学界では、エンプティノーズ症候群は心理的な問題であって、身体的なものではないと主張する人が多いそうだ。ピーターの研究について詳しくはこちらを参照してほしい：http://emptynosesyndromeaerodynamics.com.
18. 医学界全般で、エンプティノーズ症候群は鼻というより心の問題だと考えられていた。ある医師など、《ロサンゼルス・タイムズ》でエンプティノーズ症候群を「エンプティヘッド症候群」と呼ぶほどだった。Aaron Zitner, "Sniffing at Empty Nose Idea," *Los Angeles Times*, May 10, 2001; Cedric Lemogne et al., "Treating Empty Nose

Syndrome as a Somatic Symptom Disorder," *General Hospital Psychiatry* 37, no. 3 (May–June 2015): 273.e9–e10; Joel Oliphint, "Is Empty Nose Syndrome Real? And If Not, Why Are People Killing Themselves Over It?," BuzzFeed, Apr. 14, 2016; Yin Lu, "Kill the Doctors," *Global Times*, Nov. 26, 2013, http://www.globaltimes.cn/content/827820.shtml.

19. 2019年に近況報告をしたとき、アラは改善されたところがあるとメールで教えてくれた。鼻に変化があったわけではない。まともに呼吸するのも依然としてひと苦労だった。むしろ、その改善は精神面や心理面に表れ、態度、認識、信条などを意識的、意図的に変えることで促進されていた。「私の人生、計画、願望は、それまでの努力もむなしく、台なしになりました」と彼女はメールに書いていた。「人は障害を負ったら、一から人生をつくり直さなければなりません。強くなることを学び、毎日一瞬一瞬を精いっぱい生きていかなければならないのです。簡単なことではありません。こうした状況では自分の人生全体を見つめ直すことになります」

20. Oliphint, "Is Empty Nose Syndrome Real?"

21. Michael L. Gelb, "Airway Centric TMJ Philosophy," *CDA Journal* 42, no. 8 (Aug. 2014): 551–62, https://pdfs.semanticscholar.org/8bc1/8887d39960f9cce328f5c61ee356e11d0c09.pdf.

22. Felix Liao, *Six-Foot Tiger, Three-Foot Cage: Take Charge of Your Health by Taking Charge of Your Mouth* (Carlsbad, CA: Crescendo, 2017), 59.

23. Rebecca Harvey et al., "Friedman Tongue Position and Cone Beam Computed Tomography in Patients with Obstructive Sleep Apnea," *Laryngoscope Investigative Otolaryngology* 2, no. 5 (Aug. 2017): 320–24; Pippa Wysong, "Treating OSA? Don't Forget the Tongue," *ENTtoday*, Jan. 1, 2008, https://www.enttoday.org/article/treating-osa-dont-forget-the-tongue/.

24. このジレンマの概要はエリック・ケジリアン博士（Dr. Eric Kezirian）のウェブサイトにある：https://sleep-doctor.com/blog/new-research-treating-the-large-tongue-in-sleep-apnea-surgery.

25. Liza Torborg, "Neck Size One Risk Factor for Obstructive Sleep Apnea," Mayo Clinic, June 20, 2015, https://newsnetwork.mayoclinic.org/discussion/mayo-clinic-q-and-a-neck-size-one-risk-factor-for-obstructive-sleep-apnea/.
26. Gelb, "Airway Centric TMJ Philosophy"; Luqui Chi et al., "Identification of Craniofacial Risk Factors for Obstructive Sleep Apnoea Using Three-Dimensional MRI," *European Respiratory Journal* 38, no. 2 (Aug. 2011): 348–58.
27. 生後6カ月で呼吸に問題がある乳児は、4歳ごろから行動上の問題（ADHD など）を抱える可能性が40パーセント高い、とゲルブ（Gelb）は述べている。Michael Gelb and Howard Hindin, *Gasp! Airway Health—The Hidden Path to Wellness* (self-published, 2016), Kindle location 850.
28. Chai Woodham, "Does Your Child Really Have ADHD?," *U.S. News*, June 20, 2012, https://health.usnews.com/health-news/articles/2012/06/20/does-your-child-really-have-adhd.
29. このひどく広範かつ、ひどく陰鬱なテーマについては以下に詳しい："Kids Behave and Sleep Better after Tonsillectomy, Study Finds," press release, University of Michigan Health System, Apr. 3, 2006, https://www.eurekalert.org/pub_releases/2006-04/uomh-kba032806.php; Susan L. Garetz, "Adenotonsillectomy for Obstructive Sleep Apnea in Children," UptoDate, Oct. 2019, https://www.uptodate.com/contents/adenotonsillectomy-for-obstructive-sleep-apnea-in-children. また、いくつかの研究によると、口呼吸の子供の大半は睡眠不足でもあり、睡眠不足は成長に直接影響することも注目に値する。Yosh Jefferson, "Mouth Breathing: Adverse Effects on Facial Growth, Health, Academics, and Behavior," *General Dentistry* 58, no. 1 (Jan.–Feb. 2010): 18–25; Carlos Torre and Christian Guilleminault, "Establishment of Nasal Breathing Should Be the Ultimate Goal to Secure Adequate Craniofacial and Airway Development in Children," *Jornal de Pediatria* 94, no. 2 (Mar.–Apr. 2018): 101–3. 1900人の子供を15年にわたって追跡した研究から、重度のいびきや睡眠時無呼吸

などの睡眠呼吸障害がある子供は、いびきをかかない子供に比べて、肥満になる確率が2倍になることがわかった。症状がきわめて悪化した子供は、肥満のリスクが60～100パーセント増大していた。"Short Sleep Duration and Sleep-Related Breathing Problems Increase Obesity Risk in Kids," press release, Albert Einstein College of Medicine, Dec. 11, 2014.

30. Sheldon Peck, "Dentist, Artist, Pioneer: Orthodontic Innovator Norman Kingsley and His Rembrandt Portraits," *Journal of the American Dental Association* 143, no. 4 (Apr. 2012): 393–97.

31. Ib Leth Nielsen, "Guiding Occlusal Development with Functional Appliances," *Australian Orthodontic Journal* 14, no. 3 (Oct. 1996): 133–42; "Functional Appliances," British Orthodontic Society; John C. Bennett, *Orthodontic Management of Uncrowded Class II Division 1 Malocclusion in Children* (St. Louis: Mosby/Elsevier, 2006); "Isolated Pierre Robin sequence," Genetics Home Reference, https://ghr.nlm.nih.gov/condition/isolated-pierre-robin-sequence.

32.「アメリカ矯正歯科の父」と目されるエドワード・アングル（Edward Angle）は抜歯に反対の立場だったが、彼の弟子であるチャールズ・H・トゥイード（Charles H. Tweed）は抜歯を擁護する。結局、トゥイードのアプローチが勝利した。Sheldon Peck, "Extractions, Retention and Stability: The Search for Orthodontic Truth," *European Journal of Orthodontics* 39, no. 2 (Apr. 2017): 109–15.

33. ミュー（Mew）は英国ウェストサセックス州のクイーン・ヴィクトリア病院で3年間、顔面外科医として口の仕組みを研究していた。顔を構成する14個のジグソーパズルのような骨が、ともに適正に成長しなくてはならないのを彼は知っていた。この骨のどれかひとつでも欠けると、口や顔全体の機能や成長に影響が及びかねないこともだ。

34. 抜歯が顔面の平坦化を引き起こすことは、矯正歯科業界で広く受け入れられてはいない。抜歯によって下顎後退型の顔面成長が起こると主張する研究も複数あるが、ほかの研究は、顔面の変化はほと

んど、もしくはまったく見られないとしている。さらに、結果にはばらつきがあり、そもそも口蓋の幅を考慮してからでないと判断できないという意見もある。Antônio Carlos de Oliveira Ruellas et al., "Tooth Extraction in Orthodontics: An Evaluation of Diagnostic Elements," *Dental Press Journal of Orthodontics* 15, no. 3 (May–June 2010): 134–57; Anita Bhavnani Rathod et al., "Extraction vs No Treatment: Long-Term Facial Profile Changes," *American Journal of Orthodontics and Dentofacial Orthopedics* 147, no. 5 (May 2015): 596–603; Abdol-Hamid Zafarmand and Mohamad-Mahdi Zafarmand, "Premolar Extraction in Orthodontics: Does It Have Any Effect on Patient's Facial Height?," *Journal of the International Society of Preventive & Community Dentistry* 5, no. 1 (Jan. 2015): 64–68.

35. John Mew, *The Cause and Cure of Malocclusion* (John Mew Orthotropics)（John Mew『不正咬合の原因と治療』北總征男監訳、日本フェイシャルオーソトロピクス研究会訳、東京臨床出版、2017年), https://johnmeworthotropics.co.uk/the-cause-and-cure-of-malocclusion-e-book/; Vicki Cheeseman, interview with Kevin Boyd, "Understanding Modern Systemic Diseases through a Study of Anthropology," *Dentistry IQ*, June 27, 2012.

36. 1930年代にさかのぼる20件以上の科学的研究を以下で参照できる。"Right to Grow," https://www.righttogrow.org/the_research

37. ジョン・ミューに対する歯科矯正業界の半世紀にわたる抵抗は、ミューのデータというよりも、それを広めるための彼の断固たるアプローチと関係がありそうだとわかってきた。ミューに中傷を浴びせる急先鋒のひとり、英国の矯正歯科医ロイ・エイブラハムズ（Roy Abrahams）も、私とメールをやり取りするなかでこう認めた。かならずしもミューの理論が問題なのではない。ただ、ミューは機会を与えられても自説を証明したためしがなく、いつも「従来の矯正歯科と矯正歯科医をこき下ろして自分の主張を推し進めるのです」。

38. Sandra Kahn and Paul R. Ehrlich, *Jaws: The Story of a Hidden Epidemic* (Stanford, CA: Stanford University Press, 2018).

39. ミューが話してくれたところでは、彼の敵はたいがいこの城を〈オーソトロピクス（自然成長誘導法）〉による儲けの例として挙げるそうだ。この城の総工費は約30万ポンドで、道路の先にある荒廃した2寝室のモダンなコンドミニアムの3分の1程度だという。
40. G. Dave Singh et al., "Evaluation of the Posterior Airway Space Following Biobloc Therapy: Geometric Morphometrics," *Cranio: The Journal of Craniomandibular & Sleep Practice* 25, no. 2 (Apr. 2007): 84–89, https://facefocused.com/articles-and-lectures/bioblocs-impact-on-the-airway/.
41. 子供のころにずっとこの口をあけた姿勢でいると、顎や気道の成長や発達、さらには歯並びにまで直接影響が及びかねない。Joy L. Moeller et al., "Treating Patients with Mouth Breathing Habits: The Emerging Field of Orofacial Myofunctional Therapy," *Journal of the American Orthodontic Society* 12, no. 2 (Mar.–Apr. 2012): 10–12.
42. 現代人はこの問題に悩まされた最初のホモ種かもしれない。近親のネアンデルタール人でさえ、過去100年にわたって描かれてきたような腕をぶらぶらさせた猫背の獣ではなかった。彼らの姿勢は直立したもので、私たちよりもよかったのではないかと思われる。Martin Haeusler et al., "Morphology, Pathology, and the Vertebral Posture of the La Chapelle-aux-Saints Neandertal," *Proceedings of the National Academy of Sciences of the United States of America* 116, no. 11 (Mar. 2019): 4923–27.
43. M. Mew, "Craniofacial Dystrophy. A Possible Syndrome?," *British Dental Journal* 216, no. 10 (May 2014): 555–58.
44. Elena Cresci, "Mewing Is the Fringe Orthodontic Technique Taking Over YouTube," *Vice*, Mar. 11, 2019, https://www.vice.com/en_us/article/d3medj/mewing-is-the-fringe-orthodontic-technique-taking-over-youtube.
45. "Doing Mewing," YouTube, https://www.youtube.com/watch?v=Hmf-pR7EryY.
46. Quentin Wheeler, Antonio G. Valdecasas, and Cristina Cânovas, "Evolution Doesn't Proceed in a Straight Line—So Why Draw It That

Way?" The Conversation, Sept. 3, 2019, https://theconversation.com/evolution-doesnt-proceed-in-a-straight-line-so-why-draw-it-that-way-109401/.

47. "Anatomy & Physiology," Open Stax, Rice University, June 19, 2013, https://openstax.org/books/anatomy-and-physiology/pages/6-6-exercise-nutrition-hormones-and-bone-tissue.

48. "Our Face Bones Change Shape As We Age," Live Science, May 30, 2013, https://www.livescience.com/35332-face-bones-aging-110104.html.

49. Yagana Shah, "Why You Snore More As You Get Older and What You Can Do About It," *The Huffington Post*, June 7, 2015, https://www.huffingtonpost.in/2015/07/06/how-to-stop-snoring_n_7687906.html?ri18n=true.

50. "What Is the Strongest Muscle in the Human Body?," Everyday Mysteries: Fun Science Facts from the Library of Congress, https://www.loc.gov/rr/scitech/mysteries/muscles.html.

51. ベルフォーはこのことを発見した最初の研究者ではない。1986年に、ワシントン大学歯科矯正学科の教授で世界的な歯科専門家のヴィンセント・G・コキッチ博士（Dr. Vincent G. Kokich）が、成人は「頭蓋顔面の縫合部で骨を再生・再成形する能力を持ちつづける」と主張している。Liao, *Six-Foot Tiger*, 176–77.

52. 幹細胞は体全体でもつくられる。縫合部や顎でつくられた幹細胞は、口や顔の局所的な維持管理に使われることが多い。幹細胞はどこであれ最も必要とされる場所に向かう。幹細胞を引き寄せるのはストレス信号だ——この場合は激しく嚙むことで生じる信号である。

53. "Weaning from the Breast," *Paediatrics & Child Health* 9, no. 4 (Apr. 2004): 249–53.

54. 哺乳瓶での授乳は「嚙む」、吸うといったストレスが少ないため、顔の前方への成長も促進されない。この理由から、シカゴの小児歯科医ケヴィン・ボイド（Kevin Boyd）は母乳を選択できない場合はカップで授乳することを推奨している。James Sim Wallace, *The Cause and Prevention of Decay in Teeth* (London: J. & A. Churchill,

1902). Indrė Narbutytė et al., "Relationship Between Breastfeeding, Bottle-Feeding and Development of Malocclusion," *Stomatologija, Baltic Dental and Maxillofacial Journal* 15, no. 3 (2013): 67–72; Domenico Viggiano et al., "Breast Feeding, Bottle Feeding, and Non-Nutritive Sucking: Effects on Occlusion in Deciduous Dentition," *Archives of Disease in Childhood* 89, no. 12 (Jan. 2005): 1121–23; Bronwyn K. Brew et al., "Breastfeeding and Snoring: A Birth Cohort Study," *PLoS One* 9, no. 1 (Jan. 2014): e84956.

55. ホメオブロックを装着して噛みしめるたび、周期的で断続的な軽い力がかかり、軽いバネのような圧力と組み合わされて、歯の根元の靭帯に信号が送られ、ベルフォーによれば、体に「一連の事象を開始」させ、より多くの骨細胞を生成させるのだという。このプロセスは形態形成と呼ばれ、聞くかぎりでは過酷なものに思えた。だが、このリテーナーは寝ているあいだだけ装着すればいいので、そのプロセスには気づくこともないと、ベルフォーは請け合った。

56. Ben Miraglia, DDS, "2018 Oregon Dental Conference Course Handout," Oregon Dental Conference, Apr. 5, 2018, https://www.oregondental.org/docs/librariesprovider42/2018-odc-handouts/thursday--9122-miraglia.pdf?sfvrsn=2.

57. さらに細かく記すと、産業革命以前は2.12インチ（5.385センチ）と2.62インチ（6.655センチ）、以降は1.88インチ（4.775センチ）から2.44インチ（6.198センチ）だった。J. N. Starkey, "Etiology of Irregularities of the Teeth," *The Dental Surgeon* 4, no. 174 (Feb. 29, 1908): 105–6.

58. J. Sim Wallace, "Heredity, with Special Reference to the Diminution in Size of the Human Jaw," digest of *Dental Record*, Dec. 1901, in *Dental Digest* 8, no. 2 (Feb. 1902): 135–40, https://tinyurl.com/r6szdz8.

59. ここでの豚とはユカタン系ミニブタのこと。Russell L. Ciochon et al., "Dietary Consistency and Craniofacial Development Related to Masticatory Function in Minipigs," *Journal of Craniofacial Genetics and Developmental Biology* 17, no. 2 (Apr.–June 1997): 96–102.

60. 以上の概算値はロバート・コルッチーニ博士（Dr. Robert Corruccini）がまとめ、検証したもの。このほか全般的な状況については以下で参照できる。Miraglia, "2018 Oregon Dental Conference Course Handout."

第8章　ときには、もっと

1. Micheal Clodfelter, *Warfare and Armed Conflicts: A Statistical Encyclopedia of Casualty and Other Figures, 1492-2015*, 4th ed. (Jefferson, NC: McFarland, 2017), 277.
2. J. M. Da Costa, "On Irritable Heart; a Clinical Study of a Form of Functional Cardiac Disorder and its Consequences," *American Journal of Medical Sciences*, n.s. 61, no. 121 (1871).
3. Jeffrey A. Lieberman, "From 'Soldier's Heart' to 'Vietnam Syndrome': Psychiatry's 100-Year Quest to Understand PTSD," *The Star*, Mar. 7, 2015, https://www.thestar.com/news/insight/2015/03/07/solving-the-riddle-of-soldiers-heart-post-traumatic-stress-disorder-ptsd.html; Christopher Bergland, "Chronic Stress Can Damage Brain Structure and Connectivity," *Psychology Today*, Feb. 12, 2004.
4. "From Shell-Shock to PTSD, a Century of Invisible War Trauma," *PBS NewsHour*, Nov. 11, 2018, https://www.pbs.org/newshour/nation/from-shell-shock-to-ptsd-a-century-of-invisible-war-trauma; Caroline Alexander, "The Shock of War," *Smithsonian*, Sept. 2010, https://www.smithsonianmag.com/history/the-shock-of-war-55376701/#Mxod3dfdosgFt3cQ.99.
5. おまけに、下葉には血液で飽和した肺胞が60～80パーセントあり、より簡単に効率よくガス交換される。*Body, Mind, and Sport*, 223.
6. Phillip Low, "Overview of the Autonomic Nervous System," *Merck Manual*, consumer version, https://www.merckmanuals.com/home/brain,-spinal-cord,-and-nerve-disorders/autonomic-nervous-system-disorders/overview-of-the-autonomic-nervous-system.
7. "How Stress Can Boost Immune System," ScienceDaily, June 21, 2012; "Functions of the Autonomic Nervous System," Lumen,

https://courses.lumenlearning.com/boundless-ap/chapter/functions-of-the-autonomic-nervous-system/.

8. Joss Fong, "Eye-Opener: Why Do Pupils Dilate in Response to Emotional States?," *Scientific American*, Dec. 7, 2012, https://www.scientificamerican.com/article/eye-opener-why-do-pupils-dialate/.

9. 交感神経系の調節中枢が位置するのは、脳ではなく脊柱の椎骨動脈神経節であるのに対して、副交感神経系の調節中枢はずっと上の脳内にある。これは偶然ではないのかもしれない。スティーヴン・ポージェス（Stephen Porges）をはじめとする一部の研究者は、交感神経系のほうが原始的なシステムで、副交感神経系のほうが進化したシステムではないかと考えている。

10. "What Is Stress?," American Institute of Stress, https://www.stress.org/daily-life.

11. "Tibetan Lama to Teach an Introduction to Tummo, the Yoga of Psychic Heat at HAC January 21," Healing Arts Center (St. Louis), Dec. 20, 2017, https://www.thehealingartscenter.com/hac-news/tibetan-lama-to-teach-an-introduction-to-tummo-the-yoga-of-psychic-heat-at-hac; "NAROPA," Garchen Buddhist Institute, July 14, 2015, https://garchen.net/naropa.

12. Alexandra David-Néel, *My Journey to Lhasa* (1927; New York: Harper Perennial, 2005), 135.（アレクサンドラ・ダヴィッド＝ネール『パリジェンヌのラサ旅行』１巻、中谷真理訳、平凡社、1999年）

13. Nan-Hie In, "Breathing Exercises, Ice Baths: How Wim Hof Method Helps Elite Athletes and Navy Seals", *South China Morning Post*, Mar. 25, 2019, https://www.scmp.com/lifestyle/health-wellness/article/3002901/wim-hof-method-how-ice-baths-and-breathing-techniques.

14. Stephen W. Porges, *The Pocket Guide to the Polyvagal Theory: The Transformative Power of Feeling Safe*, Norton Series on Interpersonal Neurobiology (New York: W. W. Norton, 2017), 131, 140, 160, 173, 196, 242, 234.（ステファン・W・ポージェス『ポリヴェーガル理論入門：心身に変革をおこす「安全」と「絆」』花丘ちぐさ訳、春秋

社、2018年）
15. 厳密に言えば、迷走神経が刺激されると心拍数が減って血管が拡張するため、血液が重力に抗いきれず脳に届きにくくなる。脳への血流の一時的な減少は失神を引き起こしかねない。
16. Steven Park, *Sleep Interrupted: A Physician Reveals the #1 Reason Why So Many of Us Are Sick and Tired* (New York: Jodev Press, 2008), Kindle locations 1443–46.
17. "Vagus Nerve Stimulation," Mayo Clinic, https://www.mayoclinic.org/tests-procedures/vagus-nerve-stimulation/about/pac-20384565; Crystal T. Engineer et al., "Vagus Nerve Stimulation as a Potential Adjuvant to Behavioral Therapy for Autism and Other Neurodevelopmental Disorders," *Journal of Neurodevelopmental Disorders* 9 (July 2017): 20.
18. 揺られるという方法もあった。ロッキングチェアとポーチのブランコは20世紀の前半までどこの家にもごく普通にあるものだった。人気の理由は、揺られることで血圧が変化し、メッセージが迷走神経を行き来しやすくなることにあったのかもしれない。これは多くの自閉症児（たいてい迷走神経がうまく働かず、つねに脅威を感じている）が揺られることによく反応する理由でもある。迷走神経は顔に冷たい水をかけるといった寒冷曝露からも刺激を受け、心臓にメッセージを伝達して心拍を抑制させる（顔を冷水につけると、たちまち心拍数が減少するはずだ）。Porges, *Pocket Guide to the Polyvagal Theory*, 211–12.（ポージェス『ポリヴェーガル理論入門：心身に変革をおこす「安全」と「絆」』）
19. ごくまれな例外がいくつかヨガ行者によって実証されている。それについては最終章で解説する。
20. Roderik J. S. Gerritsen and Guido P. H. Band, "Breath of Life: The Respiratory Vagal Stimulation Model of Contemplative Activity," *Frontiers in Human Neuroscience* 12 (Oct. 2018): 397; Christopher Bergland, "Longer Exhalations Are an Easy Way to Hack Your Vagus Nerve," *Psychology Today*, May 9, 2019.
21. Moran Cerf, "Neuroscientists Have Identified How Exactly a Deep

Breath Changes Your Mind," Quartzy, Nov. 19, 2017; Jose L. Herrero et al., "Breathing above the Brain Stem: Volitional Control and Attentional Modulation in Humans," *Journal of Neurophysiology* 119, no. 1 (Jan. 2018): 145–59.

22. 過呼吸を抑えようと口に紙袋をあてがっても効果がなく、きわめて危険な状態に陥ることが多い理由についても、神経系が説明の助けになる。紙袋で呼気が逃げないようにすると、たしかに二酸化炭素分圧は上昇するが、パニック発作の引き金となる交感神経への過負荷が抑制されることはほとんどない。紙袋がよけいにパニックを引き起こし、ますます深く呼吸させるおそれもある。また、呼吸器系の発作がすべて過呼吸によるわけでもない。*The Annals of Emergency Medicine* の調査でも、過呼吸とみなされ口に紙袋をあてがわれて死亡した患者が３名確認されている。彼らはパニック発作でも喘息の発作でもなく、心臓発作を起こし、できるだけ多くの酸素を必要としていた。ところが、肺は再循環された二酸化炭素に満たされたのだ。Anahad O'Connor, "The Claim: If You're Hyperventilating, Breathe into a Paper Bag," *The New York Times*, May 13, 2008; Michael Callaham, "Hypoxic Hazards of Traditional Paper Bag Rebreathing in Hyperventilating Patients," *Annals of Emergency Medicine* 19, no. 6 (June 1989): 622–28.

23. Moran Cerf, "Neuroscientists Have Identified How Exactly a Deep Breath Changes Your Mind," Quartzy, Nov. 19, 2017; Jose L. Herrero, Simon Khuvis, Erin Yeagle, et al., "Breathing above the Brain Stem: Volitional Control and Attentional Modulation in Humans," *Journal of Neurophysiology* 119, no. 1 (Jan. 2018): 145–49.

24. Matthijs Kox et al., "Voluntary Activation of the Sympathetic Nervous System and Attenuation of the Innate Immune Response in Humans," *Proceedings of the National Academy of Sciences of the United States of America* 111, no. 20 (May 2014): 7379–84.

25. 私は過去の著書や記事などでベンソンの実験について簡単に記していたが、体に何がどのように起きるのかを調べたためしはなかった。本章ではそれに取り組んでいる。

26. Herbert Benson et al., "Body Temperature Changes during the Practice of g Tum-mo Yoga," *Nature* 295 (1982): 234–36. それから数十年、誰もがベンソンのデータに感銘を受けたわけではない。シンガポール国立大学のマリア・コジェフニコヴァは「ツンモ瞑想中に体温が通常の範囲を超えて上昇することを示す証拠はない」と主張している。ツンモの驚くべき効果を認めつつも、コジェフニコヴァはデータの提示の仕方に誤解を招く点があると指摘した。それについて記しておきたいのは、多くのツンモの実践者が話してくれたのだが、そのエクササイズは体を熱くするというより、体が冷えるのを防ぐものということで、これは仏教徒および、ヴィム・ホフとその仲間たちによってはっきり示されている。いずれにせよ、体の熱がツンモの転換効果のごく一部にすぎないことは、このあとすぐにわかるだろう。Maria Kozhevnikova et al., "Neurocognitive and Somatic Components of Temperature Increases during g-Tummo Meditation: Legend and Reality," *PLoS One* 8, no. 3 (2013): e58244.

27. "The Iceman— Wim Hof," Wim Hof Method, https://www.wimhofmethod.com/iceman-wim-hof.

28. Erik Hedegaard, "Wim Hof Says He Holds the Key to a Healthy Life—But Will Anyone Listen?," *Rolling Stone*, Nov. 3, 2017.

29. "Applications," Wim Hof Method, https://www.wimhofmethod.com/applications.

30. Kox et al., "Voluntary Activation of the Sympathetic Nervous System."

31. "How Stress Can Boost Immune System," ScienceDaily, June 21, 2012, https://www.sciencedaily.com/releases/2012/06/120621223525.htm.

32. Joshua Rapp Learn, "Science Explains How the Iceman Resists Extreme Cold," Smithsonian.com, May 22, 2018.

33. 米国国立衛生研究所は、自己免疫疾患に苦しむアメリカ人の数は最大2350万と推計している。米国自己免疫疾患協会によると、この数字は大幅に低く見積もられたものだという。というのも、衛生研究所の調査は自己免疫不全に関わりのある24の疾患に限られた

ものだからだ。「自己免疫由来」であることが明らかな疾病はそれ以外に数十はある。驚くべき統計はこのウェブサイトで確認できる。https://www.aarda.org/.

34. 最近の研究では、ナルコレプシーや、おそらくは喘息も自己免疫疾患と考えられている。1型糖尿病になるリスクが、喘息の子どもで41パーセント高くなるのも偶然ではないのだろう。Alberto Tedeschi and Riccardo Asero, "Asthma and Autoimmunity: A Complex but Intriguing Relation," *Expert Review of Clinical Immunology* 4, no. 6 (Nov. 2008): 767–76; Natasja Wulff Pedersen et al., "CD8+ T Cells from Patients with Narcolepsy and Healthy Controls Recognize Hypocretin Neuron-Specific Antigens," *Nature Communications* 10, no. 1 (Feb. 2019): 837.

35. ツンモを試すまえ、マットは乾癬性関節炎と診断され、炎症や痛みの原因となるC反応性蛋白（CRP）の数値が通常の約7倍にあたる20を超えていた。寒冷曝露を加えたツンモ呼吸を3カ月実践したあと、マットのCRPは0.4に下がり、関節の痛み、こわばり、肌の赤みとかさつき、疲労感はすっかり消えた。イングンドのデヴォン州出身のもうひとりのマットは、主に頭皮に鱗屑と永久的な斑状の脱毛をもたらす炎症性疾患、扁平毛孔性苔癬と診断された。免疫反応を抑制するため、1955年にマラリアの治療薬として開発されたヒドロキシクロロキンが処方された。一般的に痙攣、下痢、頭痛、それ以上に重い副作用が現れる薬だ。マットは1週間としないうちに呼吸困難に陥り、吐血した。医師は服用の継続を勧めた。容態は悪化した。彼はツンモ呼吸を学び、ホフの手順に従って、毎日ヴィム・ホフ・メソッドを実践した。Wim Hof, YouTube, Jan. 3, 2018, https://www.youtube.com/watch?v=f4tIou2LnOk; "Wim Hof—Reversing Autoimmune Diseases | Paddison Program," Paddison Program, https://www.paddisonprogram.com/wim-hof-reversing-autoimmune-diseases/; "In 8 Months I Was Completely Symptom-Free," Wim Hof Method Experience, Wim Hof, YouTube, Aug. 23, 2019, https://www.youtube.com/watch?v=1nOv4aNiWys.

36. 2014年、ホフは無作為に選んだ29歳から65歳までの26名をキリ

マンジャロへ連れていった。彼らの多くは、喘息、リウマチ、クローン病、その他の自己免疫機能不全に苦しめられていた。ホフは彼らに自己流のツンモ呼吸を教え、定期的に極端な寒さに身をさらさせ、標高1万9300フィート（約5882メートル）を超えるアフリカ最高峰の頂をめざして歩かせた。山頂の酸素濃度は海水面の半分しかない。登頂成功率は経験を積んだクライマーでも約50パーセントだ。ホフの教え子24名は、自己免疫機能不全がある者も含め、48時間以内の登頂に成功した。彼らの半数は華氏－4度（摂氏およそ－15.5度）にまで下がる気温のなか、ショートパンツしか身に着けていなかった。低体温症や高山病になった者も、酸素ボンベを使った者もいなかった。Ted Thornhill, "Hardy Climbers Defy Experts to Reach Kilimanjaro Summit Wearing Just Their Shorts and without Succumbing to Hypothermia," *Daily Mail*, Feb. 17, 2014; "Kilimanjaro Success Rate—How Many People Reach the Summit," Kilimanjaro, https://www.climbkilimanjaroguide.com/kilimanjaro-success-rate. 登頂成功率は、古い調査で41パーセント、最近の調査で60パーセントに近いと推計されている。私はふたつの数字のあいだを取った。

37. ダヴィッド＝ネールがやがてフランスの国民的英雄にして、ビート作家たちのアイドルとなり、彼女にちなんだ名前の茶や路面電車の停留所がいまも残っていることは、書き留めておくに足る話だ。

38. "Maurice Daubard— Le Yogi des Extrêmes [The Yogi of the Extremes]," http://www.mauricedaubard.com/biographie.htm; "France: Moulins: Yogi Maurice Daubard Demonstration," AP Archive, YouTube, July 21, 2015, https://www.youtube.com/watch?time_continue=104&v=bEZVlgcddZg.

39. このインタビューと私のホロトロピック呼吸法体験は、スタンフォードでの実験の数年前、私をより深い探求の道へ送り込んだあの不快なスダルシャン・クリヤ体験からわずか1年後のことだった。

40. グロフが私に語った話では、この実験が行なわれたのは1954年だったが、ほかの複数の資料で1956年とされている。"The Tim Ferriss Show—Stan Grof, Lessons from ~4,500 LSD Sessions and Beyond," Podcast Notes, Nov. 24, 2018, https://podcastnotes.

org/2018/11/24/grof/.

41. "Stan Grof," Grof: Know Thyself, http://www.stanislavgrof.com.

42. Mo Costandi, "A Brief History of Psychedelic Psychiatry," *The Guardian*, Sept. 2, 2014, https://www.theguardian.com/science/neurophilosophy/2014/sep/02/psychedelic-psychiatry.

43. James Eyerman, "A Clinical Report of Holotropic Breathwork in 11,000 Psychiatric Inpatients in a Community Hospital Setting," *MAPS Bulletin*, Spring 2013, https://maps.org/news-letters/v23n1/v23n1_p24-27-2.pdf

44. アイアーマンはこうつづけた。「考えてみると、常軌を逸した意識状態を軽んじて、理解したがらないのは、人類の歴史全体のなかで西洋の産業文明だけです」と彼は私に言った。「われわれはそれらを病的なものとみなして、精神安定剤で麻痺させています。安定剤はバンドエイドのようなもので、一時しのぎにはなるが、核となる問題に対処するものではないし、あとになってさらなる心理的問題を引き起こすものでしかありません」

45. Sarah W. Holmes et al., "Holotropic Breathwork: An Experiential Approach to Psychotherapy," *Psychotherapy: Theory, Research, Practice, Training* 33, no. 1 (Spring 1996): 114–20; Tanja Miller and Laila Nielsen, "Measure of Significance of Holotropic Breathwork in the Development of Self-Awareness," *Journal of Alternative and Complementary Medicine* 21, no. 12 (Dec. 2015): 796–803; Stanislav Grof et al., "Special Issue: Holotropic Breathwork and Other Hyperventilation Procedures," *Journal of Transpersonal Research* 6, no. 1 (2014); Joseph P. Rhinewine and Oliver Joseph Williams, "Holotropic Breathwork: The Potential Role of a Prolonged, Voluntary Hyperventilation Procedure as an Adjunct to Psychotherapy," *Journal of Alternative and Complementary Medicine* 13, no. 7 (Oct. 2007): 771–76.

46. 厳密にいえば、そういったすべての激しい呼吸が血流の二酸化炭素を減少させ、その結果、正しく機能させるのに必要な血液が脳に流れなくなる。Stanislav Grof and Christina Grof, *Holotropic*

Breathwork: A New Approach to Self-Exploration and Therapy, SUNY Series in Transpersonal and Humanistic Psychology (Albany, NY: Excelsior, 2010), 161, 163; Stanislav Grof, *Psychology of the Future: Lessons from Modern Consciousness Research* (Albany, NY: SUNY Press, 2000); Stanislav Grof, "Holotropic Breathwork: New Approach to Psychotherapy and Self-Exploration," http://www.stanislavgrof.com/resources/Holotropic-Breathwork;-New-Perspectives-in-Psychotherapy-and-Self-Exploration.pdf.

47. "Cerebral Blood Flow and Metabolism," Neurosurg.cam.ac.uk, http://www.neurosurg.cam.ac.uk/files/2017/09/2-Cerebral-blood-flow.pdf.

48. Jordan S. Querido and A. William Sheel, "Regulation of Cerebral Blood Flow during Exercise," *Sports Medicine* 37, no. 9 (2007): 765–82.

49. 脳の血流は血液中の二酸化炭素分圧（$PaCO_2$）が1mmHg下がるごとに平均で約2パーセント減少する。カリフォルニア大学サンフランシスコ校の研究室で激しい呼吸エクササイズをしていたとき、私の$PaCO_2$は正常値より約20 mmHg低い22 mmHgと記録された。その間、私の脳の血流は通常より約40パーセント少なかったことになる。"Hyperventilation," OpenAnesthesia, https://www.openanesthesia.org/elevated_icp_hyperventilation.

50. いくつかの科学的研究を含む興味深い要約はこのウェブサイトで読むことができる。http://www.anesthesiaweb.org/hyperventilation.php.

51. "Rhythm of Breathing Affects Memory and Fear," *Neuroscience News*, Dec. 7, 2016, https://neurosciencenews.com/memory-fear-breathing-5699/.

第9章　止める

1. クリングの研究の詳細とつづくS・Mの説明は以下より引用した。Justin S. Feinstein et al., "A Tale of Survival from the World of Patient S. M.," in *Living without an Amygdala*, ed. David G. Amaral and Ralph

Adolphs (New York: Guilford Press, 2016), 1–38. その他の詳細は以下のクリングの記事などを典拠とする。Arthur Kling et al., "Amygdalectomy in the Free-Ranging Vervet (*Cercopithecus aethiops*)," *Journal of Psychiatric Research* 7, no. 3 (Feb. 1970): 191–99.

2. "The Amygdala, the Body's Alarm Circuit," Cold Spring Harbor Laboratory DNA Learning Center, https://dnalc.cshl.edu/view/822-The-Amygdala-the-Body-s-Alarm-Circuit.html.

3. 呼吸器系の化学受容器には末梢化学受容器と中枢化学受容器の2種類がある。末梢化学受容器は頸動脈と大動脈にあり、心臓から出る血液中の酸素量の変化を検出するのがその主な役割だ。中枢化学受容器は脳幹に位置し、脳脊髄液のpHによって動脈血内の二酸化炭素濃度の微小な変化を検出する。"Chemoreceptors," TeachMe Physiology, https://teachmephysiology.com/respiratory-system/regulation/chemoreceptors.

4. 脳幹の中枢化学受容器の領域を損傷すると、人は血流中の二酸化炭素濃度を測定し反応する能力を失う。二酸化炭素が上昇しているという警報が自動的に発せられないと、意識的に全力で呼吸を行なわなければならなくなる。体はいつ呼吸すべきかわからなくなり、人工呼吸器がないと睡眠中に窒息する。この病気は〝オンディーヌの呪い〟病と呼ばれ、この名は欧州の民話に出てくる水の精に由来する。オンディーヌは夫のハンスに、自分は「(夫の) 肺の呼吸」だと告げ、一度でも浮気をすれば無意識の呼吸ができなくなると警告した。ところがハンスは浮気し、オンディーヌの呪いに苦しめられる。「一瞬でも気を抜くと呼吸を忘れる」と言い残してハンスは死んだ。Iman Feiz-Erfan et al., "Ondine's Curse," *Barrow Quarterly* 15, no. 2 (1999), https://www.barrowneuro.org/education/grand-rounds-publications-and-media/barrow-quarterly/volume-15-no-2-1999/ondines-curse/.

5. 1万2000年前、古代ペルー人は海抜1万2000フィート（約3700メートル）の飛び地に居住した。現在世界で最も高い居住都市はペルーのラ・リンコナダで海抜1万6728フィート（5100メートル）である。Tia Ghose, "Oldest High-Altitude Human Settlement Discovered

in Andes," Live Science, Oct. 23, 2014, https://www.livescience.com/48419-high-altitude-setllement-peru.html.

6. 複数の報告によると、フリーダイバーなどのアスリートの二酸化炭素耐性は概して、非常に長い連続の息止めに慣れていない人とほとんど変わらない。仮説として考えられるのは、こうしたトップレベルのアスリートの肺ははるかに大きく、しかも消費する酸素と生成する二酸化炭素を減らせるレベルまで代謝を遅らせることができるため、不安を感じずに長く息を止められるということだ。ただし、これでは慢性的な不安に悩まされる人や恐怖に基づくほかの疾患がある人の息止め能力が、肺の大きさや検査前の呼吸量を問わず、かならずといっていいほどごく限定的な理由は説明がつかない。興味深い背景事情（の一例）が以下に見つかる。Deeper Blue freediving forum: https://forums.deeperblue.com/threads/freediving-leading-to-sleep-apnea.82096/. Colette Harris, "What It Takes to Climb Everest with No Oxygen," *Outside*, June 8, 2017, https://www.outsideonline.com/2191596/how-train-climb-everest-no-oxygen.
7. Jamie Ducharme, "A Lot of Americans Are More Anxious Than They Were Last Year, a New Poll Says," *Time*, May 8, 2018, https://time.com/5269371/americans-anxiety-poll/.
8. *The Primordial Breath: An Ancient Chinese Way of Prolonging Life through Breath Control*, vol. 1, trans. Jane Huang and Michael Wurmbrand (Original Books, 1987), 13.
9. 酸化ストレスと一酸化窒素合成酵素によって引き起こされる障害については、スコット・シモネッティ博士（Dr. Scott Simonetti）の詳細な説明を www.mrjamesnestor.com/breath で参照されたい（準備ができ次第、掲載する予定）。
10. Megan Rose Dickey, "Freaky: Your Breathing Patterns Change When You Read Email," *Business Insider*, Dec. 5, 2012, https://www.businessinsider.com/email-apnea-how-email-change-breathing-2012-12?IR=T; "Email Apnea," Schott's Vocab, *The New York Times*, Sept. 23, 2009, https://schott.blogs.nytimes.com/2009/09/23/email-apnea/; Linda Stone, "Just Breathe: Building the Case for Email

Apnea," *The Huffington Post*, https://www.huffpost.com/entry/just-breathe-building-the_b_85651; Susan M. Pollak, "Breathing Meditations for the Workplace," *Psychology Today*, Nov. 6, 2014, https://www.psychologytoday.com/us/blog/the-art-now/201411/email-apnea.

11. 多くの研究は米国国立衛生研究所（Medicine at the National Institutes of Health）内の国立医学図書館（United States National Library of Medicine）のウェブサイト PubMed（パブメド）からアクセス可能だ。私にとって役に立った研究をいくつか挙げておく。Andrzej Ostrowski et al., "The Role of Training in the Development of Adaptive Mechanisms in Freedivers," *Journal of Human Kinetics* 32, no. 1 (May 2012): 197–210; Apar Avinash Saoji et al., "Additional Practice of Yoga Breathing With Intermittent Breath Holding Enhances Psychological Functions in Yoga Practitioners: A Randomized Controlled Trial," *Explore: The Journal of Science and Healing* 14, no. 5 (Sept. 2018): 379–84; Saoji et al., "Immediate Effects of Yoga Breathing with Intermittent Breath Holding on Response Inhibition among Healthy Volunteers," *International Journal of Yoga* 11, no. 2 (May–Aug. 2018): 99–104.

12. Serena Gianfaldoni et al., "History of the Baths and Thermal Medicine," *Macedonian Journal of Medical Sciences* 5, no. 4 (July 2017): 566–68.

13. George Henry Brandt, *Royat (les Bains) in Auvergne, Its Mineral Waters and Climate* (London: H. K. Lewis, 1880), 12, 18; Peter M. Prendergast and Melvin A. Shiffman, eds., *Aesthetic Medicine: Art and Techniques* (Berlin and Heidelberg: Springer, 2011); William and Robert Chambers, *Chambers's Edinburgh Journal*, n.s. 1, no. 46 (Nov. 16, 1844): 316; Isaac Burney Yeo, *The Therapeutics of Mineral Springs and Climates* (London: Cassell, 1904), 760.

14. ブラントが英国に戻ってロワイヤについて熱心に語ったところ、王立外科医師会のほかの医師や同僚もロワイヤを訪れてブラントの調査結果を確認し、「ブラントの経験と観察結果にいかにも合致し

ている」と報告した。George Henry Brandt, *Royat (les Bains) in Auvergne: Its Mineral Waters and Climate* (London: H. K. Lewis, 1880), 12, 18.

15. カリフォルニアの麻酔科医で医学研究者のルイス・S・コールマン博士（Dr. Lewis S. Coleman）によると、二酸化炭素に対する否定的な反応は、おそらく事実とはさほど関係がなく、むしろ私益に関係するものだったという。二酸化炭素は石油加工の安価な副生成物だったが、ほかの臨床治療は高価で、施すには真の専門技術が求められた。Lewis S. Coleman, "Four Forgotten Giants of Anesthesia History," *Journal of Anesthesia and Surgery* 3, no. 1 (2016): 68–84.
16. 二酸化炭素浴の利点に関する多数の研究については以下を参照されたい。https://www.ncbi.nlm.nih.gov/pubmed/?term=transdermal+carbon+dioxide+therapy
17. 1950年代後半、ウォルピは浮動性不安の代替治療を探していた。これは特異的原因が不明なストレスの一種で、今日では約1000万人のアメリカ人が発症している。彼は二酸化炭素のてきめんな効果に圧倒された。二酸化炭素と酸素が半々の混合物を2～5回吸うと、患者が感じる不安の基礎レベルが60（衰弱状態）から0に下がるのだ。ほかの治療では近似する結果は得られなかった。「最近喚起された二酸化炭素への関心が活発な研究につながることが期待される」とウォルピは1987年に記している。だがウォルピが二酸化炭素招集を呼びかけたその年、米国食品医薬品局によって最初のSSRI治療薬、フルオキセチンが承認され、プロザック、サラフェム、アドフェンといった商品名でよく知られるようになる。ウォルピの研究が発表された10年後、コロンビア大学の精神科医ドナルド・F・クライン（Donald F. Klein）が、パニックや不安、関連疾患を引き起こすメカニズムと思われるものを発見した。それは「進化した窒息警報システムを誤作動させる窒息モニターによる生理学的誤認」である、とクラインは論文「窒息誤警報、自発的パニック、関連症状」に記している。そしてその誤認された窒息は、成長して二酸化炭素の変動に過敏になった化学受容器から生じていた。恐怖とは、根本的に、心の問題であると同時に体の問題にもなりうるの

だ。Joseph Wolpe, "Carbon Dioxide Inhalation Treatments of Neurotic Anxiety: An Overview," *Journal of Nervous and Mental Disease* 175, no. 3 (Mar. 1987): 129–33; Donald F. Klein, "False Suffocation Alarms, Spontaneous Panics, and Related Conditions," *Archives of General Psychiatry* 50, no. 4 (Apr. 1993): 206–17.

18. これはファインスタインによる推定値である。不安障害を抱える人の多数はうつ病を患い、逆もまたしかりなため、正確な数字を特定するのは難しい。一例として、推定では米国の人口の18パーセントがうつ病、約8パーセントは大うつ病性障害を患っており、さらに数百万人が軽度な症状に苦しんでいる。すべてのアメリカ人のうち4分の1が病名のつく精神障害を患い、2分の1が一生を通じて何らかの精神疾患にかかることが予想される。"Half of US Adults Due for Mental Illness, Study Says," Live Science, Sept. 1, 2011, https://www.livescience.com/15876-mental-illness-strikes-adults.html; "Facts & Statistics," Anxiety and Depression Association of America, https://adaa.org/about-adaa/press-room/facts-statistics.

19. さらに、うつ病、不安、パニックはすべて密接に関係していて、いずれも同じ恐怖の誤認に原因がある。現在SSRIを服用している患者の3分の1はほかの種類の不安に苦しんでおり、多くはその症状に対して別の薬を処方されることになる。Laura A. Pratt et al., "Antidepressant Use Among Persons Aged 12 and Over: United States, 2011–2014," NCHS Data Brief no. 283 (Aug. 2017): 1–8.

20. こうした調査結果は、ご想像のとおり、物議をかもした。この研究に関する進行中の議論の詳細については以下を参照されたい。Fredrik Hieronymus et al., "Influence of Baseline Severity on the Effects of SSRIs in Depression: An Item-Based, Patient-Level Post-Hoc Analysis," *The Lancet*, July 11, 2019, https://www.thelancet.com/journals/lanpsy/article/PIIS2215-0366(19)30383-9/fulltext; Fredrik Hieronymus, "How Do We Determine Whether Antidepressants Are Useful or Not? Authors' Reply," *The Lancet*, Nov. 2019, https://www.thelancet.com/journals/lanpsy/article/PIIS2215-0366(19)30383-9/fulltext; Henry Bodkin, "Most Common Antidepressant Barely Helps

Improve Depressive Symptoms, 'Shocking' Trial Finds," *The Telegraph* (UK), Sept. 19, 2019, https://www.telegraph.co.uk/science/2019/09/19/common-antidepressant-barely-helps-improve-depression-symptoms.

21. 治療と効力の概要は以下から入手できる。Johanna S. Kaplan and David F. Tolin, "Exposure Therapy for Anxiety Disorders," *Psychiatric Times*, Sept. 6, 2011, https://www.psychiatrictimes.com/anxiety/exposure-therapy-anxiety-disorders.
22. パニック障害患者の約40パーセントがうつ病に苦しんでおり、70パーセントが何らかのメンタルヘルスの問題を抱えている。ファインスタインが言うには、こうした病気はすべて恐怖が原因らしい。Paul M. Lehrer, "Emotionally Triggered Asthma: A Review of Research Literature and Some Hypotheses for Self-Regulation Therapies," *Applied Psychophysiology and Biofeedback* 22, no. 1 (Mar. 1998): 13–41.
23. パニックに苦しむ人々が病院を訪れる頻度はそれ以外の患者の5倍で、精神疾患で入院する可能性は6倍高い。彼らのうち37パーセントは何らかの治療を求めており、通常は薬や行動療法、あるいはその両方が処方される。だがこうした治療はどれも、この症状の原因に直接働きかけることはない。その原因とは慢性化した不健全な呼吸習慣だ。慢性的な閉塞性肺疾患の人の60パーセントがさらに不安や抑うつ性障害を患っているのも偶然ではない。こうした患者は呼吸の量が多すぎたり早すぎたりすることがよくあり、二度と呼吸できないかもしれないとの思いからパニックに陥るのだ。"Proper Breathing Brings Better Health," *Scientific American*, Jan. 15, 2019, https://www.scientificamerican.com/article/proper-breathing-brings-better-health/.
24. Eva Henje Blom et al., "Adolescent Girls with Emotional Disorders Have a Lower End-Tidal CO_2 and Increased Respiratory Rate Compared with Healthy Controls," *Psychophysiology* 51, no. 5 (May 2014): 412–18; Alicia E. Meuret et al., "Hypoventilation Therapy Alleviates Panic by Repeated Induction of Dyspnea," *Biological*

Psychiatry CNNI (Cognitive Neuroscience and Neuro-imaging) 3, no. 6 (June 2018): 539–45; Daniel S. Pine et al., "Differential Carbon Dioxide Sensitivity in Childhood Anxiety Disorders and Nonill Comparison Group," *Archives of General Psychiatry* 57, no. 10 (Oct. 2000): 960–67.

25. "Out-of-the-Blue Panic Attacks Aren't without Warning: Data Show Subtle Changes before Patients' [*sic*] Aware of Attack," Southern Methodist University Research, https://blog.smu.edu/research/2011/07/26/out-of-the-blue-panic-attacks-arent-without-warning/; Stephanie Pappas, "To Stave Off Panic, Don't Take a Deep Breath," Live Science, Dec. 26, 2017, https://www.livescience.com/9204-stave-panic-deep-breath.html.

26. "New Breathing Therapy Reduces Panic and Anxiety by Reversing Hyperventilation," ScienceDaily, Dec. 22, 2010, https://www.sciencedaily.com/releases/2010/12/101220200010.htm; Pappas, "To Stave Off Panic."

27. ファインスタインが5年間の臨床研究で発見したように、浮揚は不安や食欲不振、その他の恐怖に基づく神経症にとくに効果的だった。"The Feinstein Laboratory," Laureate Institute for Brain Research, http://www.laureateinstitute.org/current-events/feinstein-laboratory-publishes-float-study-in-plos-one.

28. ブテイコによる最適な（そして危険なほど低い）二酸化炭素濃度の表を以下で参照されたい。https://images.app.goo.gl/DGjT3bL8PMDQYmqL7.

29. 二酸化炭素療法は近年やや復活しており、それもオルソンとDIYパルモノートの仲間たちに限った話ではない。いまやふたたび、難聴や癲癇、さまざまながんの治療に使用されている。米国の医療保険会社エトナは二酸化炭素治療法を実験的治療として患者に提供している。"Carbogen Inhalation Therapy," Aetna, http://www.aetna.com/cpb/medical/data/400_499/0428.html.

30. ごく微量の、1パーセントに満たない二酸化炭素濃度変動を分析するように設計されている化学受容器。

第10章　速く、ゆっくり、一切しない

1. その効果はツンモのプラクティスが終わって1時間後にもつづく。肺をソーラーパネルだと考えてみよう。パネルが大きくなるほど太陽光線を吸収するセルが増え、利用できるエネルギーも増える。ヴィム・ホフの激しい呼吸ではガス交換に使えるスペースを40パーセントほど増やせる。とてつもない量だ。この追加スペースのおかげで、ホフは、たとえばエクササイズが終わってから40分後に通常の酸素の2倍の量を消費できた。Isabelle Hof, *The Wim Hof Method Explained* (Wim Hof Method, 2015, updated 2016), 8, https://pdfs.semanticscholar.org/c57d/b7b4a6eaa9885ec514b0e3b436c22822292d.pdf
2. Joshua Rapp Learn, "Science Explains How the Iceman Resists Extreme Cold," Smithsonian.com, May 22, 2018, https://www.smithsonianmag.com/science-nature/science-explains-how-iceman-resists-extreme-cold-180969134/#WUf1Swaj7zYCkVDv.99.
3. Herbert Benson et al., "Body Temperature Changes during the Practice of g Tum-mo Yoga," *Nature* 295 (1982): 234–36; William J. Cromie, "Meditation Changes Temperatures," *The Harvard Gazette*, Apr. 18, 2002.
4. 私はこの謎について著名な生理学者でフロリダ大学特別教授のポール・ダヴェンポート博士（Dr. Paul Davenport）に問い合わせた。数時間以内に返信が届いた。「興味深い問題です」と彼はメールに書いていた。「私の答えは当然のごとく、学術的に漠然としたものになるでしょう :) 要するに、意識的過呼吸の影響は多様な要因によって決まります。たとえば、局所的な血液分布、血液ガスの変化の程度、脳脊髄液（CSF）の緩衝能力の低下、心拍出量の変化、pHバランスの代償作用、時間、そして未知の要因（これで充分曖昧でしょうか？）。自発的な過呼吸に対する血液とCSFの生理反応に関する研究は比較的容易なものです。ただ、生理的変化に対する認知的反応はもっとずっと曖昧で複雑なのです」メールの最後に、現在、この問題の詳細な分析に取り組んでいるが、まとめるには時間がか

かりそうだと記されていた。わたしがこれを書いている現在、彼はまだ執筆中だ。いずれ私のウェブサイト、mrjamesnestor.com/breathで公開したい。それまでは、こちらでいくつかの研究に目を通してもらおう。I. A. Bubeev, "The Mechanism of Breathing under the Conditions of Prolonged Voluntary Hyperventilation," *Aerospace and Environmental Medicine* 33, no. 2 (1999): 22–26; J. S. Querido and A. W. Sheel," Regulation of Cerebral Blood Flow during Exercise," *Sports Medicine* 37, no. 9 (Oct. 2007), 765–82.

5. Iuriy A. Bubeev and I. B. Ushakov, "The Mechanism of Breathing under the Conditions of Prolonged Voluntary Hyperventilation," *Aerospace and Environmental Medicine* 33, no. 2 (1999): 22–26; Seymour S. Kety and Carl F. Schmidt, "The Effects of Altered Arterial Tensions of Carbon Dioxide and Oxygen on Cerebral Blood Flow and Cerebral Oxygen Consumption of Normal Young Men," *Journal of Clinical Investigation* 27, no. 4 (1948): 484–92; Querido and Sheel, "Regulation of Cerebral Blood Flow during Exercise"; Shinji Naganawa et al., "Regional Differences of fMR Signal Changes Induced by Hyperventilation: Comparison between SE-EPI and GE-EPI at 3-T," *Journal of Magnetic Resonance Imaging* 15, no. 1 (Jan. 2002): 23–30; S. Posse et al., "Regional Dynamic Signal Changes during Controlled Hyperventilation Assessed with Blood Oxygen Level-Dependent Functional MR Imaging," *American Journal of Neuroradiology* 18, no. 9 (Oct. 1997): 1763–70.
6. さらに詳しくいえば、プラーナについての記述は、インドでは約3000年前に、中国では約2500年前の殷や周の王朝時代に見られた。
7. 古代のインド人は、体は7万2000本から35万本のチャネルから成ると考えていた。どうやって数えたかは不明である。
8. Sat Bir Singh Khalsa et al., *Principles and Practice of Yoga in Health Care* (Edinburgh: Hand-spring, 2016)（サット・ビール・シン・カールサ、ロレンソ・コーエン、ティモシー・マッコール、シャーリー・テレス編集『医療におけるヨーガ原理と実践：医師が豊富なデータ、エビデンスに基づき解説するはじめての「メディカルヨーガ」

の教科書』新倉直樹日本語版監修、吉水淳子訳、エリザベス・L・アディントン他寄稿、ガイアブックス、2020年）

9. ところが、この「生命エネルギー」が動く可能性について、政府の支援するひどく風変わりで魅力的な研究があった。なぜかCIAのウェブサイトの隙間から漏れ出た1986年からの珠玉の研究を見てほしい：Lu Zuyin et al., "Physical Effects of Qi on Liquid Crystal," CIA, https://www.cia.gov/readingroom/docs/CIA-RDP96-00792R000200160001-8.pdf.

10. Justin O'Brien (Swami Jaidev Bharati), *Walking with a Himalayan Master: An American's Odyssey* (St. Paul, MN: Yes International, 1998, 2005), 58, 241（ジャスティン・オブライエン『ヒマラヤ聖者の教え：次元の超越者スワミジ』伍原みかる訳、徳間書店〈超知ライブラリー37〉、2008年）; Pandit Rajmani Ti-gunait, *At the Eleventh Hour: The Biography of Swami Rama* (Honesdale, PA: Himalayan Institute Press, 2004)（パンディット・ラジマニ・ティグナイト『ヒマラヤ聖者最後の教え：伝説のヨガ・マスターの覚醒と解脱スワミ・ラーマその生と死』上下、伍原みかる訳、ヒカルランド、2017年）; "Swami Rama, Researcher/Scientist," Swami Rama Society, https://www.swamiramasociety.org/project/swami-rama-researcherscientist/.

11. "Swami Rama, Himalayan Master, Part 1," YouTube, https://www.youtube.com/watch?v=S1sZNbRH2N8.

12. "Swami Rama at the Menninger Clinic, Topeka, Kansas," Kansas Historical Society, https://www.kshs.org/index.php?url=km/items/view/226459.

13. ミネソタ州退役軍人病院医療衛生クリニック長のダニエル・ファーガソン博士（Dr. Daniel Ferguson）が数カ月前に、スワミ・ラーマが一度に何分も脈を「消失」させる能力を持っていることを明らかにしていた。Erik Peper et al., eds., *Mind/Body Integration: Essential Readings in Biofeedback* (New York: Plenum Press, 1979), 135.

14. 実際の記録は17秒だったが、ラーマは技師たちの準備が整う数秒

前から心臓を脈打たせる域に達していた。ここでの詳細は以下を出典としている。Justin O'Brien, *The Wellness Tree: The Six-Step Program for Creating Optimal Wellness* (Yes International, 2000).

15. Gay Luce and Erik Peper, "Mind over Body, Mind over Mind," *The New York Times*, Sept. 12, 1971.
16. Marilynn Wei and James E. Groves, *The Harvard Medical School Guide to Yoga* (New York: Hachette, 2017); Jon Shirota, "Meditation: A State of Sleepless Sleep," June 1973, http://hihtindia.org/wordpress/wp-content/uploads/2012/10/swamiramaprobe1973.pdf.
17. "Swami Rama: Voluntary Control over Involuntary States," YouTube, Jan. 22, 2017, 1:17, https://www.youtube.com/watch?v=yv_D3ATDvVE.
18. Mathias Gardet, "Thérèse Brosse (1902–1991)," https://repenf.hypotheses.org/795; "Biofeedback Research and Yoga," Yoga and Consciousness Studies, http://www.yogapsychology.org/art_biofeedback.html; Brian Luke Seaward, *Managing Stress: Principles and Strategies for Health and Well-Being* (Burlington, MA: Jones & Bartlett Learning, 2012); M. A. Wenger and B. K. Bagchi, "Studies of Autonomic Functions in Practitioners of Yoga in India," *Behavioral Science* 6, no. 4 (Oct. 1961): 312–23.
19. "Swami Rama Talks: 2:1 Breathing Digital Method," Swami Rama. YouTube, May 23, 2019, https://www.youtube.com/watch?v=PYVrB36FrQw; "Swami Rama Talks: OM Kriya pt. 1," Swami Rama. YouTube, May 28, 2019, https://www.youtube.com/watch?v=ygvnWEnvWCQ.
20. ラーマも心穏やかで軽やかなだけではなかったようだ。1994年、ヒマラヤン・インスティテュートに通っていたある女子学生から性的虐待を受けたと告発された。当時、彼女は19歳、ラーマは60代後半だった。4年後、ラーマはすでに亡くなっていたが、陪審はその女性に約200万ドルの損害賠償を認めた。ヒマラヤン・インスティテュートの経営陣は、裁判は不当だ、ラーマは彼の言い分を話すために出席さえしていなかったのだからと争った。だが、この出来

事は国内外のラーマの遺産に傷をつけたのだった。William J. Broad, "Yoga and Sex Scandals: No Surprise Here," *The New York Times*, Feb. 27, 2012.

21. 経歴は以下の資料をもとにまとめられている。Robyn Stoller, "The Full Story of Dr. Albert Szent-Györgyi," National Foundation for Cancer Research, Dec. 9, 2017, https://www.nfcr.org/blog/full-story-of-dr-albert-szent-gyorgyi/; Albert Szent-Györgyi, "Biographical Overview," National Library of Medicine, https://profiles.nlm.nih.gov/spotlight/wg/feature/biographical; Robert A. Kyle and Marc A. Shampo, "Albert Szent-Györgyi—Nobel Laureate," *Mayo Clinic Proceedings* 75, no. 7 (July 2000): 722; "Albert Szent-Györgyi: Scurvy: Scourge of the Sea," Science History Institute, https://www.sciencehistory.org/historical-profile/albert-szent-gyorgyi.
22. Albert Szent-Györgyi, "Muscle Research," *Scientific American* 180 (June 1949): 22–25.
23. トゥーソンにあるアリゾナ大学の研究者たちによると、小さい脳の動物と大きな急速に進化する脳の動物とを分けたのは持久運動の能力だったという。その能力が高いほど、脳は大きい。この能力、そしてこうした脳に燃料をもたらしたのが、呼吸効率のよくなった大きな肺だった。哺乳類が非哺乳類より脳が大きい理由も、数百万年にわたって人間やクジラ、イルカの脳が爬虫類の脳とは違って急速に成長をつづけた理由もここから説明がつく。酸素はエネルギーに等しく、エネルギーは進化に等しい。大きく深く呼吸するわれわれの能力が、われわれを人間たらしめたともいえるだろう。David A. Raichlen and Adam D. Gordon, "Relationship between Exercise Capacity and Brain Size in Mammals," *PLoS One* 6, no. 6 (June 2011): e20601; "Functional Design of the Respiratory System," medicine.mcgill.ca, https://www.medicine.mcgill.ca/physio/resp-web/TEXT1.htm; Alexis Blue, "Brain Evolved to Need Exercise," Neuroscience News, June 26, 2017, https://neurosciencenews.com/evolution-brain-exercise-6982/.
24. Bettina E. Schirrmeister et al., "Evolution of Multicellularity

Coincided with Increased Diversification of Cyanobacteria and the Great Oxidation Event," *PNAS* 110, no. 5 (Jan. 2013): 1791–96.

25. Albert Szent-Györgyi, "The Living State and Cancer," *Physiological Chemistry and Physics*, Dec. 1980.

26. この表現はオーストリア系オランダ人の理論物理学者、P. エーレンフェストとの個人的な対話から生まれたとセント＝ジェルジは考えている。

27. G. E. W. Wolstenholme et al., eds., *Submolecular Biology and Cancer* (Hoboken, NJ: John Wiley & Sons, 2008): 143.

28. J. Cui et al., "Hypoxia and Miscoupling between Reduced Energy Efficiency and Signaling to Cell Proliferation Drive Cancer to Grow Increasingly Faster," *Journal of Molecular Cell Biology*, 2012; Alexander Greenhough et al., "Cancer Cell Adaptation to Hypoxia Involves a HIF-GPRC5A-YAP Axis," *EMBO Molecular Medicine*, 2018.

29. この引用はセント＝ジェルジの講演「電子生物学とがん（Electronic Biology and Cancer）」の一文とされている。1972年7月、マサチューセッツ州ウッズホールにある海洋生物学研究所で発表したものだ。

30. "Master DeRose," enacademic.com, https://en-academic.com/dic.nsf/enwiki/11708766.

31. インダス川流域の描写と詳細は以下を典拠としている。"Indus River Valley Civilizations," Khan Academy, https://www.khanacademy.org/humanities/world-history/world-history-beginnings/ancient-india/a/the-indus-river-valley-civilizations; Saifullah Khan, "Sanitation and Wastewater Technologies in Harappa/Indus Valley Civilization (ca. 2600–1900 bce)," https://canvas.brown.edu/files/61957992/download?download_frd=1.

32. 全体で考えると、30万平方マイル（約77万平方キロメートル）はフロリダからニューヨークまでの東海岸の全州に相当する。Craig A. Lockard, *Societies, Networks, and Transitions: A Global History* (Stamford, CT: Cengage Learning, 2008).

33. Yan Y. Dhyansky, "The Indus Valley Origin of a Yoga Practice," *Artibus Asiae* 48, nos. 1–2 (1987), pp. 89–108.

34. サーンキヤ学派哲学の歴史、認識論、発達と最古のヨガの詳細な解説を *Internet Encyclopedia of Philosophy* にあるすばらしい学術論文で読める。https://www.iep.utm.edu/yoga/.
35. *Aryan* という言葉はサンスクリットの *ērān* に由来し、それは現代のイランという国名のもとにもなっている。およそ4000年後にナチスが使用するまで、この言葉は白人至上主義と何の関係もなかった。
36. Steve Farmer et al., "The Collapse of the Indus-Script Thesis: The Myth of a Literate Harappan Civilization," *Electronic Journal of Vedic Studies* 11, no. 2 (Jan. 2014): 19–57, http://laurasianacademy.com/ejvs/ejvs1102/ejvs1102article.pdf.
37. サーンキヤ学派と呼ばれる哲学より。サーンキヤは原因と証拠に基づいた哲学だった。サーンキヤの名詞の語根は「数」を意味し、動詞の語根は「知る」という意味である。「あなたが知っていようがいまいが」とデロージは私に言った。「精神性はまったく関係なかった！」サーンキヤの基礎は世俗的であり、拠り所となるのは経験的な研究であって、意見ではなかった。デロージが言うには、最古のウパニシャッドには、祈りの手や立位のヨガのポーズについての記述はなかったらしい。そういったエクササイズは実践されていなかったからだ。最古のヨガはプラーナを感化し、制御するために開発された技術だった。瞑想と呼吸の科学だった。おそらく、プラーナヤーマ（古代インドの呼吸制御術）に関する最古の記述はブリハッドアーラニヤカ・ウパニシャッドの賛歌1.5.23にあると思われる。これが最初に記録されたのは紀元前700年ごろのことだ。「もちろん、息を吸わなければ（のぼらなければ）ならないが、さらに、息を吐かなくてはならず（沈むことなく）、その際、〝死という苦しみが私に届くことなかれ〟と言わなくてはならない。あれ（呼吸）を実践するときは、あれ（不死）を完全に実現したいと強く願うべきだ。むしろ、あれ（実現）を通してこそ、人はこの神性（呼吸）との結合を勝ち取る。それはさまざまな世界を共有することである」*The Brihadaranyaka Upanishad*, book 1, trans. John Wells, Darshana Press, http://darshanapress.com/Brihadaranyaka%20

Upanishad%20Book%201.pdf.

38. 紀元前6世紀には、インダス川流域の戦士の王と王妃の息子、ガウタマ・シッダールタがインド北東部の菩提樹の下にたどり着いた。彼はそこに座り、古代の呼吸法と瞑想法を実践しはじめる。ガウタマは悟りの境地に達し、呼吸、瞑想、悟りのすばらしさを東洋一帯に伝えようと出発した。シッダールタはのちに仏教の開祖、ブッダ（釈迦牟尼）として知られるようになる。

39. Michele Marie Desmarais, *Changing Minds: Mind, Consciousness and Identity in Patanjali's Yoga-sutra and Cognitive Neuroscience* (Delhi: Motilal Banarsidass, 2008).

40. 実際のその一節はもっと漠然としている。デロージによると、それは次のように訳せるという。「4番目のプラーナヤーマは吸気と呼気を超越する」「ヨガ・スートラ」の解釈は多岐にわたる。私が挙げたスワミ・ジャナネシュヴァラによる解釈が、私には最も明快でとっつきやすい。詳しくは、http://swamij.com/yoga-sutras-24953.htm; http://www.swamij.com/yoga-sutras-24953.htm#2.51.

41. Mestre DeRose, *Quando É Preciso Ser Forte: Autobiografia* (Portuguese edition) (São Paulo: Egrégora, 2015).

42. パタンジャリのあと、ヨガはさらに圧縮され、書き直された。「バガヴァッド・ギーター」では、むしろ神秘的で抽象的な実践、自己実現と悟りをもたらすスピリチュアルなツールとして記述された。ハタヨガの流派は、1400年代に形式上の発展を遂げたもので、シヴァ神に敬意を表すために古代の技術を使い、座位のアーサナを15のポーズに変えて、多くを立位で行なうようになっている。"Contesting Yoga's Past: A Brief History of Āsana in Pre-modern India," Center for the Study of World Religions, Oct. 14, 2015, https://cswr.hds.harvard.edu/news/2015/10/14/contesting-yoga%E2%80%99s-past-brief-history-%C4%81sana-pre-modern-india.

43. "Two Billion People Practice Yoga 'Because It Works,'" UN News, June 21, 2016, https://news.un.org/en/audio/2016/06/614172; Alice G. Walton, "How Yoga Is Spreading in the U.S.," *Forbes*, https://www.

forbes.com/sites/alicegwalton/2016/03/15/how-yoga-is-spreading-in-the-u-s/#3809c047449f/.

44. デロージは著書*Pranayama*（私は出版前の本をいただいた）で58の呼吸法を詳述している。そのルーツは数千年前のサーンキヤの起源までさかのぼる。そうした呼吸法の一部を本書の最後に紹介している。

45. "The Most Ancient and Secretive Form of Yoga Practiced by Jesus Christ: Kriya Yoga," Evolve+ Ascend, http://www.evolveandascend.com/2016/05/24/ancient-secretive-form-yoga-practiced-jesus-christ-kriya-yoga; "The Kriya Yoga Path of Meditation," Self-Realization Fellowship, https://www.yogananda-srf.org/The_Kriya_Yoga_Path_of_Meditation.aspx.

46. "Research on Sudarshan Kriya Yoga," Art of Living, https://www.artofliving.org/us-en/research-sudarshan-kriya.

47. スダルシャン・クリヤのやり方を記述できなかったのは、指導法を記したものがないからだ。こういったセッションを指揮するのはシャンカールただひとりで、彼は私が何年もまえに聞いたような、雑音まじりの古い録音物をかけながら行なう。スダルシャン・クリヤを試してみたい人は、アート・オブ・リビングの支部に向かうか、インターネットで海賊版を探さなくてはならない。私はどちらもやった。

48. なぜやみくもに過呼吸をしたり伝統に則さない呼吸法を実践したりすることがひどく有害で危険になるのか、その理由のひとつがこれだ。

エピローグ　あとひと息

1. Albert Szent-Györgyi, "The Living State and Cancer," in G. E. W. Wolstenholme et al., eds., *Submolecular Biology and Cancer* (Hoboken, NJ: John Wiley & Sons, 2008), 17.

2. "The Top 10 Causes of Death," World Health Organization, May 24, 2018, https://www.who.int/news-room/fact-sheets/detail/the-top-10-causes-of-death; "Leading Causes of Death," Centers for Disease

Control and Prevention, https://www.cdc.gov/nchs/fastats/leading-causes-of-death.htm.
3. Danielle Simmons, "Epigenetic Influences and Disease," Nature Education, https://www.nature.com/scitable/topicpage/epigenetic-influences-and-disease-895/.
4. 「1日約30ポンド（約13キロ）の空気がこの潮流に関わってくるのに対し、食べ物は4ポンド（約1.8キロ）に、水は5ポンド（約2.3キロ）に満たない」Dr. John R. Goldsmith, "How Air Pollution Has Its Effect on Health (2)—Air Pollution and Lung Function Changes," *Proceedings: National Conference on Air Pollution U.S. Department of Health, Education, and Welfare* (Washington, DC: United States Government Printing Office, 1959), 215.
5. Andrew Weil, *Breathing: The Master Key to Self Healing*, Sounds True, 1999.
6. 鼻にはまだ細菌が侵入した名残があったが、ほぼ存在しなかった。検査結果：「A 2+ コリネバクテリウム・プロピンクム：希少な数のグラム陽性球菌、希少から少数のグラム陽性桿菌、多形核細胞なし」
7. Carl Stough and Reece Stough, *Dr. Breath: The Story of Breathing Coordination* (New York: William Morrow, 1970), 29.
8. Charles Matthews, "Just Eat What Your Great-Grandma Ate," *San Francisco Chronicle*, Dec. 30, 2007, https://michaelpollan.com/reviews/just-eat-what-your-great-grandma-ate/.

本書は、二〇二二年六月に早川書房より単行本として刊行された『ＢＲＥＡＴＨ――呼吸の科学』を改題し文庫化したものです。

訳者略歴　翻訳家，一橋大学社会学部卒業　訳書にウォーカー『常勝キャプテンの法則』，ククゼラ『最高のランニングのための科学』（以上早川書房刊），マクドゥーガル『BORN TO RUN 走るために生まれた』，スピーノ『ほんとうのランニング』など多数

HM=Hayakawa Mystery
SF=Science Fiction
JA=Japanese Author
NV=Novel
NF=Nonfiction
FT=Fantasy

心《こころ》と体《からだ》を整《ととの》える最強《さいきょう》の呼吸《こきゅう》

〈NF615〉

二〇二五年三月 十 日　印刷
二〇二五年三月十五日　発行
（定価はカバーに表示してあります）

著　者　ジェームズ・ネスター
訳　者　近《こん》藤《どう》隆《たか》文《ふみ》
発行者　早川　浩
発行所　株式会社　早川書房

郵便番号　一〇一 - 〇〇四六
東京都千代田区神田多町二ノ二
電話　〇三 - 三二五二 - 三一一一
振替　〇〇一六〇 - 三 - 四七七九九
https://www.hayakawa-online.co.jp

乱丁・落丁本は小社制作部宛お送り下さい。
送料小社負担にてお取りかえいたします。

印刷・精文堂印刷株式会社　製本・株式会社フォーネット社
Printed and bound in Japan
ISBN978-4-15-050615-5 C0140

本書は活字が大きく読みやすい〈トールサイズ〉です。